高等院校信息技术系列教材

程序设计实践教程（C/C++版）
——基于Visual Studio和GitHub Copilot

黄秋波　卢婷　宁天哲 ◎ 编著

清华大学出版社
北京

内 容 简 介

本书阐述了C/C++编程语言的核心概念和实践操作,并引入对教师和学生免费的GitHub Copilot编程助手,降低学习难度,提高学习效率;依托配套的OJ系统和丰富的项目案例,培养计算思维与实践能力;针对大模型的特点,强调问题分析与描述能力、与Copilot交互的能力、设计测试用例的能力、程序排错的能力,期望读者掌握AI时代的编程技能。

本书的内容分为四大部分:第1部分(第1~4章)为基础篇,介绍了编程环境和三大编程结构;第2部分(第5~10章)为进阶篇,讲解了函数、数组、指针、结构体与类;第3部分(第11~13章)为高级篇,深入理解递归、文件操作以及项目开发实践;第4部分为附录,介绍了Visual Studio的安装、Copilot的安装与使用、CodeGeeX的使用和OJ系统的使用。

本书可作为高等院校计算机相关专业C/C++的上机实践教材,也可供打算学习C/C++软件开发的科技工作者和研究人员参考。

版权所有,侵权必究。举报: 010-62782989,beiqinquan@tup.tsinghua.edu.cn。

图书在版编目(CIP)数据

程序设计实践教程: C/C++版: 基于Visual Studio和GitHub Copilot/黄秋波,卢婷,宁天哲编著. 北京: 清华大学出版社,2025.4. --(高等院校信息技术系列教材). -- ISBN 978-7-302-68607-1

Ⅰ. TP312.8

中国国家版本馆CIP数据核字第2025W4L183号

策划编辑: 白立军
责任编辑: 杨 帆 薛 阳
封面设计: 何凤霞
责任校对: 申晓焕
责任印制: 宋 林

出版发行: 清华大学出版社
网　　址: https://www.tup.com.cn,https://www.wqxuetang.com
地　　址: 北京清华大学学研大厦A座　　邮　　编: 100084
社 总 机: 010-83470000　　邮　　购: 010-62786544
投稿与读者服务: 010-62776969,c-service@tup.tsinghua.edu.cn
质量反馈: 010-62772015,zhiliang@tup.tsinghua.edu.cn
课件下载: https://www.tup.com.cn,010-83470236
印 装 者: 三河市龙大印装有限公司
经　　销: 全国新华书店
开　　本: 185mm×260mm　　印　张: 25.25　　字　数: 586千字
版　　次: 2025年5月第1版　　印　次: 2025年5月第1次印刷
定　　价: 79.00元

产品编号: 107684-01

前言 foreword

在当今信息化时代,计算机编程已成为一项不可或缺的基本技能。而在众多编程语言中,C/C++以其高效、灵活和强大的特性,成为计算机科学教育和实际应用的热门选择。然而,C/C++语言的复杂性和学习难度也常使初学者望而却步。为了降低学习难度,提高学习效率,我们引入了 GitHub Copilot 编程助手,并基于 Visual Studio(VS)集成开发环境,编写了本教材。

Copilot 通过深度学习和自然语言处理技术,能够实时解释 C/C++ 的语法知识和算法逻辑,为学习者提供即时的编程建议和代码补全。这使得学习者在编写代码的过程中,能够得到及时的反馈和帮助,从而更快地掌握 C/C++ 的编程技巧。同时,Copilot 还能够根据学习者的编程习惯和需求,智能推荐代码片段和解决方案,进一步降低学习难度,提升学习体验。

然而,编程学习不仅仅是对语言本身的掌握,更重要的是通过上机实践和项目开发来锻炼实际应用能力。因此,本书在培养计算思维的同时,也注重培养读者的上机实践能力和项目开发能力。通过一系列精心设计的实践任务和项目案例,读者将有机会在实际操作中深化对 C/C++ 语言和项目开发的理解,掌握程序设计的核心技能。

在这个过程中,Copilot 同样发挥着不可或缺的作用。它能够帮助读者进行项目的设计、编码、改错和优化等工作,让读者更加专注于项目功能的分析、测试与调试。通过与 Copilot 的协作,读者不仅能够轻松学会 C/C++,更重要的是能提高项目开发的效率和质量。

总之,本书通过引入 AI 编程助手,为读者提供了一条高效、便捷的学习路径。无论是编程初学者还是有一定基础的学习者,本书都将帮助读者更好地掌握 C/C++ 编程技能,提升实践能力和项目开发能力,为未来的计算机学科学习和职业发展奠定坚实的基础。

1. 本书特点

（1）利用 Copilot 降低学习难度：通过引入 AI 编程助手，本书为学习者提供了贴身的帮助，降低了 C/C++ 的学习难度，提高了学习效率。

（2）培养计算思维和问题解决能力：本书通过精心设计的实践任务和项目案例，引导读者学会运用计算思维去分析和解决问题，培养读者的算法设计能力和创新能力。

（3）手把手的教学：本书在软件的安装与使用、代码的创建与运行、程序的测试与调试、项目的开发与优化等方面，提供了手把手的教学，实现从零基础入门到熟手的进阶。

（4）理论与实践相结合：本书既详细介绍了 C/C++ 语言的基础知识和核心概念，又通过丰富的实践任务和项目案例，让读者在实际操作中深化理解，提升技能和项目开发能力。

（5）配套 OJ 系统：OJ 系统作为实践环节的得力助手，不仅能够满足教师组织班级集体参与的需求，也支持学生个体自主选择参与。题目精心设计，紧密围绕知识图谱展开，难度从易至难，逐级递增，既有适应日常练习的基础题，也有富有挑战性的竞赛级难题，为学习者提供了丰富的挑战与成长机会。

2. 章节结构

第 1 章 熟悉 Visual Studio 编程环境，掌握项目创建、程序编写与运行的基本流程，并学习如何快速解决简单的编程错误。

第 2 章 通过模仿与改写的方式学习顺序结构程序设计，加深理解并解决编译与运行中出现的错误。在理解键盘缓冲区运行机制的基础上，利用 Copilot 简化输入输出语句的学习难度。最终，引导读者利用 Copilot 探究 C/C++ 编程中的注意事项。

第 3 章 学习分支结构程序设计，并掌握测试与调试的方法，以确保程序逻辑的正确性。

第 4 章 强调循环结构的计算思维训练，学习循环程序的测试与调试技巧。

第 5 章 学习如何定义与使用函数，为模块化编程打下坚实的基础。

第 6 章 掌握一维数组的增删改查操作，并学习一维数组程序的测试与调试方法。

第 7 章 深入学习二维数组的基本操作，并通过调试和编程实践，加深理解。

第 8 章 学习字符数组（字符串）的基本知识与输入方法，同时通过调试和编程实践，掌握字符串的使用。

第 9 章 借助 Visual Studio 深入理解指针的概念，并学习动态内存分配、内存泄漏以及因使用指针可能导致的程序错误等问题。

第 10 章 学习结构体与类的编程基础，深入掌握析构函数、拷贝构造函数与运算符重载的作用与用法。

第 11 章 引入递归的计算思维，并利用 Visual Studio 的调用堆栈和监视信息，直观理解递归的执行流程。

第 12 章 学习文件编程的基础知识，并掌握文本文件与二进制文件的读写操作。

第 13 章 借助具体项目"RSA 解密"，学习如何通过与 Copilot 交互，完成项目的设计与编码,并通过测试、调试与进一步交互,最终得到符合要求的项目代码。

附录 A 提供 Visual Studio 软件的安装指南。

附录 B 详细介绍 Copilot 的安装与使用步骤,并指导学生完成学生认证,实现免费使用。

附录 C 介绍国产编程智能助手 CodeGeeX 的安装与使用技巧。

附录 D 介绍教材配套实践平台的注册与使用方法,并详细解释 OJ 系统中常用的输入输出方式。

由于编者水平有限,书中难免存在一些错误和不足之处,希望有关专家、同行和读者批评指正。

编 者

2024 年 12 月

目录

第1章 熟悉编程环境 ... 1
- 1.1 本章目标 ... 1
- 1.2 运行第一个 C/C++ 程序 ... 1
  - 1.2.1 准备工作 ... 1
  - 1.2.2 操作步骤 ... 1
- 1.3 熟手进阶 ... 6
  - 1.3.1 创建空项目 ... 7
  - 1.3.2 向空项目添加已有文件 ... 9
  - 1.3.3 添加新文件 ... 10
  - 1.3.4 从项目中移除文件 ... 13
  - 1.3.5 使用 Copilot ... 14
- 1.4 解决简单程序错误 ... 16
  - 1.4.1 程序错误的种类 ... 16
  - 1.4.2 缺少头文件 ... 16
  - 1.4.3 缺少分号 ... 19
- 1.5 课堂练习 ... 21
- 1.6 本章小结 ... 23

第2章 顺序结构程序设计 ... 25
- 2.1 本章目标 ... 25
- 2.2 使用改写编程序 ... 25
  - 2.2.1 从求长方形面积到求周长 ... 25
  - 2.2.2 从求长方形面积到求圆面积 ... 27
  - 2.2.3 调换两位数的个位与十位 ... 27
- 2.3 解决程序编译错误 ... 28
  - 2.3.1 scanf 不安全 ... 28
  - 2.3.2 标识符未定义 ... 29
  - 2.3.3 左值问题 ... 29

2.3.4　类型不能转换 ………………………………………………… 30
　　2.3.5　"％"运算符的操作数问题 ………………………………… 30
2.4　解决程序简单运行错误 …………………………………………… 31
　　2.4.1　逗号表达式的问题 ………………………………………… 31
　　2.4.2　除号运算符的问题 ………………………………………… 32
2.5　scanf 和 printf ……………………………………………………… 33
　　2.5.1　printf 函数的格式问题 ……………………………………… 33
　　2.5.2　scanf 函数的格式问题 ……………………………………… 34
　　2.5.3　输入缓冲区 ………………………………………………… 35
　　2.5.4　输入输出容易犯的错误 …………………………………… 37
　　2.5.5　使用 Copilot 帮助输出 ……………………………………… 44
2.6　cin 和 cout …………………………………………………………… 47
　　2.6.1　cin.get()函数 ………………………………………………… 47
　　2.6.2　使用 setprecision 控制输出的有效数字 …………………… 50
　　2.6.3　使用 showpoint 输出浮点数末尾的 0 ……………………… 51
　　2.6.4　使用 setprecision 与 fixed 保留 n 位小数 ………………… 51
　　2.6.5　setprecision、fixed 与 showpoint 结合 ……………………… 52
　　2.6.6　设置输出的宽度、填充及对齐方式 ………………………… 53
　　2.6.7　使用 Copilot 生成建议代码 ………………………………… 54
2.7　使用 Copilot 帮助编程与探究 ……………………………………… 57
　　2.7.1　数据类型的选择 …………………………………………… 57
　　2.7.2　int 类型的溢出问题 ………………………………………… 58
　　2.7.3　整数类型的整除问题 ……………………………………… 58
　　2.7.4　浮点数类型的精度问题 …………………………………… 59
　　2.7.5　浮点数类型的误差问题 …………………………………… 59
　　2.7.6　使用 Copilot 探究 …………………………………………… 60
2.8　课堂练习 …………………………………………………………… 63
2.9　本章小结 …………………………………………………………… 64

第 3 章　分支结构程序设计 ………………………………………… 65

3.1　本章目标 …………………………………………………………… 65
3.2　分支程序设计实验 ………………………………………………… 65
3.3　程序测试 …………………………………………………………… 67
　　3.3.1　关系表达式测试："＝＝"与"！＝" ………………………… 68
　　3.3.2　关系表达式测试："＜""＜＝"">"与">＝" ………………… 68
　　3.3.3　逻辑表达式测试 …………………………………………… 69
　　3.3.4　switch 的测试 ………………………………………………… 74
　　3.3.5　测试实例 …………………………………………………… 76

3.4 调试程序 ··· 78
    3.4.1 调试程序的基本知识 ··· 78
    3.4.2 跟踪程序执行流程 ··· 81
    3.4.3 使用调试定位错误 ··· 85
    3.4.4 调试实践 ··· 89
    3.4.5 VS 不能调试的解决办法 ·· 95
3.5 Copilot 实践：程序改错 ··· 96
3.6 Copilot 实践：存款到期日期 ··· 97
    3.6.1 需求描述 ··· 97
    3.6.2 Copilot Chat 交互 ·· 98
3.7 课堂练习 ·· 101
3.8 本章小结 ·· 103

第 4 章 循环结构程序设计 ··· 104

4.1 本章目标 ·· 104
4.2 循环的计算思维的建立 ··· 104
    4.2.1 一重循环 ··· 104
    4.2.2 从一重循环到二重循环 ·· 108
4.3 循环程序测试 ·· 109
    4.3.1 循环控制结构测试 ··· 109
    4.3.2 循环控制与条件分支结合的测试 ································· 112
    4.3.3 两重循环的测试 ·· 115
4.4 调试程序：监视变量的值 ·· 116
    4.4.1 监视变量的值，定位错误行 ······································· 116
    4.4.2 利用调试解决疑难杂症 ·· 120
4.5 Copilot 实践 ·· 123
    4.5.1 九九乘法表 ··· 123
    4.5.2 判断素数 ··· 125
4.6 课堂练习 ·· 127
4.7 本章小结 ·· 129

第 5 章 函数 ·· 130

5.1 本章目标 ·· 130
5.2 函数的使用 ··· 130
    5.2.1 使用函数提高复用性 ··· 130
    5.2.2 模块化编程 ··· 133
    5.2.3 变量作用范围 ·· 136

5.3 调试程序 ·· 137
    5.3.1 单步执行跟踪进入函数 ··· 137
    5.3.2 调试排错 ·· 139
5.4 使用头文件 ·· 145
    5.4.1 为什么要自己定义头文件 ·· 145
    5.4.2 定义和使用头文件 ··· 146
5.5 使用 Copilot 帮助编写函数 ·· 151
    5.5.1 定义函数 ·· 151
    5.5.2 调用函数 ·· 153
    5.5.3 典型程序的函数 ·· 153
5.6 Copilot 模块化编程：日历 ··· 154
    5.6.1 模块化编程概述 ·· 154
    5.6.2 日历程序需求描述 ··· 154
    5.6.3 Copilot Chat 交互 ··· 154
5.7 课堂练习 ·· 161
5.8 本章小结 ·· 161

第 6 章 一维数组 ·· 162

6.1 本章目标 ·· 162
6.2 基本操作：增删改查 ··· 162
6.3 增删改查的应用 ··· 165
    6.3.1 访问元素 ·· 165
    6.3.2 修改元素 ·· 166
    6.3.3 删除元素 ·· 166
    6.3.4 有序插入 ·· 167
    6.3.5 循环数组 ·· 169
6.4 下标越界问题 ··· 170
6.5 程序测试 ·· 172
    6.5.1 遍历的测试 ··· 172
    6.5.2 删除的测试 ··· 173
    6.5.3 插入的测试 ··· 174
6.6 调试程序 ·· 174
6.7 Copilot 实践：程序改错 ··· 182
6.8 课堂练习 ·· 183
6.9 本章小结 ·· 183

第 7 章 二维数组 ·· 185

7.1 本章目标 ·· 185

7.2 基本操作 ··· 185
7.3 调试程序 ··· 187
7.4 Copilot 实践：五子棋 ························· 189
7.5 课堂练习 ··· 193
7.6 本章小结 ··· 193

第 8 章 字符数组 ··· 194

8.1 本章目标 ··· 194
8.2 字符串的结尾 '\0' ······························ 194
8.3 输入字符串 ······································ 195
  8.3.1 scanf 函数 ································ 195
  8.3.2 cin≫读取字符串 ······················· 196
  8.3.3 gets_s 函数 ······························ 196
  8.3.4 fgets 函数 ································ 197
  8.3.5 字符串输入方式总结 ·················· 199
8.4 调试程序 ··· 199
8.5 Copilot 实践：程序改错 ······················ 203
8.6 Copilot 实践：键盘打字游戏 ················ 206
  8.6.1 需求描述 ·································· 206
  8.6.2 Copilot Chat 交互 ······················ 206
8.7 课堂练习 ··· 216
8.8 本章小结 ··· 216

第 9 章 指针 ··· 218

9.1 本章目标 ··· 218
9.2 指针基础 ··· 218
9.3 深入理解数组的指针 ·························· 221
9.4 动态内存分配 ··································· 224
  9.4.1 动态内存分配的应用 ·················· 224
  9.4.2 动态内存分配的注意事项 ············ 226
9.5 使用指针引起崩溃的情况 ···················· 227
9.6 课堂练习 ··· 229
9.7 本章小结 ··· 229

第 10 章 结构体与类 ···································· 230

10.1 本章目标 ·· 230
10.2 结构体编程 ····································· 230

		10.2.1 结构体作函数参数 ……………………………………… 230

        10.2.1 结构体作函数参数 …………………………………………………… 230
        10.2.2 在 VS 中使用结构体 …………………………………………………… 232
        10.2.3 结构体数组的多条件排序 …………………………………………… 232
    10.3 类的编程 ……………………………………………………………………………… 236
        10.3.1 基本概念 ……………………………………………………………… 236
        10.3.2 为什么需要析构函数 ………………………………………………… 236
        10.3.3 为什么需要拷贝构造函数及重载赋值操作 ………………………… 238
        10.3.4 小于号和函数调用符的重载 ………………………………………… 241
    10.4 本章小结 ……………………………………………………………………………… 242

第 11 章 递归 …………………………………………………………………………………… 243

    11.1 本章目标 ……………………………………………………………………………… 243
    11.2 递归的计算思维 ……………………………………………………………………… 243
    11.3 理解递归执行流程 …………………………………………………………………… 245
        11.3.1 查看调用堆栈 ………………………………………………………… 245
        11.3.2 Hanoi 塔 ……………………………………………………………… 251
    11.4 调试程序 ……………………………………………………………………………… 258
    11.5 Copilot 实践：迷宫问题 ……………………………………………………………… 261
        11.5.1 问题介绍 ……………………………………………………………… 261
        11.5.2 Copilot Chat 交互 …………………………………………………… 262
    11.6 课堂练习 ……………………………………………………………………………… 268
    11.7 本章小结 ……………………………………………………………………………… 269

第 12 章 文件操作 ……………………………………………………………………………… 270

    12.1 本章目标 ……………………………………………………………………………… 270
    12.2 文件编程基础 ………………………………………………………………………… 270
        12.2.1 文件的基础知识 ……………………………………………………… 270
        12.2.2 文件操作的步骤 ……………………………………………………… 270
        12.2.3 C 语言文件操作 ……………………………………………………… 270
        12.2.4 C++ 文件操作 ………………………………………………………… 272
        12.2.5 文件读写位置指针 …………………………………………………… 274
        12.2.6 文件打开模式详解 …………………………………………………… 276
    12.3 文本文件的读写 ……………………………………………………………………… 283
        12.3.1 写入文本文件 ………………………………………………………… 283
        12.3.2 读文本文件 …………………………………………………………… 285
    12.4 二进制文件的读写 …………………………………………………………………… 287
        12.4.1 写二进制文件 ………………………………………………………… 287

	12.4.2 读二进制文件 ………………………………… 288
12.5	程序改错 ……………………………………………… 290
	12.5.1 调试改错 …………………………………… 290
	12.5.2 Copilot 改错 ……………………………… 294
12.6	项目实践 ……………………………………………… 294
	12.6.1 文本文件读写：字母频率 ………………… 294
	12.6.2 二进制文件读写：学生成绩系统 ………… 299
12.7	课堂练习 ……………………………………………… 303
12.8	本章小结 ……………………………………………… 303

第 13 章 项目开发实践：RSA 解密 ………………… 304

13.1	本章目标 ……………………………………………… 304
13.2	C 语言实现 …………………………………………… 304
	13.2.1 RSA 介绍 …………………………………… 304
	13.2.2 项目需求 …………………………………… 304
	13.2.3 功能模块设计 ……………………………… 304
	13.2.4 功能模块实现 ……………………………… 305
	13.2.5 运行程序 …………………………………… 314
	13.2.6 bignum 大数模块测试 …………………… 315
	13.2.7 素数和因数分解模块测试 ………………… 327
13.3	改写为 C++ ………………………………………… 327
	13.3.1 需求描述 …………………………………… 327
	13.3.2 大数类 ……………………………………… 328
	13.3.3 素数判断函数 ……………………………… 332
	13.3.4 因数分解函数 ……………………………… 333
	13.3.5 主函数 ……………………………………… 333
	13.3.6 测试 ………………………………………… 334
13.4	本章小结 ……………………………………………… 334

附录 A Visual Studio 的安装 ………………………… 335

A.1	下载社区版 …………………………………………… 335
A.2	安装 …………………………………………………… 336

附录 B Copilot 的安装与使用 ………………………… 339

B.1	Copilot 介绍 ………………………………………… 339
B.2	GitHub 的注册及试用 ……………………………… 340
	B.2.1 注册 ………………………………………… 340

　　　　B.2.2　申请试用 ……………………………………………………………… 341
　　B.3　GitHub 学生认证 …………………………………………………………………… 342
　　　　B.3.1　前期准备 ……………………………………………………………… 342
　　　　B.3.2　申请学生认证 …………………………………………………………… 347
　　　　B.3.3　错误解决 ……………………………………………………………… 349
　　B.4　为 VS 安装 GitHub Copilot 扩展 ………………………………………………… 350
　　　　B.4.1　安装 ………………………………………………………………… 350
　　　　B.4.2　添加 GitHub 账户到 VS …………………………………………… 352
　　B.5　使用 GitHub Copilot ……………………………………………………………… 354
　　　　B.5.1　输入注释生成建议 …………………………………………………… 354
　　　　B.5.2　启用或禁用 GitHub Copilot ………………………………………… 356
　　B.6　为 VS 安装 GitHub Copilot Chat 扩展 …………………………………………… 356
　　B.7　使用 GitHub Copilot Chat ………………………………………………………… 357
　　　　B.7.1　两种交互方式 ………………………………………………………… 357
　　　　B.7.2　向 Copilot 提问 ……………………………………………………… 359
　　　　B.7.3　引用代码并解释代码(/explain) ……………………………………… 360
　　　　B.7.4　修改 bug(/fix) ………………………………………………………… 362
　　　　B.7.5　优化代码(/optimize) ………………………………………………… 363
　　　　B.7.6　其他功能 ……………………………………………………………… 364
　　　　B.7.7　多轮交互调优回复 …………………………………………………… 364
　　B.8　小结 ……………………………………………………………………………… 367

附录 C　Copilot 的国产替代：CodeGeeX …………………………………………… 369

　　C.1　CodeGeeX 介绍 …………………………………………………………………… 369
　　C.2　CodeGeeX 插件的安装 …………………………………………………………… 369
　　C.3　CodeGeeX 设置 …………………………………………………………………… 370
　　C.4　代码生成与智能补全 ……………………………………………………………… 371
　　　　C.4.1　单行代码生成与补全 ………………………………………………… 371
　　　　C.4.2　多行代码生成 ………………………………………………………… 371
　　　　C.4.3　注释生成代码 ………………………………………………………… 371
　　C.5　智能问答 …………………………………………………………………………… 372
　　　　C.5.1　代码解释、注释及修复 ……………………………………………… 372
　　　　C.5.2　问答交互 ……………………………………………………………… 372
　　C.6　小结 ……………………………………………………………………………… 374

附录 D　实践平台：OJ 系统 …………………………………………………………… 375

　　D.1　OJ 系统介绍 ……………………………………………………………………… 375

  D.1.1 OJ 系统简介 ………………………………………………… 375
  D.1.2 教材配套 OJ 系统 …………………………………………… 375
 D.2 OJ 中的输入输出规定 ……………………………………………… 376
 D.3 OJ 中多组数据的输入输出 ………………………………………… 377
  D.3.1 输入 …………………………………………………………… 378
  D.3.2 输出 …………………………………………………………… 384

参考文献 ……………………………………………………………………… 387

第1章

熟悉编程环境

1.1 本章目标

- 熟悉 Visual Studio 集成开发环境,能新建、输入源程序或打开已存在的程序,并运行。
- 学会解决程序中的简单错误。

1.2 运行第一个 C/C++ 程序

1.2.1 准备工作

所有编写的程序,都需要存储在磁盘上,需要建立一个文件夹,存放自己编写的程序。比如,在 D 盘下建立 D:\prog(如果没有 D 盘,可以在 C 盘下建立 C:\prog)。

1.2.2 操作步骤

本节将创建项目、输入程序,运行后在屏幕上输出"Hello,World!"。
以下提供了 C 和 C++ 的源程序,请读者根据需要自行选择其中一个。
C 源程序(见"ch1\hello.cpp"):

```c
#include <stdio.h>
int main()
{
    printf("Hello World!\n");
    return 0;
}
```

C++ 源程序(见"ch1\hello.cpp"):

```cpp
#include <iostream>
using namespace std;
int main()
{
```

```
    cout<<"Hello World!"<<endl;
    return 0;
}
```

运行结果:

```
Hello, World!
```

本书的实验执行环境均为 Visual Studio 集成开发环境（以下简称 VS），为实现以上目标，进行以下步骤的操作。

第 1 步：启动 VS，创建项目。

在 Windows 操作系统环境下，执行"开始"→Visual Studio 2022 命令（读者的版本号可能与这里有差别），打开 VS 启动窗口（如图 1-1 所示）。也可将 VS 固定到开始屏幕，方便今后操作。

图 1-1 VS 启动窗口

第一次启动时，图 1-1 中左侧"打开最近使用的内容"下面没有任何项目，以后再打开时会显示曾经打开的项目。单击右侧的"创建新项目"进入图 1-2 所示的界面，开始我们的第一个程序。

第 2 步：选择语言和项目类型。

在图 1-2 中，选择"C++"语言（编写 C 语言程序也选择 C++）以及"控制台应用"。在熟悉 VS 后，可以选择"空项目"，这里我们选择"控制台应用"，VS 会帮我们自动创建好一个 cpp 源程序，能省去一些操作步骤。单击"下一步"按钮进入图 1-3 所示的界面。

第 3 步：输入项目名称，选择存储位置。

在图 1-3 中输入项目名称"test1"，读者可以选择自己喜欢的项目名称。然后再选择项目的存储位置"D:\prog"。当然，也可以选择其他的位置，但作为初学者，建议选择以上位置，选择其他位置有可能会导致程序不能运行等错误。单击"创建"按钮，进入图 1-4。

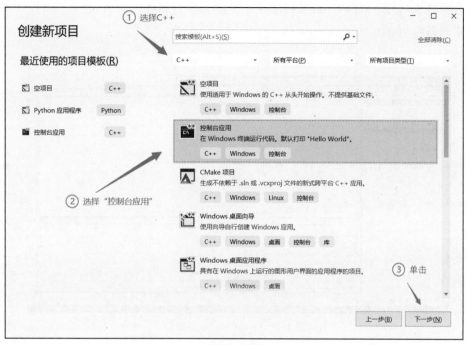

图 1-2　选择语言和项目类型

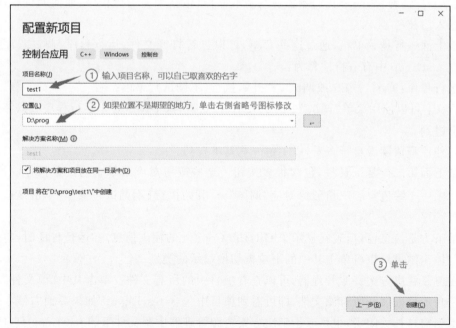

图 1-3　输入项目名称、选择项目存储位置

第 4 步：熟悉 VS 界面。

图 1-4 是 VS 的主窗口，分成很多部分。

右侧的中间是代码编辑窗口，这里显示了 VS 自动创建的 test1.cpp 的内容。注意，我们将项目取名为 test1，VS 自动创建的源程序文件名和项目同名，也是 test1。C++ 程序的扩展名是 cpp。

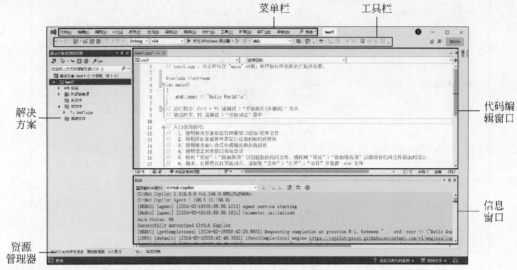

图 1-4　Visual Studio 主窗口

test1.cpp 中，有一些自动创建的内容。首先，有能输出"Hello World!"的 C++ 源程序，还有一些注释，用来帮我们熟悉一些基本操作，包括如何运行程序、如何调试程序，以及一些入门技巧等。

最上面一行是菜单栏，通过这些菜单，可以进行打开文件、运行程序、调试程序等操作。在 test1.cpp 中有一行注释为：

运行程序：Ctrl + F5 或调试＞"开始执行(不调试)"菜单。

含义：可以使用菜单"调试"中的子菜单"开始执行(不调试)"来运行程序。具体操作后面会讲到。

其他注释请读者自行查看，以了解一些基本技巧。

最上面第二行是工具栏，包含很多按钮。这些按钮对应菜单中的一些操作。比如，工具栏中一个绿色空心三角形 对应"调试"→"开始执行(不调试)"菜单，单击该按钮即可运行程序。

最下方是信息窗口，现在显示了 GitHub Copilot 的输出信息，在运行程序时，将显示程序的输出结果。也可单击其中的下拉框切换显示的类别。

左侧是解决方案资源管理器，可以查看项目中的所有文件。单击其中"源文件"项左侧的三角形可以展开所有源文件，即可看到项目中包含 test1.cpp。如果界面右侧中间的代码编辑窗口被关闭了，也可双击解决方案资源管理器中源文件下的 test1.cpp 打开对应的代码窗口。

第 5 步：输入代码。

在编写自己的程序时，需要将代码编辑窗口中的代码全部删除，然后再输入自己的代码。这里默认的代码虽然也能输出"Hello World!"，但是和我们自己准备的代码不完全一样，因此，我们仍然将这些已有的代码删除，替换成自己的代码。

在代码窗口中用鼠标拖动选择所有代码（也可先将鼠标放到代码窗口中，再按 Ctrl＋A 组合键全选代码），再按 Delete 键删除代码。然后复制 ch1\hello.cpp 代码。这里复制的是 C 语言代码，如图 1-5 所示。

图 1-5　输入自己的程序并运行

接下来单击工具栏中的绿色空心三角形按钮▷，或者单击菜单"调试"→"开始执行（不调试）"。信息窗口将自动转到输出"生成"的信息，图 1-5 中信息窗口显示已成功生成了一个 exe 文件，没有提示错误。程序运行成功，将弹出一个窗口，显示以下结果，如图 1-6 所示。

图 1-6　运行结果窗口

此时，在 Windows 资源管理器中找到文件夹 D:\prog\test1，可看到下面有几个文件（如图 1-7 的左侧所示）。

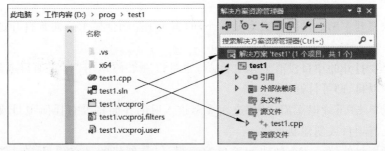

图 1-7　创建的文件（左侧为 Windows 资源管理器，右侧为 VS 的解决方案资源管理器）

（1）test1.cpp：自动创建的源程序文件。

（2）test1.sln：自动创建的解决方案文件。使用 VS 开发项目时，需要使用解决方案组织所有的内容。

（3）test1.vcxproj：自动创建的项目文件。VS 中，一个解决方案可以包含多个项目，在开发项目时，项目组进行项目的开发，多个项目组可以同时开发多个项目，并组织到一个解决方案中，成为一个大的程序。我们这里先不考虑多个项目的问题，因此，一个解决方案中只包含一个项目。

这三个文件和 VS 的解决方案资源管理器中的文件的对应关系如图 1-7 所示。它们的层次关系是：解决方案包含若干项目，项目包含若干源文件。我们目前只有一个项目和一个源文件。

图 1-7 的左侧还有一个文件夹"x64"，进入该文件夹，可看到 Debug 文件夹，再进入 Debug 文件夹，可以看到图 1-8 所示的内容，其中的 test1.obj 和 test1.exe 是运行程序时自动生成的目标文件和可执行文件。如果图 1-5 中生成失败，则不会得到 test1.exe 文件。

test1.exe 是 Windows 系统中的可执行文件，也可以在图 1-8 中直接双击该文件运行。

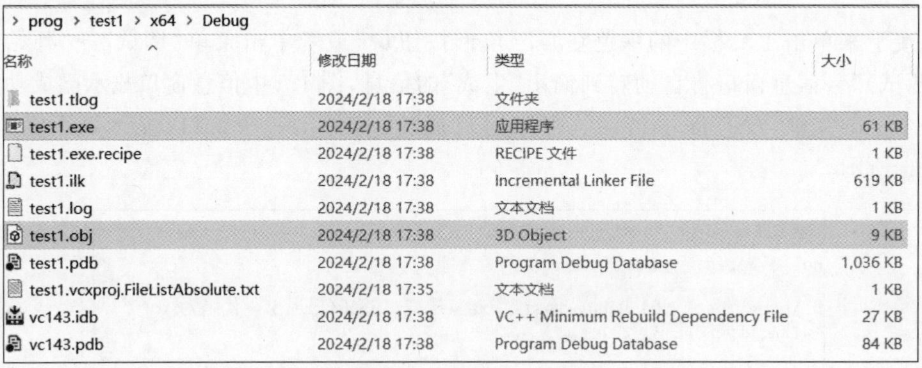

图 1-8　Debug 文件夹

1.3　熟手进阶

第二次打开 VS，启动界面会有稍微不同，图 1-9 左侧会显示近期曾打开过的项目（解决方案）。

如果想要打开的项目没有显示在左侧，也可以在右侧单击"打开项目或解决方案"，找到以前的项目，即可打开。

还可以单击"继续但无需代码"进入 VS，进入后的界面将没有任何项目或代码，需要自己打开已有项目或创建新项目。

这里我们仍然演示一个创建新项目的流程，但是创建的是空项目，在某些情况下我们需要使用这种方式创建项目。

第 1 章 熟悉编程环境　7

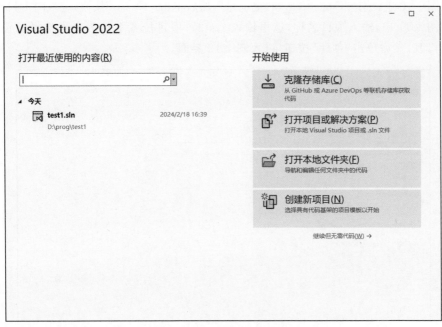

图 1-9　再次打开 VS 的界面

1.3.1　创建空项目

在图 1-9 中，单击"创建新项目"进入图 1-10 界面。

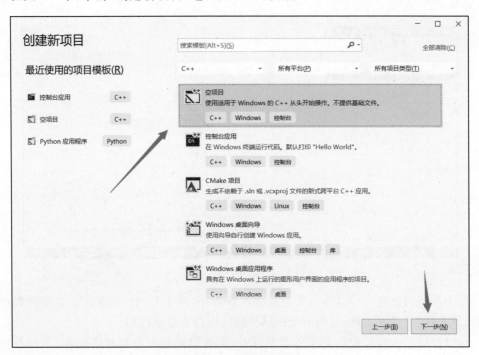

图 1-10　创建空项目

在图 1-10 中,选择"C++"语言和"空项目",然后单击"下一步"按钮,进入图 1-11 界面。

在图 1-11 中,输入项目名称,这里输入 test2。项目位置默认为上次选择的位置,这里不作修改,然后单击"创建"按钮,进入图 1-12 界面。

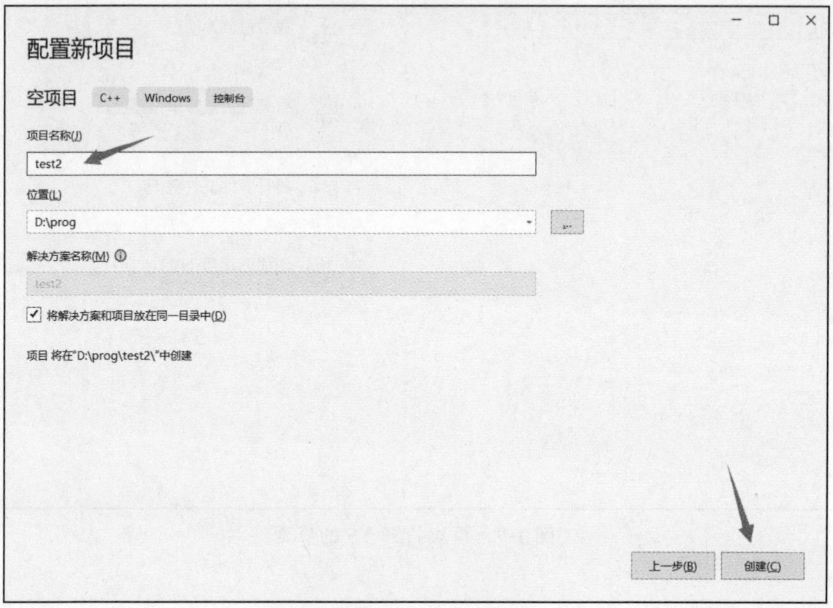

图 1-11　输入项目名称

图 1-12　空项目的主界面

因为选择的是空项目,VS 没有自动创建源程序,图 1-12 中,在解决方案资源管理器中的"源文件"下没有文件,右侧的代码编辑窗口也没有显示代码。

可以添加已有的源程序文件到本项目中,也可以新建一个源程序文件,下面分别介绍其操作步骤。

1.3.2 向空项目添加已有文件

要添加已有文件,可进行如下操作。

(1) 在解决方案资源管理器中找到项目 test2,右击,在弹出的菜单中选择"添加"→"现有项"选项,如图 1-13(a)所示。也可如图 1-13(b)所示,在 test2 下的"源文件"上右击,其他操作相同。

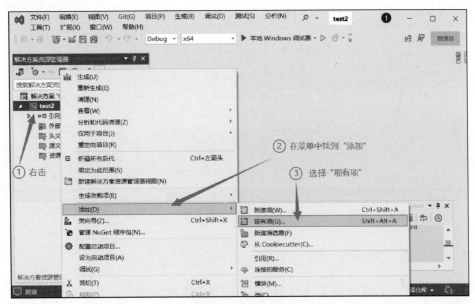

(a) 在项目中添加文件

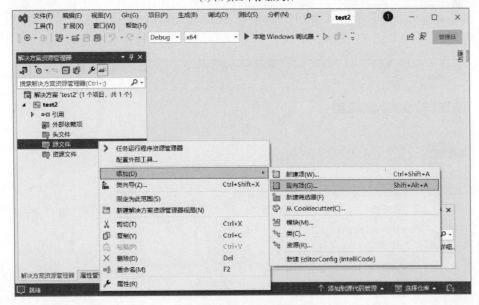

(b) 在项目的源文件中添加文件

图 1-13 添加已有文件

（2）在如图1-14所示界面中可以找到已有的源程序，比如前面创建的test1项目下的test1.cpp，添加到test2项目中，双击解决方案资源管理器中的test1.cpp，即可将其显示在右侧的代码编辑窗口中。

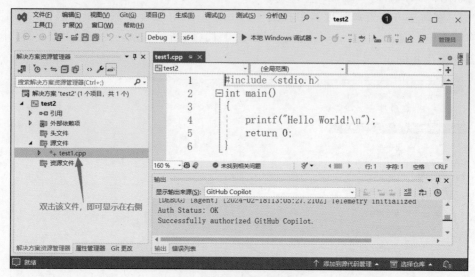

图1-14　打开已有文件

1.3.3　添加新文件

现在我们已经添加了一个已有的文件，还可以继续添加一个新文件，可进行如下操作。

（1）在解决方案资源管理器中右击"test2项目"，在弹出的快捷菜单中选择"添加"→"新建项"选项，如图1-15所示。

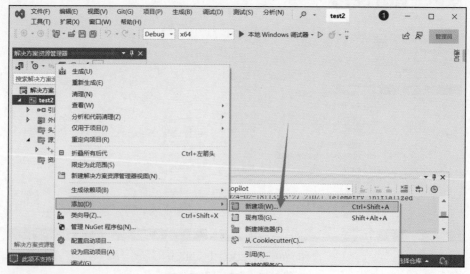

图1-15　在项目中新建文件

说明：与图 1-13 一样，也可以在"项目"的"源文件"上右击，在弹出的快捷菜单中选择"添加"→"新建项"选项，功能和图 1-15 相同。

（2）在如图 1-16 所示界面依次选择 Visual C++ →"C++ 文件"选项，然后输入文件名"main.cpp"，最后单击"添加"按钮。

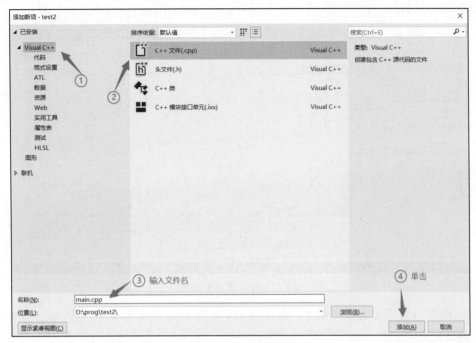

图 1-16　新建文件

（3）弹出如图 1-17 所示的界面，可以看到 main.cpp 已被打开在右侧的代码编辑窗口中，但是文件中还没有代码。

图 1-17　新建的源程序文件

可以自己输入代码,也可以从别的地方复制代码到这个文件中。这里,我们演示如何使用 Copilot 生成代码。

① 输入注释"//输出 Hello World",然后按回车键。

② 此时,VS 用灰色显示 Copilot 建议的代码为"#include <iostream>"(图 1-18),按 Tab 键(是键盘上的 1 个键,不是 3 个键)接受 Copilot 的建议,然后按回车键。

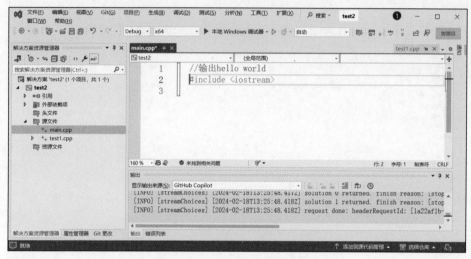

图 1-18 Copilot 建议的代码(1)

③ 此时可看到 Copilot 有进一步的建议,如图 1-19 中灰色的代码所示。同样,按 Tab 键接受建议。

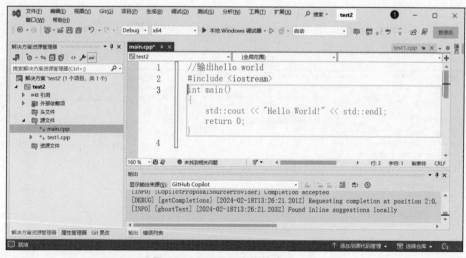

图 1-19 Copilot 建议的代码(2)

至此,输出 Hello World 的程序写好了。

这里生成的代码是 C++ 代码,如果需要生成 C 语言代码,可以先输入"#include <stdio.h>",然后 Copilot 生成的建议代码就是 C 语言的代码,见 1.3.5 节的演示。

单击工具栏中的按钮▷运行程序,VS 首先执行生成操作,但是生成失败,如图 1-20 所示。

可以看到,提示的错误信息为:

```
1>main.obj : error LNK2005: main 已经在 test1.obj 中定义
1>D:\prog\test2\x64\Debug\test2.exe : fatal error LNK1169:找到一个或多个多重定
义的符号
1>已完成生成项目"test2.vcxproj"的操作 -失败。
==========生成: 0 成功,1 失败,0 最新,0 已跳过 ==========
```

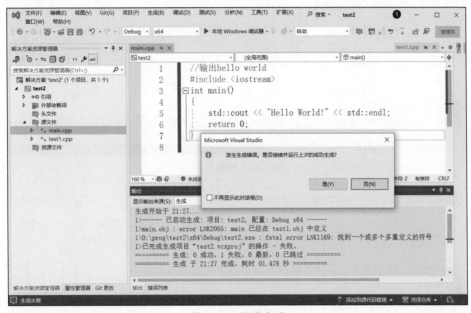

图 1-20 生成失败

提示的错误信息原因为"main 已经在 test1.obj 中定义"。从图 1-20 的解决方案资源管理器中可以看到,该项目有两个源文件:main.cpp 和 test1.cpp,这两个源文件中各有一个 main 函数,而 C 语言规定,一个项目中只能有一个 main 函数,程序从 main 函数开始执行。这里有两个 main 函数,所以发生错误。

错误原因为:1.3.2 节添加的 test1.cpp 文件不应该保留在项目中。下面进行移除。

1.3.4 从项目中移除文件

在解决方案资源管理器中,右击 test1.cpp,在弹出的快捷菜单中选择"移除"选项,如图 1-21 所示。

此时,项目中只有一个源文件,再单击按钮▷,可得到运行结果,如图 1-22 所示。

图 1-22 下部的白色底的窗口是输出控制台窗口,里面显示的是程序运行的输出内容。

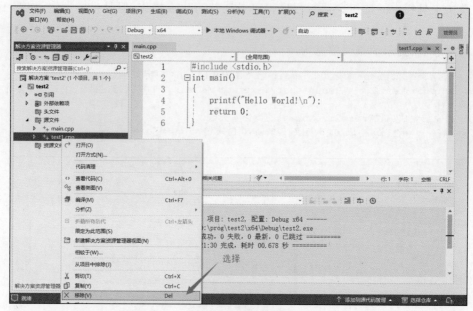

图 1-21　移除文件

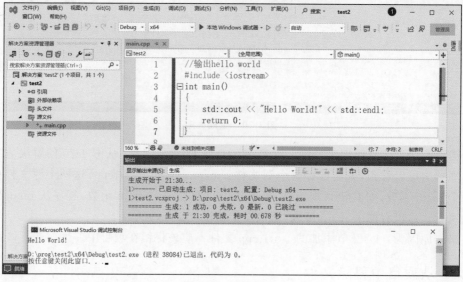

图 1-22　运行程序

1.3.5　使用 Copilot

前面简单地介绍了使用 Copilot 生成代码的过程,步骤归纳如下。

(1) 输入注释,然后按回车键。

(2) 查看生成的建议,如果接受则按 Tab 键,不接受则按 Esc 键,或者自己继续输入代码。

（3）图 1-18 中，建议的代码是 C++ 的代码，如果想编写 C 语言的程序，可以不接受生成的建议，如图 1-23 所示，手工输入第 2 行，再按回车键，此时将得到 C 语言代码的建议。

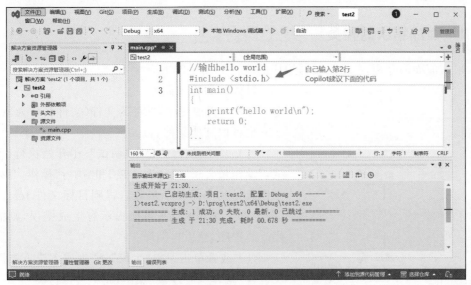

图 1-23　不接受建议，自己输入部分代码

由此可知，Copilot 能根据已有的上下文，推断用户想要输入的代码，提出它的建议。

读者可自行尝试其他的注释，比如，期望输出九九乘法表，按照图 1-24 所示，输入第 1 行的注释，接受第 2 行和第 3 行的建议，然后得到了图中所示第 4 行及之后的建议。读者可以尝试接受该建议，然后运行程序查看输出结果。

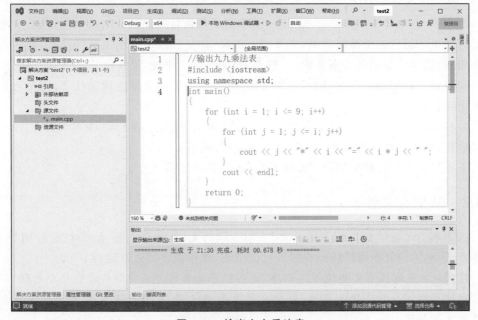

图 1-24　输出九九乘法表

1.4 解决简单程序错误

1.4.1 程序错误的种类

根据前面的介绍,总结出编写程序的步骤如图 1-25 所示。

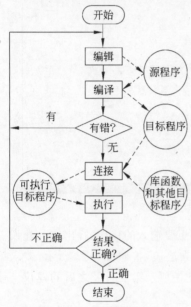

图 1-25 开发 C 语言程序的步骤

具体步骤描述如下。

(1) 编辑源程序,保存为文件(文件名可为 test1.cpp,也可取其他文件名)。

(2) 编译(执行的菜单"调试"→"开始执行(不调试)"操作包含了"编译""连接"和"执行"操作,"编译"操作只是其中的一个步骤),得到目标文件 test1.obj(图 1-8)。编译时 VS 可能提示有生成错误,则需要修改源程序,然后再编译。

(3) 或者单击菜单"生成"→"生成解决方案",则仅包含"编译"和"连接"操作,而不会执行。

(4) 编译成功后,再进行连接(此步骤也包含在"开始执行"或"生成解决方案"操作中)。连接的作用是将生成的目标文件以及系统的库函数等组装在一起,得到一个独立可执行的 exe 文件 test1.exe(图 1-8)。连接的过程也可能出错,如图 1-20 所示的错误即为连接错误。

(5) 有了可执行文件 test1.exe,即可执行程序得到运行结果。运行结果可能正确,也可能不正确,甚至程序不能给出运行结果,在执行过程中崩溃、退出。如果结果不正确,一般是逻辑错误,原因比较复杂,需要读者熟悉编程算法和逻辑。如果中途崩溃,也不需要害怕,按照本书后面介绍的调试技巧,完全可以解决此类错误。

Copilot 生成的代码也可能有各种错误,包括编译错误、执行错误等。对于 Copilot 生成的代码,也需要认真审查、测试,以发现其中的错误。

下面以几个具体的实例介绍编译错误(也称为语法错误)。

1.4.2 缺少头文件

以下程序(源代码"ch1\diamond.cpp")运行后在屏幕上显示一个菱形图案,如图 1-26 所示。但程序编译将出现警告。请改正,使得程序能正常运行。

注意:本书有很多需要改错的程序,这些程序需要读者从附带的源代码中打开,不要自己从键盘输入。自己输入代码,可能会产生新的错误,也可能无意之中改掉了代码中特意插入的错误。

打开源代码"ch1\diamond.cpp",建议先将本书附带的源代码"ch1"文件夹复制到

D:\prog 下,然后将"ch1\diamond.cpp"添加到一个空项目中。请参照 1.3.1 节和 1.3.2 节的操作步骤进行操作,以后需要打开源代码时,本书都按照这种步骤操作,不再赘述。

源程序(见"ch1\diamond.cpp"。每行最左边的数字为行号,在实际程序中不存在):
C 语言程序如下:

```
 1:    int main()
 2:    {
 3:        printf("         *    \n");
 4:        printf("        * *   \n");
 5:        printf("       *   *  \n");
 6:        printf("      *     * \n");
 7:        printf("     *       *\n");
 8:        printf("    *         *\n");
 9:        printf("     *       *\n");
10:        printf("      *     *\n");
11:        printf("       *   *\n");
12:        printf("        * *\n");
13:        printf("         *\n");
14:        return 0;
15:    }
```

C++ 语言程序如下(C++ 程序在"ch1\diamond.cpp"中被注释了,请删除 C 语言代码,恢复 C++ 代码):

```
 1:    int main()
 2:    {
 3:        cout<<"         *    "<<endl;
 4:        cout<<"        * *   "<<endl;
 5:        cout<<"       *   *  "<<endl;
 6:        cout<<"      *     * "<<endl;
 7:        cout<<"     *       *"<<endl;
 8:        cout<<"    *         *"<<endl;
 9:        cout<<"     *       *"<<endl;
10:        cout<<"      *     *"<<endl;
11:        cout<<"       *   *"<<endl;
12:        cout<<"        * *"<<endl;
13:        cout<<"         *"<<endl;
14:        return 0;
15:    }
```

运行结果如图 1-26 所示。

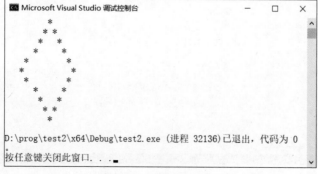

图 1-26 程序运行结果

操作步骤如下。

(1) 新建空项目并添加文件"ch1\diamond.cpp",此时可以看到提示错误,如图 1-27 所示,红色圆圈内有一个红色的×,表示程序有编译错误。

(2) 如图 1-27 所示,单击"错误列表"查看错误信息,这里可以看到有三个错误。双击错误列表中的第 1 个错误,光标将自动定位到错误行,图中是第 4 行。

图 1-27 C 程序编译得到的错误信息

第 1 个错误的具体信息见表 1-1。

表 1-1 编译错误信息

严重性	代码	说　　明	项目	文　　件	行
错误(活动)	E0020	未定义标识符 "printf"	test2	D:\prog\ch1\diamond.cpp	4

具体原因是"未定义标识符 "printf"",这是由于没加头文件。可在第 1 行加上:

```
#include <stdio.h>
```

即可解决该错误。

如果使用了 C++ 代码,则错误信息如图 1-28 所示。

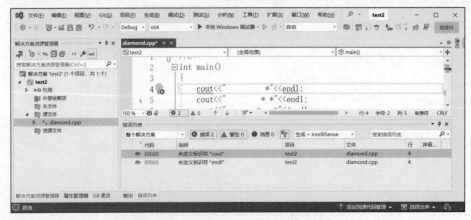

图 1-28 C++ 程序编译得到的错误信息

具体的错误信息见表 1-2。

表 1-2　编译错误信息

严重性	代码	说　明	项目	文　件	行
错误(活动)	E0020	未定义标识符 "cout"	test2	D:\prog\ch1\diamond.cpp	4
错误(活动)	E0020	未定义标识符 "endl"	test2	D:\prog\ch1\diamond.cpp	4

这是由于没加头文件 iostream，在程序的第 1 行增加：

```
#include <iostream>
```

增加一行代码后，可以看到错误信息并没有改变，还需再加一行代码：

```
using namespace std;
```

此时错误自动消失(因为 VS 自动执行了生成操作)。

(3) 运行。单击工具栏中的按钮 ▷，此时程序正常运行，并显示运行结果(图 1-26)。

1.4.3　缺少分号

以下程序运行后要求用户输入长方形的两个边长，程序计算长方形的面积后输出。但程序编译将出现错误。请改正编译错误，使得程序能正常运行。

源程序(源代码见"ch1\area.cpp"，每行最左边的数字为行号，在实际程序中不存在)：

C 语言程序如下：

```
1:    #include <stdio.h>
2:    void main()
3:    {
4:        int a,b;
5:        printf("请输入长方形的两个边长,用空格分隔:");
6:        scanf("%d %d", &a, &b);
7:        printf("长方形面积为:%d\n",a * b)
8:    }
```

C++ 语言程序如下("ch1\area.cpp"中 C++ 程序被注释了，请删除 C 语言代码，恢复 C++ 代码)：

```
1:    #include<iostream>
2:    using namespace std;
3:    void  main()
4:    {
5:        int a,b;
6:        cout<<"请输入长方形的两个边长,用空格分隔:";
7:        cin>>a>>b;
8:        cout<<"长方形面积为:%d\n",a * b<<endl
9:    }
```

运行结果(改正错误后)：

```
请输入长方形的两个边长,用空格分隔: 5 12
长方形面积为:60
```

以上运行结果中，带下画线的部分为用户的输入，其他的为程序的输出。用户输入完成后，按回车键结束输入。

下面是操作步骤。

（1）新建空项目并添加文件"ch1\area.cpp"。

（2）如图1-29所示，单击"错误列表"查看错误信息。双击错误列表中的第1个错误，光标将自动定位到错误行，图中是第8行。

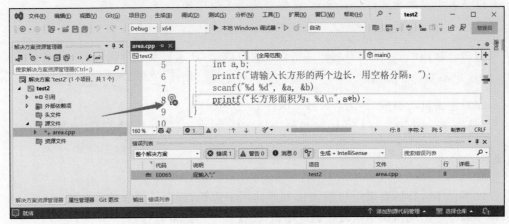

图1-29 编译得到的错误信息

编译错误为：第8行有错，错误原因是"应输入;"，但是可以看到代码的第8行的最后包含了分号。在界面中可以看到第8行出现了一个红色的×图标，如图1-29的箭头所指部位。

可以按照图1-30中的步骤所示，将鼠标移到红色的×图标上，单击红色×图标旁边向下的三角形，再将鼠标移到弹出菜单的第一行"在上一行结尾添加;"，此时将出现几行

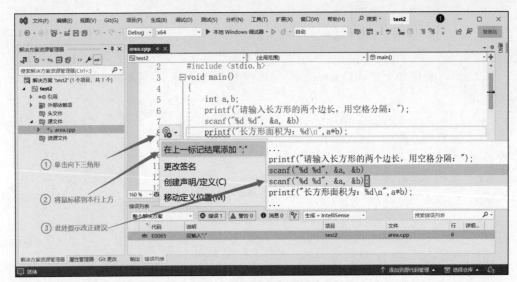

图1-30 查看错误信息1

代码,为 VS 提示的改正建议。其中,粉红色底的第二行显示的是错误代码,淡绿色底的第 3 行显示的是建议代码,也就是要在 scanf 语句的最后添加一个分号。

以上显示的是 area.cpp 中 C 语言代码的错误,如果使用其中的 C++ 代码,在错误列表中单击错误信息后,再单击红色×图标的向下三角形,则得到图 1-31 提示的错误信息。

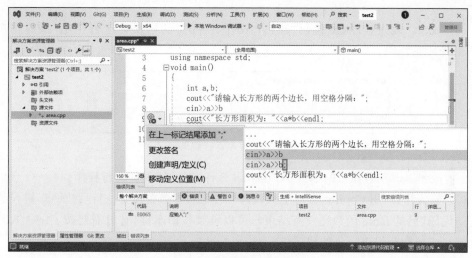

图 1-31　查看错误信息 2

按照错误提示添加分号后,错误列表中的错误自动消失。

代码改正后,单击工具栏中的按钮 ▷,此时程序正常运行。

注意:有时错误列表信息窗口本身不够高,只能看到最后一行提示信息,而看不到前面的错误,这时应该滚动信息窗口,一直滚动到能看到第一个错误。

切记:如果程序编译有多个错误(或警告),我们一定要先解决第一个错误(警告),因为有可能第二个错误由第一个错误引起,第一个错误解决后,第二个错误也将自动消失。

以上使用了两个示例程序演示了编译错误(和警告),实际上,编译错误有非常多的种类,需要继续学习后面的章节,才知道如何改正。幸运的是,编译错误一般能从错误提示信息中得到足够详细的信息,从而知道如何解决该错误。并且,在错误列表框中单击该错误,能定位到错误的代码行(但一定要注意,错误也有可能是由被定位到的那行代码之前的代码行引起的,实际上定位到的那行代码并无错误)。总的来说,编译错误一般相对容易解决。

1.5　课堂练习

(1) 新建一个项目并新建一个文件,从"ch1\sourceCode.txt"中复制程序到代码窗口中,运行程序。注意:该 TXT 文件中有多个源程序,可任选一个复制、运行,不要一次将所有代码复制过来运行。

(2) 编程。仿照 diamond.cpp(显示菱形图案的程序),编程在屏幕上输出以下图案:

(3) 改错。改正程序(源代码"ch1\error1-1.cpp")的错误并运行程序,最后输出如图 1-32 所示的结果。

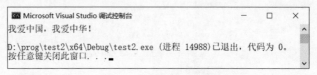

图 1-32　程序运行结果

(4) 改错。改正程序(源代码"ch1\error1-2.cpp")的错误并运行程序。

(5) 输入注释,用 Copilot 自动生成代码。注意:如果在接受一行后按回车键没有提示新的代码(但是 main 函数还没有结束),可以继续按回车键(有时需要按 Ctrl＋Alt＋\ 组合键),一般能获得进一步的建议。

比如,可以输入:

//数字游戏

然后按回车键,此时会一行一行地生成建议,按 Ctrl＋Alt＋Enter 组合键可查看最多 10 个建议,这些建议显示在右侧,可浏览这些建议,单击按钮 Accept Solution 组合选择其中一个,如图 1-33 所示。

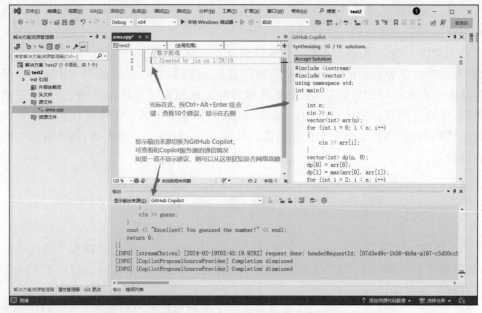

图 1-33　按 Ctrl＋Alt＋Enter 组合键查看最多 10 个建议

1.6 本章小结

使用 VS，一开始可能觉得比较复杂，但总结起来，步骤非常简单。

（1）新建一个项目，可以是控制台项目（将自动创建源程序文件），也可以是空项目（需要自己新建文件或者添加已存在的文件）。

（2）如果看到 ⊗ 1 图标，则表示程序有编译（或者连接）错误，后面的数字 1 表示有 1 个错误，此时可查看错误列表。

（3）如果没有错误，可单击按钮 ▷ 运行程序。系统将在一个弹出的小窗口中显示结果。

本章提供了 C 语言和 C++ 语言的代码，可以看到：

C 语言代码的模板如下：

```
#include <stdio.h>
int main()
{
    //一些操作
    return 0;
}
```

其中最核心的内容如下。

（1）需要包含头文件 stdio.h。

（2）需要有一个 main 函数，main 函数的返回值类型为 int。1.4.3 节中的示例代码，main 函数的返回值类型为 void，使用了老的标准，在 VS 里没提示错误，但是在别的编译器中可能会提示错误。为了代码能够通用，规定 main 函数的返回类型为 int。

（3）在 main 函数最后有 return 0，这个语句的作用是通知操作系统的程序运行后正常结束。

C++ 语言代码的模板如下：

```
#include <iostream>
using namespace std;
int main()
{
    //一些操作
    return 0;
}
```

C++ 和 C 语言代码的区别是前两行：

（1）需要包含头文件 iostream。

（2）需要使用命名空间 std。

（3）C++ 的输入输出语句与 C 语言不一样，但是在以上的模板中没体现出来。比如输出，C 语言是 printf，C++ 是 cout。

虽然 Copilot 能帮助我们生成代码，以上模板也希望每位同学能熟练写出，因为自动生成的代码有时也会有错，我们对于 Copilot 的态度是：使用它，但不依赖；给予信任，但不盲目接受。

本章我们需要掌握以下操作。

（1）使用 VS 编写 C/C++ 程序时，可以创建控制台应用，或者创建空项目，根据需要进行创建。

（2）学会使用菜单和工具栏运行程序，并知道程序源文件保存在哪里，也能找到生成的目标文件和可执行文件。

（3）在代码编辑窗口中书写注释，按回车键后可获得 Copilot 的建议。可按 Tab 键接受建议，也可按 Esc 键拒绝建议，或者自己输入代码。

（4）在 Copilot 生成代码建议时，按 Ctrl＋Alt＋Enter 组合键可查看最多 10 个建议，按 Ctrl＋Alt＋\ 组合键可触发向 Copilot 服务器请求获得建议。

第 2 章

顺序结构程序设计

2.1 本章目标

- 学习数据类型基础知识、撰写简单的程序。
- 学习如何从已有的程序改写出自己的程序。
- 进一步熟悉编译错误。
- 解决简单的运行错误。
- 了解输入输出操作的控制格式。
- 学习使用 Copilot 帮助编程。

2.2 使用改写编程序

2.2.1 从求长方形面积到求周长

已有一个求长方形面积的程序,C 和 C++ 源程序如下:

C 源程序(ch2\rectArea.cpp):

```
#define _CRT_SECURE_NO_WARNINGS
#include<stdio.h>
int main()
{
    int a,b, result;
    printf("Please input:");
    scanf("%d %d", &a, &b);
    result =a* b;
    printf("result is:%d\n", result);
    return 0;
}
```

C++ 源程序(ch2\rectArea.cpp):

```
#include<iostream>
using namespace std;
int main()
{
    int a,b, result;
    cout<<"Please input:";
    cin>>a>>b;
    result =a* b;
    cout<<"result is:"<<result<<endl;
    return 0;
}
```

这个程序包含以下几部分。

(1) 前两行的预处理。

- C 源程序

因为程序中使用到了 printf、scanf 函数,需要包含 stdio.h 头文件。此外,在 VS 中运行时,VS 认为 scanf 不够安全,需要使用 scanf_s 替代,这样会造成代码通用性不够好。

可在第1行增加#define _CRT_SECURE_NO_WARNINGS,让VS使用scanf时不要报错。

在VS中用C语言编写程序时,这里的前两行代码都需要加上。

- C++源程序

C++程序需要包含iostream头文件,并且引用命名空间std。C++程序基本都有输入、输出,因此都需要最前面的两行代码。

(2) main函数的声明。每一个能独立运行的C++程序,都需要有一个main函数,因此,第3行代码必不可少。和main函数相关联的是它下面的"{"以及最后的"}",还有倒数第二行的"return 0;"。可以将这里提到的第1部分和第2部分的共6行代码作为模板,复制到自己编写的每个程序中。

(3) 变量声明。这部分内容根据程序的功能不同会有较大区别。变量的类型、数目、名称都要根据需求确定。

(4) 输入、输出。C语言的输入用scanf函数,输出用printf函数。C++输入用cin,输出用cout。这个程序中有两个输出:"Please input:"用来提示用户应该输入,"result is:"告诉用户运行结果。这部分我们可以借鉴。

(5) 运算、得到结果。这个部分是程序的主要部分,虽然这里只有一行语句,别的程序可能会执行更多更复杂的运算,这个部分可能会很复杂。

(6) 返回0:最后一行代码是return 0,这是C/C++语言标准的要求,每个程序都需要有。

整个程序流程如图2-1所示。

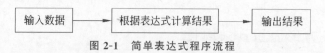

图2-1 简单表达式程序流程

我们已经有了一个求长方形面积的程序,现在需要编写一个求长方形周长的程序。从分析可知,求周长也需要输入两个边长,获得边长的值后,我们做的计算变成result=2*(a+b)。这个改变较容易,下面用图2-2中的两个框并排显示程序来说明修改的地方(下面仅示例C程序,C++程序类似)。

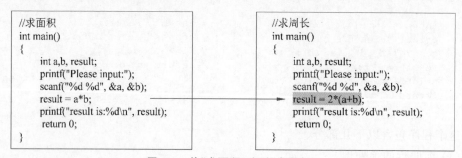

图2-2 从"求面积"改到"求周长"

从求面积到求周长,程序仅需改动一个地方(即右边框中带阴影的部分)。如果以后遇到类似的程序,需要使用两个或者若干个数进行计算,程序也很相似。

2.2.2 从求长方形面积到求圆面积

求长方形面积的公式是:result = a * b。

求圆面积的公式是:result = πr^2。

从这个区别,我们同样可以把求长方形面积的程序改到求圆面积的程序,改动如图 2-3 所示。

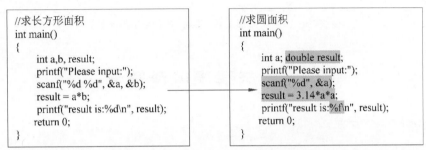

图 2-3 从"求长方形面积"改到"求圆面积"

以上程序从左到右,主要有 4 个改变,每一个阴影表示一个修改的地方。

(1) 第一个改变:将 result 的类型从 int 改为 double,因为圆面积是一个浮点数,result 需要定义为 double 型。

(2) 第二个改变:圆面积根据半径计算,只需要从键盘输入一个变量 a(注意,为了减少改动,仍然使用变量名 a,另外要注意到变量声明少了一个 b)。

(3) 第三个改变:求圆面积和求长方形面积的公式不同。

(4) 第四个改变,输出 result 时,使用的格式字符从%d 变为了%f。

2.2.3 调换两位数的个位与十位

要求:从键盘读入一个两位数(即该数字为 10~99),将其个位与十位对调,输出结果。

这个程序也可从求长方形面积改过来。从前面的分析可知,关键是表达式的改变,即如何对调个位与十位,其他的地方包括输入输出,改变不大,相对容易解决。

为了对调个位与十位,首先需要将一个数的个位和十位的数字获取到,可使用如下公式(设这个两位数为 num):

```
geWei = num % 10;
shiWei = num / 10;
```

有了上面的两个值,对调后的数字应该为个位乘以 10 加上十位的数字,因此有:

```
newNum = geWei * 10 + shiWei;
```

程序的改动如图 2-4 所示。

```
//求长方形面积                          //对调个位与十位(ch2\swap.cpp)
int main()                              int main()
{                                       {
    int a,b, result;                        int num, result;
    printf("Please input:");                printf("Please input:");
    scanf("%d %d", &a, &b);                 scanf("%d", &num);
    result = a*b;                           result = (num % 10)*10+ num/10;
    printf("result is:%d\n", result);       printf("result is:%d\n", result);
    return 0;                               return 0;
}                                       }
```

图 2-4　从"求长方形面积"改到"对调个位与十位"

2.3　解决程序编译错误

2.3.1　scanf 不安全

理论教材的输入使用 scanf 函数,但是 VS 对安全性进行检查,要求使用 scanf_s 函数。比如下面的程序(源代码"ch2\error-scanf.cpp"):

```
#include <stdio.h>
int main()
{
    int a, b, result;
    printf("Please input:");
    scanf("%d %d", &a, &b);
    result =a * b;
    printf("result is:%d\n", result);
    return 0;
}
```

在生成时会提示错误:

```
error C4996: 'scanf': This function or variable may be unsafe. Consider using scanf_s instead. To disable deprecation, use _CRT_SECURE_NO_WARNINGS.
```

错误信息中提供了两种解决方案,一是使用 scanf_s 代替 scanf,二是使用_CRT_SECURE_NO_WARNINGS。为了不增加学习难度,以及保持和理论教材的统一性,推荐使用第二种方案,在程序的第一行(注意,必须在第一行,放到程序的后面不起作用)增加一个语句:

```
#define _CRT_SECURE_NO_WARNINGS
```

编写 C 语言程序的模板改成如下:

```
#define _CRT_SECURE_NO_WARNINGS
#include <stdio.h>
int main()
{
    //定义变量
    //输入数据
    //计算
```

```
    //输出结果
    return 0;
}
```

如果代码中使用了 scanf 函数,请加上这里的第一行代码。

2.3.2 标识符未定义

标识符包括变量名、常量名、函数名称等。如果编译时提示标识符未定义(undeclared),通常由以下两种情况引起。

(1) 标识符的大小写不匹配,或者标识符拼写错误。比如,定义了一个变量:

```
int classOneStudentNumber;
```

相应的赋值语句如下:

```
classoneStudentNumber = 35;
```

由于引用变量时,单词"one"的"o"是小写,而变量定义时是大写,将会提示标识符未定义。

(2) 标识符确实未定义。除了确实忘记定义的情况,也可能存在一些特别的情况,如下例。

以下程序(源代码"ch2\error2-1.cpp")的第 5 行将产生一个"标识符未声明"的编译错误"error C2065:"b": 未声明的标识符"。

```
1:    #define _CRT_SECURE_NO_WARNINGS
2:    #include <stdio.h>
3:    int main()
4:    {
5:        int a=b=7;
6:        printf("result is: %d", a * b);
7:        return 0;
8:    }
```

代码中的变量"b"写在定义语句中,但第 5 行仅仅定义了变量"a",导致变量"b"未定义。

2.3.3 左值问题

编译错误"左操作数必须为左值"指的是在赋值操作(即使用"="操作符)时,其左侧必须是一个可修改的左值表达式。左值通常指代一个具体的存储位置,如变量,它们可以被赋值。表达式和常量则不能作为左值,因为它们不具有可修改的存储位置,即不能被赋予新的值。

在以下程序(源代码文件名为"ch2\error2-2.cpp")中,第 7~9 行均会触发编译错误"error C2106:'=':左操作数必须为左值"。这意味着在这些行中,赋值操作符的左侧使用了无法被赋值的表达式或常量。

```
1:    #define _CRT_SECURE_NO_WARNINGS
```

```
2:      #include<stdio.h>
3:      int main()
4:      {
5:          const int PRICE=30;
6:          int a,b,c=7;
7:          a=b+1=c+2;
8:          a+b=c+2;
9:          PRICE=31;
10:         return 0;
11:     }
```

第 7 行错误的原因是：赋值符号的左侧是"b+1"表达式。
第 8 行错误的原因是：赋值符号的左侧是"a+b"表达式。
第 9 行错误的原因是：赋值符号的左侧是"PRICE"常量。

2.3.4 类型不能转换

这种错误源于赋值操作中类型不匹配，即无法直接将一个类型的值赋给另一个不兼容的类型。这里的"赋值"操作不仅限于使用"="符号进行直接赋值，还可能包括函数参数传递等场景，这些将在后续内容中进一步讨论。

以下程序（源代码文件名为"ch2\error2-3.cpp"）的第 4 行引发了编译错误"error C2440：'=' ：无法从'const char[2]'转换为'char'"。该错误信息指出错误发生在赋值操作，具体原因是无法将类型为'const char [2]'（即包含两个字符的常量字符数组）的值直接赋给'char'类型的变量。如果读者目前对'char [2]'的概念不太理解，随着后续对字符串内容的学习，这一点将变得清晰。在此，我们只需理解核心问题：不能直接进行从字符串到字符的赋值操作。

```
1:      int main()
2:      {
3:          char ch;
4:          ch="a";
5:          return 0;
6:      }
```

通过这个例子，我们应该更加清楚单引号与双引号的区别。

2.3.5 "%"运算符的操作数问题

"%"运算符的两个操作数都需要是整型数，如果其中之一不为整型，则将提示编译错误。下面看一个具体的例子。

在以下程序（源代码"ch2\error2-4.cpp"）中，第 5 行将触发编译错误"error C2296：'%'：无效，因为左操作数的类型为'float'"。尽管变量 f 的值为 10，看似一个整数，但根据其类型声明，它实际上是一个 float 型变量。因此，它不能参与求余运算，因为求余运算要求操作数为整数类型。

```
1:      int main()
2:      {
```

```
3:         float f=10;
4:         int r;
5:         r=f%3;
6:         return 0;
7:    }
```

要解决这个问题,可简单地将 f 进行强制类型转换,即将第 5 行修改成:

```
r=(int)f%3;
```

在程序中,为了修正错误,也可以将变量 f 的类型直接定义为 int,鉴于 f 在程序中没有其他特定用途,将其更改为 int 类型将不会对其他部分产生不良影响。然而,在常规的程序设计中,如果变量 f 已经被定义为 float 类型,那么通常不推荐直接修改其类型,因为这可能会破坏类型安全。在这种情况下,如果需要执行类型转换,应当使用显式的强制类型转换来确保操作的正确性和清晰性。

2.4 解决程序简单运行错误

2.4.1 逗号表达式的问题

首先运行以下代码,观察输出结果。

源程序(源代码"ch2\error2-5.cpp"):

```
int main()
{
    int a,r;
    a=2,000;
    r=a*a;
    printf("result is: %d\n", r);   //cout<<"result is: "<<r<<endl;
    return 0;
}
```

运行结果:

```
result is: 4
```

从程序分析来看,a 的值为 2000,然而 a*a 不等于 4000000,却是 4,为什么?

下面对程序进行微调,以输出变量 a 的值(即下面程序带阴影的一行程序),程序如下(程序的注释部分为 C++ 代码):

```
int main()
{
    int a,r;
    a=2,000;
    r=a*a;
    printf("a is: %d\n",a);   //cout<<"a is: "<<a<<endl;
    printf("result is: %d\n", r);   //cout<<"result is: "<<r<<endl;
    return 0;
}
```

程序运行的输出为:

```
a is: 2
result is: 4
```

从程序的输出结果来看,变量 a 的值为 2,因此 a*a 的计算结果为 4。然而,变量 a 为何赋值为 2,我们需要审查给 a 赋值的语句。在 C 语言中,"a=2,000"实际上被解析为一个逗号表达式,而非意图将 a 赋值为 2000。

从该程序中,我们可以得出以下两点学习启示。

(1) 逗号表达式的计算。在此程序中,变量 a 的值被赋予 2,而不是 0,这涉及运算符的优先级问题。对于不熟悉运算符优先级的开发者,建议:

- 尽量少用逗号表达式。
- 当对优先级顺序不确定,或者容易混淆时,应增加括号来明确优先级,或者将一个复杂的表达式拆分成多个简单语句进行编写。比如语句:

```
a*=b/++c;
```

可以拆分成以下几个语句,使得逻辑更为清晰:

```
++c;
a=a*(b/c);
```

(2) 当程序运行结果不符合预期时,调试方法的重要性。在程序中增加输出语句以输出变量的值,是确定问题所在的一种常见方法。然而,随着学习的深入,我们将会学习到更高效的调试技术,如使用调试器来监视变量的值。这样的方法将可更便捷地查看变量内容,提高检查程序错误的效率。

2.4.2 除号运算符的问题

首先运行以下代码,观察输出结果。

源程序(源代码"ch2\error2-6.cpp"):

```
int main()
{
    int a,b,c;
    double average;
    printf("please input 3 int:");   //cout<<"please input 3 int:";
    scanf("%d %d %d", &a,&b,&c);   //cin>>a>>b>>c;
    average = (a+b+c)/3;
    printf("average is: %f\n", average);   //cout<<"average is: "<<average<<endl;
    return 0;
}
```

第一次运行结果:

```
please input 3 int:2 3 4
average is: 3
```

第二次运行结果:

```
please input 3 int:3 5 8
average is: 5
```

首次运行时，输入三个数，分别为 2、3、4，计算所得的平均值为 3，此结果无误。然而，在第二次运行时，输入三个数，即 3、5、8，计算所得的平均值为 5，而实际应得平均值为 5.333333，因此此结果存在错误。

我们首先可以怀疑输入值的不准确性，因此可在输入后输出 a、b、c 的值进行校验，观察得知，a、b、c 的值均正确无误。那么，错误的原因极有可能是表达式的计算方式。仔细审视计算平均值的语句 average =（a＋b+c）/3，尽管 average 被声明为 double 类型，但参与除法运算的分子和分母均为整型，因此，此语句的作用是先计算 a+b+c 的和，随后进行整型除法，即整除 3，得到一个整型结果，最后再将其转换为 double 类型（实数）赋给 average 变量。

从此程序中，我们必须牢记并警惕一点：

在除法运算中，若除数和被除数均为整型数，则执行整除操作；若其中一方为实数，则进行常规的除法运算。

因此，上述程序可以通过一种简单方式修正，即将计算平均值的那行语句改为：

```
average =(a+b+c)/3.0;
```

在这个语句中，除法的分母是"3.0"，因此不是整除运算。

关于整除的问题，后面的章节还会介绍，这是比较容易犯错的地方，需要初学者牢记。

2.5 scanf 和 printf

在 C 语言中（C++ 语言兼容 C 语言的语法），通过 scanf 函数实现从键盘的输入，而利用 printf 函数向屏幕输出内容。这两个函数的格式控制字符串设计得较为复杂，旨在提供最大化的灵活性，但相应地也增加了初学者的学习难度。从日常应用的角度出发，初学者可以先掌握少数几个关键的格式控制字符，而对于其他较为复杂的使用情况，可以借助工具如 Copilot 来辅助学习。

2.5.1 printf 函数的格式问题

printf 函数调用的一般形式为：

```
printf("格式控制字符串",输出表列)
```

对于格式控制字符串，需要熟悉以下几种，见表 2-1。

表 2-1 输出格式字符

格式字符	意　　义	格式字符	意　　义
d	以十进制形式输出整数	g	输出实数时，不输出小数部分末尾的 0
f	以小数形式输出单、双精度实数	c	输出单个字符
lf	不要使用，C++ 新标准不兼容该格式	s	输出字符串

格式字符和变量类型一定要对应,否则可能产生意料之外的错误。
如以下程序:

```c
#include <stdio.h>
int main()
{
    int a=15;
    double b=123.1234567;
    printf("a=%f\n",a);       //错误:int型变量使用%f输出
    printf("b=%d\n",b);       //错误:double型变量使用%d输出
    return 0;
}
```

运行输出为:

```
a=0.000000
b=-1225900489
```

这一结果显然存在误差,至于其原因,我们在此不做深入探究。

2.5.2　scanf函数的格式问题

scanf函数的一般形式为:

```
scanf("格式控制字符串",地址表列);
```

对于格式控制字符串,要清楚以下几种,如表2-2所示。

表2-2　输入格式字符

格式字符	意　　义	格式字符	意　　义
d	输入十进制整数	c	输入单个字符
f	输入单精度实数	s	输入字符串
lf	输入双精度实数		

格式字符和变量类型一定要对应,否则可能产生意料之外的错误。

经常犯的错误包括:使用%f格式字符输入double型变量,使用%d输入double型变量,使用%d输出double型变量等。错误的种类很多,解决的办法是牢记以上的对应关系。

以下程序演示了使用%f输入double型变量得到的结果。

```c
#define _CRT_SECURE_NO_WARNINGS
#include <stdio.h>
int main(){
    double a;
    printf("input a:\n");
    scanf("%f",&a);       //double型变量应该使用%lf格式字符
    printf("%f\n",a);
    return 0;
}
```

运行结果:

```
input a:
1.2
0.000000
```

2.5.3 输入缓冲区

在编程过程中读取数据时,我们通常需要从键盘接收数据输入。在 C 语言环境中,键盘输入的数据首先会暂存于键盘缓冲区,随后再被程序读取并进行相应的处理。键盘缓冲区作为一个临时存储区域,其主要功能在于暂时保留由键盘输入的字符。

如图 2-5 所示,从键盘输入的每一个字符都会被依次存储到键盘缓冲区中,随后,通过 scanf(或其他输入函数)从缓冲区中逐个读取数据。在此图中,我们假设从键盘输入了"␣123.4␣5回车6.7␣8回车"(其中"␣"代表空格字符),则缓冲区中的数据状态如图中部所示,其中\n 表示回车字符。

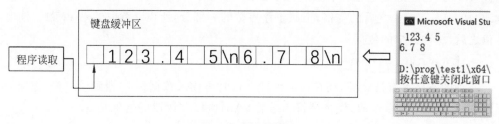

图 2-5 输入缓冲区

假设我们已经定义了以下几个变量:

```
char ch;
int a, b;
double c, d;
```

下面讲解一些输入语句在读入时的规则并举例说明。

首先,如果缓冲区中没有数据,则输入语句会一直等待,直到用户输入数据。缓冲区中有数据时,根据数据类型的不同,读入规则有一些区别,规则如下。

1. 用%d 读入 int 数据

(1) 忽略开头遇到的空白字符(空格、制表符、换行符等,可以忽略连续的很多个)。如果是后面遇到的空白字符,不能忽略,或者说不能跳过去。

(2) 尝试读取并转换尽可能多的数字字符(0~9)来构成一个整数。如果输入中的第一个字符不是数字或正负号(注意:如果开头有空白字符则已经被忽略),则读取失败。

(3) 如果有正负号,则读入并解释为正负数;如果没有,则默认认为正数。

(4) 如果读取成功,将整数存储在提供的参数中;否则,不存储任何值。

(5) 举例:scanf("%d %d", &a, &b),则按照图 2-5 的输入,a=123,b 读不进数据。因为在输入 a 时,首先遇到空格,则忽略,然后遇到 1,此时尝试读取尽量多的数字字符,可以读取"123",字符 3 之后的点号,不属于整数的一部分,所以 a 读取的是 123。

注意,将数据输入 a 之后,缓冲区里留下的数据是:

| . | 4 | ␣ | 5 | \n | 6 | . | 7 | ␣ | 8 | \n |

读取时遇到的点号没有被读掉，仍然留在缓冲区中。此时尝试读取数据到 b，直接遇到了点号，根据第 2 个规则，读取失败，所以 b 的数据保持为原来的值（随机值）。

2. 读入 float 或 double 数据

（1）忽略开头遇到的空白字符（空格、制表符、换行符等），规则和读入 int 数据一样。

（2）尝试读取并转换尽可能多的数字字符（0～9）来构成一个浮点数。这包括小数点和指数部分。

（3）如果有正负号，则读入并解释为正负数；如果没有，则默认为正数。

（4）如果读取成功，将浮点数存储在提供的参数中，否则，不存储任何值。

（5）举例：scanf("%lf %lf", &c, &d)，则按照图 2-5 的输入，c=123.4，b=5.0。因为读入 a 时，首先遇到空格，则忽略，随后遇到 1，此时尝试读取尽量多的数字字符，可以读取"123.4"，字符 4 之后的空格，不属于浮点数的一部分，所以 a 读取的是 123.4。读取 a 的值之后，缓冲区中的数据为：

| ␣ | 5 | \n | 6 | . | 7 | ␣ | 8 | \n |

开头的空格没有被读掉，还在缓冲区中。这时再读入数据到 b，遇到了空格，忽略，随后遇到 5，尝试尽量多读取，但是字符 5 之后是 \n，所以 b 读取的值就是 5。

3. 使用 scanf 的 %c 格式或者 getchar 读入字符数据

（1）尝试读取一个字符，并将其存储在提供的参数中（注意，不会忽略空白字符）。

（2）如果读取不成功，不存储任何值（输入流结束才导致读取不成功，否则，如果缓冲区中暂时没数据，会一直等待用户输入）。

（3）举例：scanf("%c", &ch)，则按照图 2-5 的输入，ch 读取到空格。注意，它不会忽略空白字符。

（4）技巧：如果希望 scanf 能忽略开头的空白字符，可以这样修改：scanf(" %c", &ch);（说明：␣表示空格），即在 % 前加个空格。

4. 综合举例

仍然按照图 2-5 的输入，即输入：

␣123.4␣5
6.7␣8

但是使用以下输入语句：

```
char ch;
int a, b;
double c, d;
scanf("%d %d", &a, &b);
scanf("%lf %lf", &c, &d);
scanf("%c", &ch);
```

程序运行后,各个变量读取到的值分别如下。

a=123:读入时,首先忽略一个空格,然后读入 123。

b:读不到数据,保持随机值。因为读入 b 时,遇到的是点号,而点号不属于整数的一部分。注意,点号不会被读掉,仍然留在缓冲区中。

c=0.4:读入 c 时,遇到的还是点号,因为点号是浮点数的一部分,".4"是一个合法的浮点数,读入后,c 就是 0.4。

d=5.0:读入 d 时,遇到的是空格(字符 4 之后的空格),忽略空格,然后遇到 5,而 5 之后是回车,所以 d 只能读入 5,值为 5.0。

ch='\n':读入 ch 时,遇到回车,直接读入,为字符'\n'。

2.5.4 输入输出容易犯的错误

除了类型不对应,输入输出操作时容易遇到的其他错误还有如下几种。
(1) scanf 时,变量名前缺少"&"符号。
如以下程序:

```
#define _CRT_SECURE_NO_WARNINGS
#include <stdio.h>
int main(){
    float a;
    printf("input a:\n");
    scanf("%f",a);    //变量名 a 前少了取地址的符号
    printf("%d\n",a);
    return 0;
}
```

在编译时,将提示以下警告和错误,见表 2-3。

表 2-3 编译错误信息

严重性	代码	说明	行
警告	C4477	"scanf":格式字符串"%f"需要类型"float *"的参数,但可变参数 1 拥有了类型"double"	6
警告	C4477	"printf":格式字符串"%d"需要类型"int"的参数,但可变参数 1 拥有了类型"double"	7
错误	C4700	使用了未初始化的局部变量"a"	6

以上存在两个警告和一个错误。在程序中出现的错误必须予以修正,否则程序将无法正常运行。而警告虽然不强制要求修改,但如果不进行处理,程序虽然可以运行,但可能会产生错误的结果。以本例为例,如果仅针对错误进行处理,即修复了"使用了未初始化的局部变量'a'"的问题,我们可以将变量 a 在声明的同时赋予一个初始值,比如修改为:

```
float a=1;
```

其他语句保持不变。此时程序可以执行,但可能会遭遇"运行时"错误,如图 2-6

所示。

图 2-6 发生运行时错误

可以看到,程序没有输出(界面中在输入 1 之后没有任何输出),退出时的返回代码不是 0,因此知道出现了运行时错误。

如果我们只改正错误以及第 1 个警告,修改如下:

```
#define _CRT_SECURE_NO_WARNINGS
#include <stdio.h>
int main(){
    float a;
    printf("input a:\n");
    scanf("%f",&a);     //变量名 a 前加上 & 符号
    printf("%d\n",a);
    return 0;
}
```

程序运行结果如图 2-7 所示。

图 2-7 运行输出结果有误

可以看到,我们输入了 1,但是输出了 0,这是因为 double 类型变量使用%d 输出导致了错误,第 2 个警告已经告诉了我们相应信息。

因此建议:

程序编译时提示的警告和错误都必须改正。如果警告未改正,可能得到错误的运行结果。

(2) printf 时,变量名前加了"&"符号。

如以下程序:

```
#define _CRT_SECURE_NO_WARNINGS
#include <stdio.h>
int main(){
    float a;
    printf("input a:\n");
    scanf("%f",&a);
    printf("a=%d\n",&a);    //变量名 a 前加了"&"符号
    return 0;
}
```

运行结果:

```
input a:
1.2
a=-1655703004
```

在此输出的结果显得异常,且当读者运行该程序时,结果也可能呈现差异。这是由于输出的内容为变量 a 的地址,而非变量 a 的实际值。关于变量地址的概念,将在后续内容中加以阐述。

(3) scanf 时,普通字符形成干扰。

输入时,格式控制字符串中有普通字符,而从键盘输入时未输入对应的字符;或者格式控制字符串中没有普通字符,而从键盘输入时输入了多余的字符。常见的错误有以下几种。

① 第 1 种:

```c
#define _CRT_SECURE_NO_WARNINGS
#include <stdio.h>
int main(){
    int a,b;
    printf("input a and b:\n");
    scanf("%d%d",&a, &b);
    printf("a=%d,b=%d\n",a,b);
    return 0;
}
```

该程序本身并无明显错误,接下来我们探讨几种不同的输入对程序结果的影响:

第一次运行结果:

```
input a and b:
1 2
a=1,b=2
```

运行结果正确。

第二次运行结果:

```
input a and b:
1,2
a=1,b=-858993460
```

因为输入时,两个数字中间加了一个逗号,导致 b 的值发生错误。

② 第 2 种:

```c
#define _CRT_SECURE_NO_WARNINGS
#include <stdio.h>
int main(){
    int a,b;
    printf("input a and b:\n");
    scanf("%d,%d",&a, &b);    //两个%d之间有逗号,则输入时,两个数字之间也需以逗号分隔
    printf("a=%d,b=%d\n",a,b);
    return 0;
}
```

第一次运行结果:

```
input a and b:
1,2
a=1,b=2
```

输出结果正确。

第二次运行结果：

```
input a and b:
1 2
a=1,b=-858993460
```

输入时，两个数字中间没有加逗号，导致 b 的值发生错误。

③ 第 3 种：

```c
#define _CRT_SECURE_NO_WARNINGS
#include <stdio.h>
int main(){
    int a,b;
    printf("input a and b:\n");
    scanf("a=%d,b=%d",&a, &b);
    printf("a=%d,b=%d\n",a,b);
    return 0;
}
```

在编程过程中，计算机并不会在运行时预先输出"a="并等待用户输入。实际上，scanf 函数中的格式控制字符串内的"a="是期望用户输入的一部分，因此用户应当完整输入如"a=1,b=2"这样的字符串，以确保程序能够得到正确的处理结果。运行结果如下：

第一次运行结果：

```
input a and b:
a=1,b=2
a=1,b=2
```

以上结果正确，如果使用其他的输入方式，则读入的值发生错误：

第二次运行结果：

```
input a and b:
1 2
a=-858993460,b=-858993460
```

(4) 数字和字符混合输入时，不当的处理引起错误。

有时需要混合输入数字和字符，需要小心处理。

程序要求：首先输入两个 double 型数，然后输入运算符"+ - * /"中的一个，程序输出这两个数和运算符组成的表达式。

程序如下：

```c
#define _CRT_SECURE_NO_WARNINGS
#include <stdio.h>
int main(){
    double a,b;
    char ch;
    printf("input a and b:\n");
```

```
    scanf("%lf%lf",&a, &b);
    printf("input operator:");
    scanf("%c", &ch);
    printf("The expression is:\n%f%c%f\n",a,ch,b);
    return 0;
}
```

运行结果：

```
input a and b:
1.2  3.4
input operator:The expression is:
1.200000
3.400000
```

我们期望在输入 1.2 和 3.4 之后，再跟随一个回车，随后输入一个运算符。然而，从程序的运行结果可以看出，当仅输入两个数字后，程序并未等待运算符的输入便结束了运行。原因在于：在输入数字并按回车键后，scanf("%lf%lf",&a, &b)将两个数字读取，输入缓冲区中留存了一个回车符。当执行 scanf("%c", &ch)时，由于缓冲区中存在该回车符，它便被读取并赋值给 ch。在 printf 输出时，该字符表现为换行，因此，输出的结果中，1.200000 和 3.400000 之间出现了换行。

若将 printf 语句做如下修改，我们可以观察到读入变量 ch 所对应的 ASCII 码值：

```
printf("The expression is:\n%f  %d  %f\n",a,ch,b);
```

修改 printf 语句的运行结果：

```
input a and b:
1.2  3.4
input operator:The expression is:
1.200000  10  3.400000
```

注："\n"的 ASCII 码是 10。

要改正这个程序，需要想办法略过这个回车符。方法有以下几种。

(1) 在 scanf("%lf%lf",&a, &b);语句后增加一个读入字符的语句，读取的字符不赋给任何变量。由此，程序的关键几行修改成了（以下阴影部分为增加的语句）：

```
    scanf("%lf%lf",&a, &b);
    getchar();      //使用 getchar()将回车符读掉
    printf("input operator:");
    scanf("%c", &ch);
```

修改后运行结果：

```
input a and b:
1.2  3.4
input operator: *
The expression is:
1.200000 * 3.400000
```

(2) 不用 getchar，而使用 %*c 略过一个字符，我们可将 scanf("%c", &ch);语句修改成如下：

scanf("%*c%c", &ch);   //"%*c"的作用为读入一个字符,但不赋给任何变量

以上两种方法,不管是getchar函数,还是%*c,都只能读掉一个字符,如果在输入时,不小心在第二个数据后增加了一个空格,运行结果如下:

运行结果:

```
input a and b:
1.2  3.4␊
input operator:The expression is:
1.200000
3.400000
```

运行结果显示,回车符仍然妨碍了程序的正常运行。

最好的解决办法为:

(3) 在%c前加一个空格。

将 scanf("%c", &ch);语句修改为:

scanf("␣%c", &ch);   (说明:␣表示空格,在计算机中输入代码时,用键盘上的空格替换)

在%c的"%"前加一个空格,表示读一个有效字符前需要忽略前面所有的空白字符(空格、Tab键、回车换行键等,有几个则忽略几个)后才读入1个实质性的字符(字母或者数字、符号)。

(4) 询问 Copilot。

在 VS 中,首先打开"视图"菜单,然后单击"GitHub Copilot 聊天"打开 Copilot 聊天窗口,再在代码编辑窗口将代码全部选择,最后在聊天窗口里输入:

程序只让我输入了两个数字,没输入字符,这是怎么回事?

得到的回复如图 2-8(内容比较详细,也容易理解)所示。

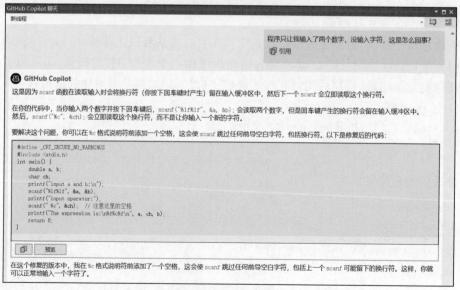

图 2-8 询问 Copilot

它首先分析了原因,如下:

这是因为 scanf 函数在读取输入时会将换行符(你按下回车键时产生)留在输入缓冲区中,然后下一个 scanf 会立即读取这个换行符。

在你的代码中,当你输入两个数字并按下回车键后,scanf("%lf%lf",&a,&b);会读取两个数字,但是回车键产生的换行符会留在输入缓冲区中。然后,scanf("%c",&ch);会立即读取这个换行符,而不是让你输入一个新的字符。

然后提出了解决方案,如下:

要解决这个问题,你可以在%c格式说明符前添加一个空格,这会使 scanf 跳过任何前导空白字符,包括换行符。

最后给出了修复的代码。

从这个例子可以看出,Copilot 对于编程帮助非常大,请读者慢慢熟练使用。

通过这个程序,我们知道,用%c输入字符时,任何字符都会被读入,包括回车、空格、Tab 键等,因此,在数字和字符混合输入时,一定要非常小心。

(5) 使用 scanf 读入的字符串中有空格。

程序如下:

```
#define _CRT_SECURE_NO_WARNINGS
#include <stdio.h>
int main(){
    char str[20];
    printf("input a string(no spaces):\n");
    scanf("%s",str);
    printf("string is:\n%s\n",str);
    return 0;
}
```

运行结果:

```
input a string(no spaces):
You and me
string is:
You
```

从结果可以看出,字符串 str 只得到了输入的字符串中第一个空格之前的字符。要得到包含空格的整个字符串,可将 scanf 语句修改如下:

```
gets_s(str);
```

修改 scanf 为 gets_s 的运行结果:

```
input a string(no spaces):
You and me
string is:
You and me
```

以上列举的是初学者较易犯的错误,强烈建议读者铭记于心。在记忆有困难的情况下,至少应了解这些可能出现的情况,以便在需要时请求 Copilot 协助生成代码。

2.5.5 使用 Copilot 帮助输出

scanf 和 printf 的格式控制字符串中包含了众多细致的指令，例如小数位数、字段宽度、左对齐等设置，作者希望读者能够对此有所了解，而无须刻意去记忆。在实际应用中，如有需要，可以通过写注释的方式，请求 Copilot 协助生成相应的代码。

由于 scanf 的控制格式较为简单，以下将重点介绍 printf 的格式选项。了解这些格式选项后，将能够使用简洁的指令向 Copilot 传达我们的编程需求。

接下来，我们将以 int 和 double 类型为例进行讲解，因为 float 和 double 在 printf 中的控制格式相同。

为了让 Copilot 在编程过程中提供协助，我们首先需要构建 main 函数的框架，并定义好所需的变量，如下所示：

```c
#include <stdio.h>
int main()
{
    int a = 12345;
    double s = 20.7843000;
    /*    在这个位置写注释下达指令,让 Copilot 自动生成代码建议    */
    return 0;
}
```

（1）输出的宽度。

在特定情况下，为了将多行输出的若干列对齐，使之呈现为表格形式，我们需要明确定义每列的宽度。以下两行注释为作者所撰写，而紧随其后的两行代码则由 Copilot 自动生成。

```c
//输出 a,占总宽度为 8
printf("%8d\n", a);
//输出 s,占总宽度为 8
printf("%8.2f\n", s);
```

生成代码后，通过测试才能确认是否正确。例如，输出宽度为 8 时，需要使用宽度小于 8、等于 8、大于 8 的三个数字分别测试。对于 int 和 double 两种类型，下面分别使用 3 个值进行测试：

```c
int a = 12345;
double s = 20.7843000;
//输出 a,占总宽度为 8
printf("%8d\n", a);
a = 12345678; printf("%8d\n", a);
a = -123456789; printf("%8d\n", a);
//输出 s,占总宽度为 8
printf("%8.2f\n", s);
s = 10203.7843; printf("%8.2f\n", s);
s = 10203040.7843; printf("%8.2f\n", s);
```

结果如图 2-9 所示。

通过这些测试，我们对输出宽度有了更进一步的理解，以后能更准确地下达指令。同时，我们也认识到，即使预先设定了输出宽度，在确有需要的情况下，也可以突破这一

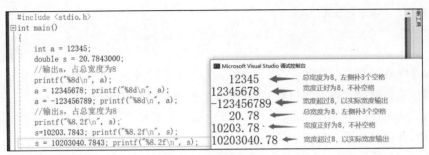

图 2-9 输出宽度测试

限制。

（2）保留的小数位数。

printf 输出时可以规定保留几位小数，比如交易金额一般都保留 2 位小数。由于小数位数只对浮点数起作用，因此下面仅对 double 数据 s 进行尝试。

以下的注释为下达的指令，printf 语句为 Copilot 生成的代码建议（下同）：

```
double s =20.7843000;
//输出s,保留所有小数
printf("%f\n", s);
//输出s,保留 6 位小数
printf("%6.6f\n", s);
//输出s,保留 0 位小数
printf("%0.0f\n", s);
//输出s,保留 10 位小数
printf("%10.10f\n", s);
```

说明：如果不指定总宽度，只规定保留 n 位小数，控制格式可以为：
％.nf
例如 ％.10f

结果如图 2-10 所示。

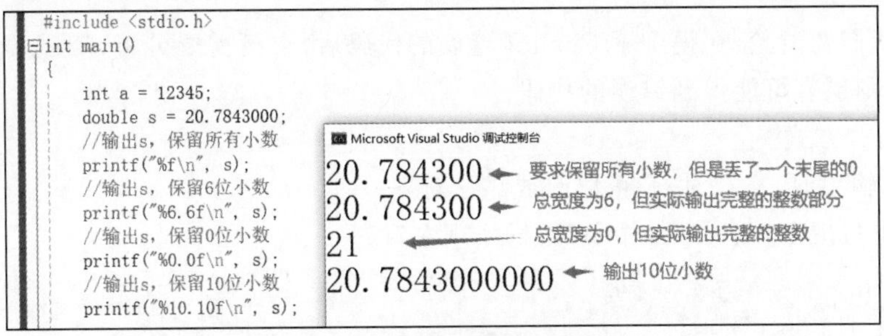

图 2-10 保留小数位数测试

在此处我们观察到，尽管第一个输出要求"保留所有小数"，但末尾的一个 0 仍然被省略了。我们需要明确：printf 函数无法动态地确定保留所有小数。

若要将输出宽度和小数位数相结合，可以按照以下方式编写指令：

```
//输出 s,总宽度为 12,保留 5 位小数
printf("%12.5f\n", s);
```

（3）不保留小数末尾的 0。

在规定了小数位数时，小数末尾可能会输出很多 0，如果不想输出末尾的 0，可如下写指令：

```
//输出 s,不显示小数部分末尾的 0
printf("%.4f\n", s);
```

这个 printf 语句采用%.4f 格式是因为它检测到变量 s 的小数部分包含 4 位非零数字,但这并非我们期望的格式。尽管我们多次尝试修改指令,却未能达到期望的输出效果。最终,我们选择在聊天窗口提问,并得到了正确的解答,如图 2-11 所示。

首先,我们在右侧的代码编辑窗口中选中第 5 行代码,以此表示我们针对该行代码寻求帮助,并提问如下:

输出 s,不显示小数部分末尾的 0

然后得到了正确的答案:

printf("%g\n", s);

结果如图 2-11 所示。

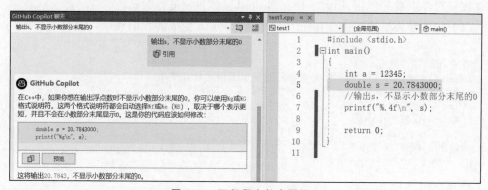

图 2-11 不保留小数末尾的 0

这里我们要清楚,在得到了 Copilot 建议的代码后,自己需要分析、测试,才能确保代码正确,否则也有可能得到错误的代码。

(4) 对齐方式。

printf 输出时,靠右对齐,可以改成靠左对齐。

可如下写指令,在%后加个负号,即实现左对齐:

```
//输出 a,占总宽度为 8,左对齐
printf("%-8d\n", a);
//输出 s,占总宽度为 10,保留 5 位小数,左对齐
printf("%-10.5f\n", s);
```

(5) 填充字符 0。

规定输出宽度时,如果本身宽度小于规定的宽度,将自动填充空格,有时希望填充字符'0'(不能填充其他字符),比如输出时间时,希望在左边填充 0。

指令如下:

```
int h=9,m=8,s=5;
double d =20.7843000;
//输出 h,m,s,按照时分秒的格式输出,要求宽度为 2,不足 2 位的补 0
printf("%02d:%02d:%02d\n", h, m, s);
```

输出结果为：

```
09:08:05
```

综上所述，尽管我们尝试通过编写注释来得到代码建议，但有时会得到不符合预期的结果。为确保代码的正确性，我们需要进行详尽的测试。若经过调整指令后，仍无法获得正确的代码建议，我们可在 Copilot Chat 中寻求帮助，通常这种方式能够有效获得更准确的代码建议。

2.6 cin 和 cout

C++使用 cin 从键盘输入，使用 cout 向屏幕输出。如果没有特殊要求，它们的使用很简单。cin>>a 可读取数据到 a 变量，cout<<a 可将 a 的值输出到屏幕。但是，在某些情况下，需要进行更多控制以满足需要。

2.6.1 cin.get()函数

因为"cin>>"会忽略所有前导空白字符（包括空格键、制表符 Tab 以及回车），所以使用"cin>>"不能读取空格或回车等空白字符。在用"cin>>"输入字符时，除非用户输入了空白字符之外的其他字符，否则程序将一直等待用户输入。当要求编写一个"按回车键继续"的程序，通常使用"cin.get()"函数读取用户输入的回车字符。

因为 get 函数内置在 cin 对象中，它是 cin 的成员函数。get 成员函数读取单个字符，包括任何空白字符。如果程序需要存储读进来的字符，则可以通过以下两种方式之一调用 get 成员函数。

```
char ch;
cin.get (ch);
ch =cin.get();
```

以上两个 get 函数读取的字符都将存储到 ch 变量中。

如果程序只是需要暂停程序直到按回车键，此时不需要存储读进来的字符，则该函数也可以如下调用：

```
cin.get();
```

程序执行以上语句时，会等待用户输入，用户按回车键之后，可继续执行后面的语句。

以上 3 种调用 get 函数的方式，其语法都相同。首先需要指定对象，在此示例中是 cin。然后是一个句点，其后是被调用的成员函数的名称 get。语句的末尾是一组括号和一个表示结束的分号，如图 2-12 所示。

下面的程序演示了使用 get 成员函数的

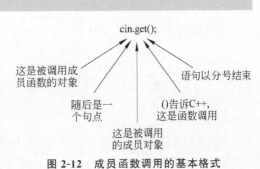

图 2-12 成员函数调用的基本格式

3种方式。

源程序(源代码"ch2\ pause4enter.cpp")：

```cpp
int main()
{
    char ch;
    cout <<"This program has paused. Press Enter to continue.";
    cin.get(ch);
    cout <<"Paused again. Please press Enter again.";
    ch =cin.get();
    cout <<"Paused for a third time. Please press Enter again.";
    cin.get();
    cout <<"Thank you! \n";
    return 0;
}
```

运行结果：

```
This program has paused. Press Enter to continue.回车
Paused again. Please press Enter again.回车
Paused for a third time. Please press Enter again.回车
Thank you!
```

运行结果中,"回车"表示输入回车符。

然而,将"cin>>"与"cin.get"混合使用可能会导致难以发现的错误。以下程序是一个简单示例。

程序要求：首先输入两个double型数,然后输入运算符"+ - * /"中的一个,程序输出这两个数和运算符组成的表达式。

程序如下(源代码"ch2\ mixNumberAndCharacter.cpp")：

```cpp
int main()
{
    char ch;
    double a,b;
    cout <<"input a and b:\n";
    cin >>a >>b;     //读取数字
    cout <<"Enter operator:";
    ch =cin.get() ;    //读取字符
    cout <<"The expression is:\n" <<a <<ch <<b <<endl;
    return 0;
}
```

运行结果：

```
input a and b:
1.2 3.4
Enter operator:The expression is:
1.2
3.4
```

我们期望在输入1.2和3.4之后,再跟随一个回车,随后输入一个运算符。然而,从程序的运行结果可以看出,当仅输入两个数字后,程序并未等待运算符的输入便结束了运行。原因在于：在输入数字并按回车键后,cin>>a>>b将两个数字读取,输入缓冲区中留存了一个回车符。当执行 ch = cin.get()时，由于缓冲区中存在该回车符，它便被读取并赋值给 ch。在 cout 输出时，该字符表现为换行，因此，输出的结果中，1.2 和 3.4 之间出现了换行。

原因是：当用户输入两个数字然后按回车键，会导致键盘缓冲区的内容如图 2-13 所示。如果对于缓冲区概念不是很清楚，请参阅 2.5.3 节。

图 2-13 键盘缓冲区存储和读取示意图

若将 cout 语句做如下修改，我们可以观察到读入变量 ch 所对应的 ASCII 码值：

```
cout <<"The expression is:\n" <<a <<" " <<(int)ch <<" " <<b <<endl;
```

修改 cout 语句的运行结果：

```
input a and b:
1.2 3.4
Enter operator:The expression is:
1.2 10 3.4
```

注：换行符"\n"的 ASCII 码是 10。

这种问题的解决办法有以下两个。

(1) 使用 cin>>读取字符。

"cin>>"读取字符时，会忽略开头遇到的空白字符(空格、制表符、换行符等)，直到遇到一个实质性的字符。

将程序改成如下形式，使用"cin>>ch"读入运算符，将忽略缓冲区中的回车符：

```
int main()
{
    char ch;
    double a,b;
    cout <<"input a and b:\n";
    cin >>a >>b;      //读取数字
    cout <<"Enter operator:";
    cin>>ch;     // 读取字符
    cout <<"The expression is:\n" <<a <<ch <<b <<endl;
    return 0;
}
```

运行结果：

```
input a and b:
1.2 3.4
Enter operator:+
The expression is:
1.2+3.4
```

(2) 使用 cin.ignore 函数。

使用 cin.ignore()函数可以清除输入缓冲区中的一个字符，将代码以如下方式修改：

```
int main()
{
    char ch;
    double a,b;
```

```
        cout <<"input a and b:\n";
        cin >>a >>b;      //读取数字
        cout <<"Enter operator:";
        cin.ignore();     //cin.get();也可以
        ch =cin.get() ;   //读取字符
        cout <<"The expression is:\n" <<a <<ch <<b <<endl;
        return 0;
}
```

运行结果同上。

如果我们需要清除的不止一个字符,则可使用:

```
cin.ignore(100, '\n');
```

这样,可以清除换行符之前最多 100 个字符。

2.6.2 使用 setprecision 控制输出的有效数字

浮点数默认输出 6 位有效数字(小数点前后总位数为 6),6 位之后截断的部分将采取四舍五入的方式。也可以使用 setprecision 控制输出浮点数的有效数字。

可参考以下代码(源代码"ch2\ precision.cpp"):

```
#include <iostream>
#include <iomanip>
using namespace std;
int main()
{
    double s=20.7843000;
    cout<<"1:"<<setprecision(1)<<s<<endl;
    cout<<"2:"<<setprecision(2)<<s<<endl;
    cout<<"3:"<<setprecision(3)<<s<<endl;
    cout<<"6:"<<setprecision(6)<<s<<endl;
    cout<<"7:"<<setprecision(7)<<s<<endl;
    cout<<"8:"<<setprecision(8)<<s<<endl;
    return 0;
}
```

运行结果:

```
1:2e+001
2:21
3:20.8
6:20.7843
7:20.7843
8:20.7843
```

说明:

(1) 需要加头文件: iomanip。

(2) 小数部分末尾为 0 时,不能输出来。比如精度设为 8 时,也仅输出 6 个有效数字,即"20.7843"。要输出"20.784300",需要使用 showpoint,见下面的说明。

(3) setprecision 只对浮点数起作用(对整数不起作用),并且一经设置,对接下来输出的所有浮点数都起作用。比如:

```
cout<<setprecision(5)<<20.7843000<<endl<<200<<endl<<1.835692;
```

将输出：

```
20.784
200
1.8357
```

注意：由于 setprecision(5)对它后面的所有浮点数都起作用，因此，输出 1.835692 时，也只输出 5 位有效数字，即输出 1.8357。

2.6.3 使用 showpoint 输出浮点数末尾的 0

可参考以下代码（源代码"ch2\ showpoint.cpp"）：

```
#include <iostream>
#include <iomanip>
using namespace std;
int main()
{
    double s=20.7843000;
    cout<<showpoint<<123.2<<endl;
    cout<<"1:"<<setprecision(1)<<s<<endl;
    cout<<"2:"<<setprecision(2)<<s<<endl;
    cout<<"3:"<<setprecision(3)<<s<<endl;
    cout<<"6:"<<setprecision(6)<<s<<endl;
    cout<<"7:"<<setprecision(7)<<s<<endl;
    cout<<"8:"<<setprecision(8)<<s<<endl;
    return 0;
}
```

运行结果：

```
123.200
1:2.e+001
2:21.
3:20.8
6:20.7843
7:20.78430
8:20.784300
```

说明：

（1）如果仅使用 showpoint 而没有设置有效数字，则默认输出 6 位有效数字。比如 123.2 输出为 123.200。

（2）对于 20.7843000 输出 2 位有效数字时，输出结果是"21."，在 21 后面有一个点号。

2.6.4 使用 setprecision 与 fixed 保留 n 位小数

setprecision(n)可以控制输出浮点数的有效数字位数，如果在输出时需要保留 n 位小数，则需要同时使用 setprecision 与 fixed。

可参考以下代码（源代码"ch2\ fixed.cpp"）：

```cpp
#include <iostream>
#include <iomanip>
using namespace std;
int main()
{
    double s=20.7843000;
    cout<<fixed<<123.2<<endl;
    cout<<"1:"<<setprecision(1)<<s<<endl;
    cout<<"2:"<<setprecision(2)<<s<<endl;
    cout<<"3:"<<setprecision(3)<<s<<endl;
    cout<<"6:"<<setprecision(6)<<s<<endl;
    cout<<"7:"<<setprecision(7)<<s<<endl;
    cout<<"8:"<<setprecision(8)<<s<<endl;
    return 0;
}
```

运行结果：

```
123.200000
1:20.8
2:20.78
3:20.784
6:20.784300
7:20.7843000
8:20.78430000
```

说明：如果仅使用 fixed 而没有使用 setprecision 设置精度，则默认输出 6 位小数，并且将输出小数末尾的 0。比如，123.2 输出为 123.200000。以上程序中，使用 setprecision(n)设置了小数位数后，小数部分将输出 n 位。

2.6.5 setprecision、fixed 与 showpoint 结合

比如：double s＝20.7843909，请分别执行以下语句，理解其输出结果。

（1）执行语句：

```cpp
cout<<setprecision(2)<<s<<endl;//输出 21(因为输出两位有效数字)
cout<<fixed<<s<<endl;//输出 20.78(注意,本语句和前一个语句是同一个程序中的两行代码,不要单独执行本语句,以下几个示例类似。这里使用了 fixed 之后,表示设置输出 2 位小数)
```

要测试以上两行代码，需要使用以下程序（注意 include 相应头文件）：

```cpp
#include <iostream>
#include <iomanip>
using namespace std;
int main()
{
    double s =20.7843909;
    cout <<setprecision(2) <<s <<endl;
    cout <<fixed <<s <<endl;
    return 0;
}
```

以下的几个示例，也使用同样的程序模板，只是将上面的粗体字部分替换掉。

（2）执行语句：

```
cout<<setprecision(2)<<s<<endl;        //输出 21
cout<<showpoint<<s<<endl;              //输出 21.(21 后面有个点)
```

(3) 执行语句：

```
cout<<fixed<<s<<endl;//输出 20.784391(没有使用 setprecision 设置精度,默认 6 位小数)
cout<<showpoint<<s<<endl;              //输出 20.784391
```

(4) 执行语句：

```
cout<<setprecision(2)<<s<<endl;        //输出 21
cout<<fixed<<s<<endl;                  //输出 20.78
cout<<showpoint<<s<<endl;              //输出 20.78
```

(5) 执行语句：

```
cout<<setprecision(2)<<s<<endl;        //输出 21
cout<<showpoint<<s<<endl;              //21.(有个点)
cout<<fixed<<s<<endl;                  //20.78
```

2.6.6 设置输出的宽度、填充及对齐方式

假设需要输出九九乘法表，由于乘法的结果中，部分数字是一位数，部分数字是两位数，为了美观，需要对齐输出，因此需要设置输出宽度。

可使用 setw(n) 在输出时分配 n 个字符的输出宽度，如果输出的内容本身不够 n 个字符，默认右对齐输出。

以下代码输出九九乘法表的一部分（源代码"ch2\setw.cpp"）：

```cpp
#include <iostream>
#include <iomanip>
using namespace std;
int main()
{
    cout<<1<<" * "<<7<<"="<<setw(2)<<1*7<<"   ";
    cout<<8<<" * "<<1<<"="<<setw(2)<<1*8<<"   ";
    cout<<1<<" * "<<9<<"="<<setw(2)<<1*9<<endl;
    cout<<8<<" * "<<7<<"="<<setw(2)<<8*7<<"   ";
    cout<<8<<" * "<<8<<"="<<setw(2)<<8*8<<"   ";
    cout<<8<<" * "<<9<<"="<<setw(2)<<8*9<<endl;
    cout<<9<<" * "<<7<<"="<<setw(2)<<9*7<<"   ";
    cout<<9<<" * "<<8<<"="<<setw(2)<<9*8<<"   ";
    cout<<9<<" * "<<9<<"="<<setw(2)<<9*9<<endl;
    return 0;
}
```

程序运行结果如图 2-14 所示。

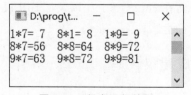

图 2-14　程序运行结果

说明：

（1）setw 仅对紧随其后的一次输出有效，因此以上代码中每一行都有一个 setw。

（2）设置了输出宽度为 2 后，如果只输出 1 位数字，则该数字向右对齐。比如，图 2-14 中第一行的等于号后面的数字 7、8、9，它们都向右靠齐，在左侧补空格。可以使用 cout<<left 和 cout<<right 设置为左对齐及右对齐。

注意：不要使用 cout<<setiosflags(ios::left) 和 cout<<setiosflags(ios::right) 实现左对齐及右对齐，这种方式操控性有缺陷。

如果将 setw.cpp 代码修改成：

```
int main()
{
    cout<<left;      //增加这一行语句
    cout<<1<<" * "<<7<<"="<<setw(2)<<1*7;
    ……//下面代码不变
```

则输出结果中，第一行的 7、8、9 将往左靠齐，如图 2-15 所示。

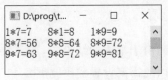

图 2-15　程序运行结果

（3）设置了输出宽度为 2 后，如果输出的数据不足 2 位，则默认填充空格，使用 setfill(char) 可以改变填充的字符。

如果将 setw.cpp 代码修改成：

```
int main()
{
    cout<<setfill('0');   //增加这一行语句
    cout<<1<<" * "<<7<<"="<<setw(2)<<1*7;
    ……//下面代码不变
```

则输出结果中，第一行等号后面的 7、8、9 前面填充了字符 '0'，如图 2-16 所示。

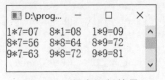

图 2-16　程序运行结果

思考：在前面讲到：①setprecision 对后面输出的所有浮点数都起作用；②setw 仅对紧随其后的一次输出有效。而在 cout<<left 以及 setfill 设置后，它们对后面的哪些输出有效？请读者编写代码进行尝试。

2.6.7　使用 Copilot 生成建议代码

输出格式控制方式较多，一时难以全部记忆。有了 Copilot 后，我们关注的重点是清楚有哪些控制格式,才能通过写注释的方式下达指令。此外,也需要熟悉控制格式,以甄别 Copilot 建议的代码是否正确。在不熟悉控制格式时,可以通过测试进行甄别。

我们知道,前面讲到的格式,综合起来有:有效数字(精度)、小数位数、是否输出小数末尾的 **0**、设置宽度、填充字符、对齐方式等。

下面将这些内容综合起来下达指令,以演示如何撰写指令。

由于 float 和 double 的控制格式相同,下面仅针对 int 和 double 进行讲解。

为了能让 Copilot 帮助编程,我们先写好 main 函数的框架,定义好变量,如下:

```
#include <iostream>
#include <iomanip>
using namespace std;
int main()
{
    int a =12345;
    double s =20.7843000;
    /*   在这个位置写注释下达指令,让 Copilot 自动生成代码建议   */
    return 0;
}
```

(1) 整数的宽度、对齐、填充。

指令可以参照以下方式编写:

输出 a,宽度为 10,右对齐,不足部分用 0 填充

Copilot 建议的代码为:

```
cout <<"a=" <<setw(10) <<setfill('0') <<a <<endl;
```

运行结果:

```
a=0000012345
```

解释:总共 10 位,数字 a 自身有 5 位,在左边补 5 个 0。

说明:按照这个指令,完整程序为(其中加粗部分的注释为我们编写,注释的下一行代码为 Copilot 建议生成)。

```
#include <iostream>
#include <iomanip>
using namespace std;
int main()
{
    int a =12345;
    double s =20.7843000;
    //输出 a,宽度为 10,右对齐,不足部分用 0 填充
    cout <<"a=" <<setw(10) <<setfill('0') <<a <<endl;
    return 0;
}
```

以下所有的测试,都是将以上两行加粗的注释和代码替换掉。

(2) 浮点数的宽度、精度、对齐、填充。

参考指令:输出 s,宽度为 12,精度为 8,右对齐,不足部分用 0 填充。

建议代码:

```
cout <<"s=" <<setw(12) <<setprecision(8) <<setfill('0') <<right <<s <<endl;
```

运行结果：

```
s=0000020.7843
```

解释：总共12位，s的实际输出精度为6，s末尾的0都不输出，并在左边补5个0。

(3) 浮点数的宽度、精度、末尾0、对齐、填充。

参考指令：输出 s，宽度为12，精度为8，输出小数末尾的0，左对齐，不足部分用＊填充。

建议代码：

```
cout << setw(12) << setprecision(8) << setiosflags(ios::showpoint) << setiosflags(ios::left) <<setfill('*') <<s <<endl;
```

运行结果：

```
s=20.784300***
```

解释：s的输出精度为8，加上小数点共9位，右边补3个＊，总共12位。

说明：Copilot 的建议代码使用了 setiosflags(ios::left)，作者建议改为 left。

(4) 保留 n 位小数。

参考指令：输出 s，宽度为12，保留6位小数，输出小数末尾的0，左对齐，不足部分用＊填充。

建议代码：

```
cout <<left <<setw(12) <<setfill('*') <<setprecision(6) <<s <<endl;
```

运行结果：

```
20.7843******
```

说明：要求保留6位小数，但是不管作者如何修改指令，都只能得到"精度为6"的代码。在这个方面，目前 Copilot 还需要改进，也许读者尝试时已得到改进。

因此，我们在 Copilot Chat 中提问，使用同样的指令进行提问，回复如下：

在 C++ 中，你可以使用 std::setw、std::setfill、std::setprecision、std::fixed 和 std::left 来格式化输出。这是修改后的代码：

```
cout <<"s=" <<setw(12) <<setfill('*') <<fixed <<setprecision(6) <<left <<s <<endl;
```

这将输出 s，宽度为12，保留6位小数，输出小数末尾的0，左对齐，不足部分用＊填充。

内容如图 2-17 所示。

(5) 总结

使用 Copilot 生成的代码，在大多数情况下能够得到正确的结果，但偶尔也会存在错误。我们自身需要具备一定的鉴别能力，即掌握相关的专业知识，而非完全依赖于此工具。若在某些知识点上缺乏鉴别能力，则应当进行详尽的测试，以验证代码的准确性，切

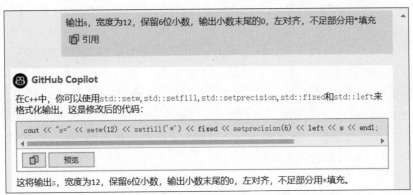

图 2-17 询问 Copilot

忌盲目接受其建议。

此外，需要强调的是，Copilot 所建议的代码是基于 AI 自动生成的，由于其随机性，每个人得到的建议可能各不相同，这均属正常现象。

2.7 使用 Copilot 帮助编程与探究

借助 Copilot 的帮助，很多问题得到简化，比如输入输出语句的编写，控制格式一直让初学者畏惧，现在变得相对容易。此外，一些运算操作也变得简单，比如四则运算的表达式，也可以借助 Copilot 生成。那么，我们还需要关注什么问题呢？

有些问题，Copilot 还不能很好地解决，下面针对数值类型一一讲解注意事项。

2.7.1 数据类型的选择

（1）整数。

不同的数据类型有不同的表示范围，需要注意溢出问题。通常使用的类型如下。

int：通常用于表示普通的整数，范围为 $-2e9 \sim 2e9$。

long long：用于表示更大范围的整数，范围为 $-9e18 \sim 9e18$。

（2）浮点数。

浮点数类型（如 float、double、long double）用于表示实数，它们的精度逐个变大，需要关注有效数字（精度）以及浮点数的误差问题。通常使用的类型如下。

float：表示浮点数范围为 $\pm 1e-38 \sim \pm 3e+38$，提供约 6 位有效数字的精度。

double：表示浮点数范围为 $\pm 2e-308 \sim \pm 1e+308$，提供约 15 位有效数字的精度。

（3）举例。

1952 年，中国的 GDP 总量为 679.09 亿元人民币，人均 GDP 为 119.37 元人民币。为了精确起见，我们将其精确到"分"，则 119.37 可以用 float 存储，679.09 亿元为 67909000000.00 元，虽然没有超过 $3e+38$ 的大小，但是因为有效数字超过了 6—7 位，所以需要用 double 存储。

2023年,中国GDP总量为1260582亿元人民币,人均GDP为89358元人民币。这里的89358.00元有7位有效数字,不要用float存储,因为float的有效数字为6—7位,即不保证能存储7位,因此需要选用double。GDP总量为126058200000000.00元,有效数字达到了17位,不能使用double存储。可以采用long long存储以"分"为单位的数字,也就是将GDP乘以100,得到一个整数,总共17位,小于long long的范围9e18。

从上述描述中,可以明确感知到,鉴于有效数字的限制,我们在运用float和double数据类型时仍需保持谨慎。在某些情况下,为确保数据的精确性,我们甚至需要将金额类实数乘以100后,以整数的形式进行存储。

2.7.2 int 类型的溢出问题

int类型能存储高达2e9的数字,看起来很大,但是,我们在运算时,很容易达到这么大的数字,比如13!超出了int表示的范围。

比如下面的代码(注释是我们输入的指令,其他代码是Copilot的建议):

```c
//输入n,n<=20,计算n的阶乘,并输出
    int n;
    int i;
    int result =1;
    printf("请输入一个整数:");
    scanf("%d", &n);
    for (i =1; i <=n; i++)
    {
        result * =i;
    }
    printf("%d的阶乘是%d\n", n, result);
```

指令中,我们明确指出了n的最大值为20,结果会超出int的范围,但是Copilot建议的代码仍然使用int型的变量result来存储结果。这个时候,需要我们审核代码,并将result的类型修改为long long。

再比如,我们计算长方体的体积,使用了以下注释中的指令:

```c
//输入a,b,c,大小不超过10000,分别代表长方体的三个边长,输出长方体的体积
    int a, b, c;
    scanf("%d%d%d", &a, &b, &c);
    printf("%d\n", a * b * c);
```

同样,虽然a、b、c的数字都不超过10000,但是相乘之后超出了int的范围,发生了溢出。

在实践中,一旦看到有几个数字相乘,就要当心乘积结果是否溢出,Copilot尚不能解决。

2.7.3 整数类型的整除问题

整数相除,得到的结果是整数,而实际上需要一个实数,Copilot可能无法防止这个错误。比如使用如下注释的指令,得到以下代码建议:

```
//输入家庭数量和家庭成员的总数量,计算家庭成员的平均数量并输出
    int family_num,member_num;
    scanf("%d%d",&family_num,&member_num);
    printf("%d\n",member_num/family_num);
```

以上代码的家庭成员平均数只保留了整数部分,为了得到实数结果,需要改动代码,将除数或者被除数其中一个进行强制类型转换(控制格式的%d 也要改成%f),可以改成:

```
printf("%f\n",(double)member_num/family_num);
```

2.7.4 浮点数类型的精度问题

float 类型仅有 6 位有效数字,我们必须时刻铭记这一限制。由于在许多教材中,浮点数常被表示为 float,但在实际应用时,float 可能无法满足需求。

例如,输入 a 和 b,分别表示长方形的长和宽,且 a 和 b 的值均不超过 100,数值精确到小数点后两位,要求输出长方形的面积并保留 4 位小数。虽然此描述看似简单,且涉及数字并不大,但需注意的是,99.99 乘以 99.99 的结果需要 8 位有效数字,这已经超出了 float 的有效数字范围。

而 double 类型虽然能提供高达 15 位的有效数字,但在使用时仍需注意有效数字的限制。

2.7.5 浮点数类型的误差问题

浮点数在计算机中的存储和计算可能会引入一些误差。这主要是因为计算机使用二进制系统来存储数据,而并非所有的十进制小数都能被精确地转换为二进制小数。以下是一些这个问题需要注意的情况。

(1) 货币和金融计算:在金融计算中,精确到小数点后几位非常关键。由于浮点数的误差,直接进行货币计算可能会导致累积误差,最终影响结果的准确性。例如,在高频率的交易系统中,即使是微小的计算误差也可能导致巨大的财产损失。

(2) 科学计算和工程应用:在科学计算和工程应用中,通常需要高精度的计算结果。浮点数的误差可能会对这些领域中的计算结果产生显著影响。例如,在航空航天领域,对轨道计算的精度要求极高,浮点数的误差可能会导致计算结果的偏差,从而影响航天器的轨迹和安全。

(3) 比较浮点数:由于浮点数的误差,直接比较两个浮点数是否相等通常是不安全的。即使两个浮点数在理论上应该相等,由于舍入误差,它们在计算机中可能并不相等。因此,在比较浮点数时,应该使用一个小的容差值(epsilon)来判断它们是否"足够接近"。

(4) 排序和搜索:当需要对浮点数进行排序或搜索时,由于浮点数的误差,可能会导致不正确的结果。例如,在一个包含浮点数的数组中进行二分搜索时,由于浮点数的误差,可能会导致搜索失败或返回错误的结果。

(5) 图形学和图像处理:在计算机图形学和图像处理中,浮点数的误差可能会影响

图像的质量和准确性。例如,在进行图像缩放或旋转时,浮点数的误差可能会导致像素位置的微小偏差,从而影响图像的显示效果。

以上内容看起来比较抽象,一时难以理解,下面用两个实例进行说明。

1) 判断相等

有 a=0.1,b=0.2,c=0.3,不能使用以下代码(以下代码是 Copilot 的建议代码)判断 a+b 与 c 是否相等:

```
double a =0.1;
double b =0.2;
double c =0.3;
if (a +b ==c)
    printf("a +b equals c\n");
else
    printf("a +b does not equal c\n");
```

因为 a、b 和 c 存储时有误差,以上这样判断,很可能会认为它们不相等。我们要使用以下代码,也就是判断两个数字之间的差值足够小,就认为相等:

```
double a =0.1;
double b =0.2;
double c =0.3;
if (fabs(a +b -c) <1e-9)
    printf("a+b=c\n");
else
    printf("a+b!=c\n");
```

2) 计算 10 的 5 次方

以下代码也通过撰写注释由 Copilot 生成:

```
//计算 10 的 5 次方
printf("%d\n", (int)pow(10, 5));
```

因为 pow 的计算结果是 double 型数据,10 的 5 次方的结果可能等于 99999.999999999,该数字在计算机内部就是 1e5,但是将它转换成 int,即取整,却等于 99999。

只有在个别计算机上会输出 99999 的结果,因此,不要因为自己计算机上运行正确,就认为这行代码正确。我们需要考虑到通用性,以上代码提交到 OJ 平台时,可能得到错误的运行结果。

2.7.6 使用 Copilot 探究

1. 探究程序中隐藏的错误

前述计算长方体体积的代码,修改成如下:

```
//输入 a,b,c,大小不超过 10000,分别代表长方体的三个边长,输出长方体的体积
int a, b, c;
long long result;
scanf("%d%d%d", &a, &b, &c);
result =a * b * c;
printf("%lld", result);
```

运行后,结果如图 2-18 所示。

这个结果仍然不对,但代码中 result 已经被声明成 long long 类型,不会发生溢出的现象。这种情况可能比较费解,下面向 Copilot Chat 求助。

先在代码编辑窗口选择第 5 到第 9 行,如图 2-19 所示,然后在 Copilot 聊天窗口提问。

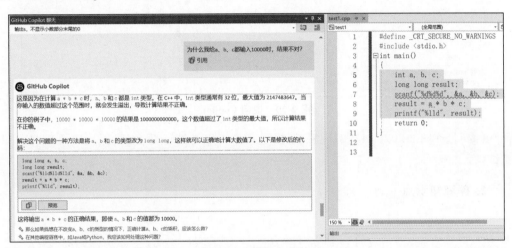

图 2-18　运行结果

图 2-19　询问 Copilot

【提问】为什么我给 a、b、c 都输入 10000 时,结果不对?

【回复】这是因为在计算 a * b * c 时,a、b 和 c 都是 int 类型。在 C++ 中,int 类型通常有 32 位,最大值为 2147483647。当你输入的数值超过这个范围时,就会发生溢出,导致计算结果不正确。

在你的例子中,10000 * 10000 * 10000 的结果是 1000000000000,这个数值超过了 int 类型的最大值,所以计算结果不正确。

解决这个问题的一种方法是将 a、b 和 c 的类型改为 long long,这样就可以正确地计算大数值了。

【说明】这个回答还是没能解答困惑,下面继续提问(图 2-20)。

【提问】我将结果保存在 result 中,它是 long long 类型的,为什么还是不正确?

【回复】这是因为在计算 a * b * c 时,a、b 和 c 都是 int 类型。在 C++ 中,int 类型通常有 32 位,最大值为 2147483647。当你输入的数值超过这个范围时,就会发生溢出,导致计算结果不正确。

尽管你将结果保存在 long long 类型的 result 中,但这并不能防止 a * b * c 的计算过程中的溢出。因为在计算 a * b * c 时,a、b 和 c 都是 int 类型,所以这个计算过程是在 int 类型的范围内进行的。只有当这个计算完成后,结果才会被转换为 long long 类型并保存在 result 中。

解决这个问题的一种方法是将 a、b 和 c 的类型也改为 long long,这样就可以正确地计算大数值了。

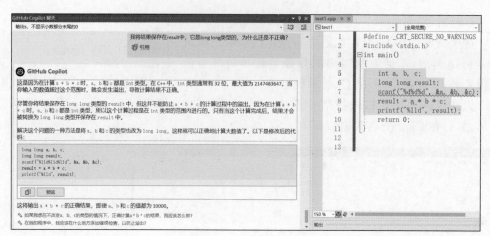

图 2-20　追问 Copilot

【说明】在图 2-20 中回复的最后，还提示我们可以继续问两个问题，读者可以自己单击试试。

2. 探究知识点

比如，代码：

```
int a =1;printf("%d,%d,%d\n", a++, a++, a++);
```

输出的结果为"3,2,1"，难以理解，可以求助 Copilot，如图 2-21 所示。

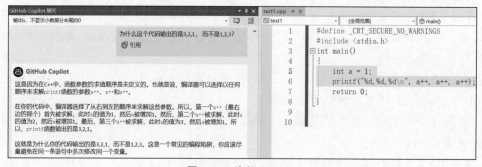

图 2-21　询问 Copilot

我们可以就各个方面向 Copilot 提问，包括询问选择题、填空题（参见附录 B 的 B.7.6）等，可以用来探究多个方面的知识，请读者多尝试，发现它的强大的功能。

针对书本上的知识点，希望读者能多思考、多提问，自己无法解决的情况下，可以向 Copilot 提问。比如可以思考以下问题。

（1）教材写到："字符常量只能是单个字符"，可以尝试 0 个字符或者 2 个字符的字符常量，查看得到什么错误：

```
char ch1,ch2;
ch1='';
ch2='ha';
```

(2) 教材写到:"C 规定,标识符只能是字母(A～Z,a～z)、数字(0～9)、下画线(_)组成的字符串,并且其第一个字符必须是字母或下画线。"

可以尝试数字开头命名变量或者变量名包含其他非法字符,查看得到什么错误:

```
int 1stClass;
int class1&class2;
```

(3) 教材写到:"短整型变量类型说明符为 short int 或 short,占 2 字节,最大的数字为 32767"。

尝试给一个 short 型变量赋值为 32768 会得到什么结果?输出以下 a 的值,查看得到什么错误:

```
short a;
a=32768;
```

以上很多知识点不要求读者记住,可以通过思考、提问、探究,从而能够理解其中的本质。Copilot 能帮助我们解决一些细节或者算法的问题,但是如涉及问题的本质,仍然需要我们自己理解、掌握,这样才能编写出高质量的代码。

2.8 课堂练习

(1) 改错。以下程序的功能是:输出"How are you"到屏幕,请改正错误(源代码"ch2\error2-7.cpp")。

注意,请勿自己输入以下程序,而是打开本书附带的源代码。

```
int mian()
{
    printf("How are you");
    return 0;
}
```

(2) 改错。请改正以下程序中的错误(源代码"ch2\error2-8.cpp"),使得程序输出如图 2-22 所示。

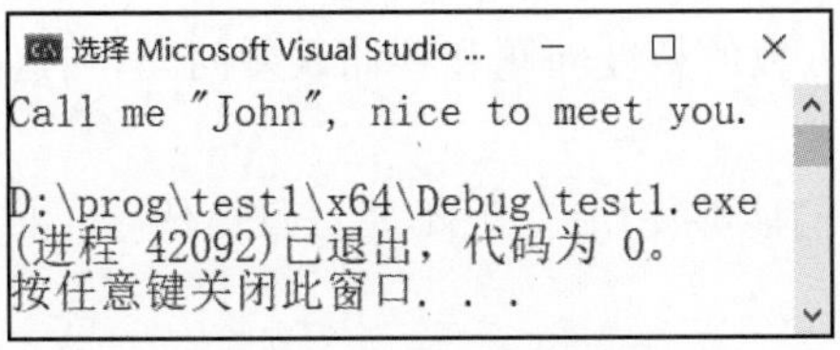

图 2-22 程序运行结果

注意,请不要自己从键盘输入以下程序,而是打开本书附带的源代码。

```
#include <stdio.h>
void main()
{
    printf("Call me "John", nice to meet you.\n");
}
```

(3) 编程。某市场的猪肉价格依据以下原则确定：根据周边三个菜场的猪肉价格，取一个平均值(保留一位小数)。

请从键盘输入三个价格，代表三个菜场的猪肉价格，计算其平均值得到该市场的猪肉价格。再输入需要买的猪肉重量，输出总价。

比如，三个市场的价格分别为 11.8、12、12.4，则计算得到的平均值为 12.0666667。四舍五入保留小数点后一位，则为 12.1。如果需要购买 10 斤猪肉，则总价为 121 元。

为实现四舍五入小数点后一位，可使用如下算法：

首先将该数乘以 10，然后加 0.5，取整数部分，再除以 10。

比如，输入 1.37，乘以 10 得 13.7，加 0.5 得到 14.2，取整数部分为 14，再除以 10 得到 1.4。

再比如，输入 1.32，乘以 10 得 13.2，加 0.5 得到 13.7，取整数部分为 13，再除以 10 得到 1.3。

(4) 编程。从键盘输入美元金额和美元兑人民币的汇率，请计算能兑换得到的人民币金额，保留两位小数。注：汇率是指每 100 美元兑换人民币得到的数额，比如 681.32，就是 100 美元能兑换到 681.32 元人民币。

运行结果示例：

输入美元金额为 56.3，汇率为 681.32 时，输出人民币数额为 383.58。注意，计算得到的人民币数额保留两位小数，小数点后第三位四舍五入小数点后第二位。

2.9 本章小结

本章我们学到了以下知识。

(1) 一个程序基本上都由 3 个部分组成：输入、计算、输出。本章重点讲解了输入输出语句，以及如何使用 Copilot 帮助编写这些语句。

(2) Copilot 虽然能帮我们编写代码，但是它仍然可能出错，我们需要学会测试、甄别，能发现错误，能修改代码，或者向 Copilot Chat 提问以改正代码。

(3) 虽然有 Copilot 帮助，我们仍然需要学会选择数据类型，以及意识到整型数据的溢出问题和整除问题、浮点数的精度问题和存储误差问题，在这些方面，Copilot 也很可能犯错。

(4) 对于 Copilot，我们能够使用它，但不要盲目信任它。将它当成一个好的助手，而不是一个替代者。

第 3 章 分支结构程序设计

3.1 本章目标

- 熟练掌握 if-else 和 switch 编程。
- 学习测试用例编写的基本方法。
- 学习 VS 的调试操作,能跟踪程序执行流程,发现执行流程上的错误。

3.2 分支程序设计实验

分支程序使用非常广泛,几乎每一个程序都包含分支语句。

从前几章了解到,几乎所有程序都需要输入数据、进行判断或者计算,最终输出结果。用户的输入可能出现错误,这些错误包括:期望输入整数,却输入了字符(或者其他非法字符);期望输入某个范围的数据,却超出了范围(比如用户为年龄输入数字 1000)。程序在处理这些数据时,如果不小心,有可能出现错误。

比如"2.2.3 调换两位数的个位与十位",程序如下:

源程序(源代码"ch2\swap.cpp"):

```
#define _CRT_SECURE_NO_WARNINGS
#include <stdio.h>
int main()
{
    int num, result;
    printf("Please input:");
    scanf("%d", &num);
    result = (num %10) * 10+num/10;
    printf("result is:%d\n", result);
    return 0;
}
```

第一次运行结果:

```
Please input:58
result is:85
```

说明:这个运行结果是正确的。

第二次运行结果：

```
Please input:258
result is:105
```

说明：从运行结果看，无法理解为什么得到该结果。

观察到的现象为：如果程序的输入是两位数或一位数（即十位为0），程序输出正确；如果输入三位数或者更大的数，程序输出错误。

为了避免用户输入超出范围的数据，可以在输入后，判断数据的合法性。程序可修改如下（阴影部分为增加的 if-else 判断语句）：

源程序（源代码"ch3\swap.cpp"）：

```c
#define _CRT_SECURE_NO_WARNINGS
#include <stdio.h>
int main()
{
    int num, result;
    printf("Please input:");
    scanf("%d", &num);
    if (num>=100 || num<0)
        printf("The range should be 1-99\n");
    else
    {
        result = (num%10) * 10+num/10;
        printf("result is:%d\n", result);
    }
    return 0;
}
```

运行结果：

```
Please input:258
The range should be 1-99
```

以上结果符合预期。

上例可以很好地展示分支结构的使用，同时也可以帮助读者理解计算思维的重要性。

首先，我们需要明确程序的目标：接收用户输入，检查输入是否在正确的范围内，然后进行一些计算，最后输出结果。计算思维可指导我们将复杂的问题分解为一系列可以通过计算解决的小问题。

然后，开始编写代码。第一步需要获取用户的输入。这是一个简单的输入输出问题，但是需要注意，应该检查用户的输入是否有效。因此引入了本章第一个分支结构：如果用户的输入不在 1～99，输出一个错误消息，然后退出程序。

接下来，需要进行一些计算。将用户输入的数的十位和个位颠倒。这是一个简单的数学问题，但是需要注意如何正确地获取一个数的十位和个位。需要用到整数除法和取余操作。

最后，输出结果。需要注意如何正确地格式化输出结果。

3.3 程序测试

编好一个程序,必须进行测试,才能发现程序的错误。

按照程序编写的流程,需要通过测试发现错误,再调试找到错误,然后修改程序。测试固然重要,但测试对程序员的要求较高,测试的技巧也比较难掌握,本书仅带领读者掌握测试的基本技巧,而不做更高的要求。

很多初学者认为测试的目的是"证明程序运行正确",实际上,这个观点是错误的。Grenford J. Myers 在 *The Art of Software Testing* 一书中对于测试的观点是:

(1) 软件测试是为了发现错误而执行程序的过程。
(2) 测试是为了证明程序有错,而不是证明程序无错误。
(3) 一个好的测试用例在于它能发现至今未发现的错误。
(4) 一个成功的测试是指发现了至今未发现的错误的测试。

"证明程序正确"和"证明程序有错"的本质区别在于:为证明程序正确,测试人员会寻找一些最好的数据使得程序能正确运行,而为了证明程序有错,测试人员需要寻找一些刁钻的数据,使得程序运行出错。以上是两种不同的心理驱动,从而将导致不同的结果。

要证明程序有错,需要足够的经验与技巧,才知道什么数据对于程序很可能会导致错误。作为初学者,需要学习测试的基本技巧,从而能够编写出基本没有错误的程序。即使是伟大的程序员,也不能保证自己的程序没有错误,最多只能说"没有发现仍可能存在的未改正的错误"。比如 Windows 操作系统,仍然存在一些错误,才会导致系统崩溃和病毒等问题。总的来说,我们不要求读者编出一个完美的程序,本书将告诉读者一些测试的基本原则,读者在初学时不需要太苛求自己。因为这个原因,一般的程序设计教程不讲解如何测试,在广泛使用大模型编程助手的时代,这种方式已不能适应当下的教学。

在前面的顺序结构程序设计中,测试非常简单,比如第2章的求圆面积,只要输入半径,查看输出结果即可验证程序是否正确。程序有了分支以及循环后,测试的复杂性大大增加。下面我们循序渐进地以几个例子示意如何设计测试用例(即输入什么数据来测试)。

在正式进入测试之前,先了解以下设计测试用例的两个基本要求。

(1) 在明确问题的描述后,即可开始设计测试数据,而无须等到程序完全编写完毕。因此,在本节的测试中,我们主要聚焦于问题的描述与问题的分析,而无须实际编写程序实现。

(2) 在输入测试数据时,我们需预先了解针对这些输入数据将产生的预期输出结果。例如,在测试求圆面积的程序时,我们选择输入半径为1,而非253,因为半径为253的圆面积需要我们额外花费精力去计算,这会增加不必要的复杂性。因此,选择输入数据的一个重要原则是确保我们能轻松预知输出结果。

下面我们将根据程序中逻辑表达式的运算符差异,将测试技巧进行分类。

首先,考虑最简单的情形:if 语句的判断条件中仅包含一个关系表达式,不含逻辑运算符。这些关系表达式可以分为两类:判断等于(或不等于)以及判断大于(或小于或等于)。接下来,我们将分别对这两类关系表达式进行详细阐述。

3.3.1 关系表达式测试:"= ="与"! ="

问题描述:从键盘输入一个字符,程序判断该字符对应的 ASCII 码是奇数还是偶数。

问题分析:假设从键盘输入的字符存储在变量 ch 中,则程序应该有一个类似以下的 if 语句:

```
if (ch % 2 == 0)
```

或

```
if (ch % 2 != 0)
```

对于这类逻辑判断,不管输入什么字符,结果只有 true 和 false 两种,因此,测试两次即可。测试用例设计如表 3-1 所示。

表 3-1 测试用例设计

序号	测试目的	输入数据	期望结果
1	测试 ASCII 码是奇数的情况	输入字符 A	输出"是奇数"
2	测试 ASCII 码是偶数的情况	输入字符 B	输出"是偶数"

由于大写字符 A 的 ASCII 码是 65,大写字符 B 的 ASCII 码是 66,因此,将程序运行两次,分别输入以上数据进行测试,如果程序输出的结果都正确,即可认为程序正确。

3.3.2 关系表达式测试:"< ""<= "" > "与" >= "

问题描述:从键盘接收一个数字输入,程序需判断该数字是否为正数。

问题分析:假设从键盘输入的数字被存储在变量 number 中,则程序应包含一个条件判断语句,如以下 if 语句所示:

```
if ( number > 0)      (还可能有别的写法,比如 if (number<=0),这里不一一罗列)
```

对于此类逻辑判断,无论输入何种数字,其结果仅可能为 true 或 false。然而,问题在于条件判断中的大于号(>)可能被误写为"大于或等于"(>=),这将导致程序运行结果出现错误。因此,数字"0"在此场景中构成了一个边界值,对边界值的处理应极为谨慎,需给予特别关注,并对其进行单独的测试。基于上述分析,我们需要设计三个测试用例来覆盖所有可能的情况。测试用例设计如表 3-2 所示。

表 3-2 测试用例设计

序号	测试目的	输入数据	期望结果
1	测试输入数字是正数的情况	输入数字 1	输出"是正数"
2	测试输入数字是负数的情况	输入数字 −1	输出"不是正数"
3	测试输入数字是边界值的情况	输入数字 0	输出"不是正数"

当 if 语句的判断条件中包含多个关系表达式时,这些表达式可以通过使用逻辑运算符"&&""||"以及括号进行连接。在此情况下,测试将变得更为复杂,因此需要精心设计测试数据以确保全面覆盖各种情况。

3.3.3 逻辑表达式测试

1. 问题 1

问题描述:从键盘输入一个字符,程序需判断该字符是否为大写字母,若是则转换为小写并输出,否则直接输出原字符。

问题分析:假设从键盘输入的字符被存储在变量 ch 中,则程序应当包含(此处提及"应当包含",旨在强调逻辑框架的普适性,而非代码的具体实现)一个类似于以下的 if 语句:

```
if (ch >='A' && ch<='Z')
```

此条件判断由两个子条件组成,为了全面测试,需设计测试用例,确保每个子条件及它们的组合都能产生 true 和 false 的结果。鉴于使用了">="和"<="操作符,边界值亦需纳入考虑。因此:

(1) 为使 ch >= 'A' 条件产生 true 和 false 结果,需至少运行程序两次;
(2) 为使 ch <= 'Z' 条件产生 true 和 false 结果,需至少运行程序两次;
(3) 为使上述两条件组合后产生 true 和 false 结果,需至少运行程序两次;
(4) 对于边界情况,当 ch 分别取值为 'A' 和 'Z' 时,需各测试一次,共需运行程序两次。

综上所述,理论上需运行程序 8 次,即使用 8 个测试用例。然而,考虑到某些测试数据可能同时满足多个条件,从而在一次测试中实现多个测试目的,因此实际测试用例数可能少于 8 个。以下表 3-3 测试用例设计供参考(注:字符 '0' 的 ASCII 码为 48,字符 'A' 的 ASCII 码为 65,字符 'a' 的 ASCII 码为 97)。

表 3-3 测试用例设计

序号	测试目的	输入数据	期望结果
1	测试 ch>='A' 为 true 的情况	输入字符 B	输出"b"
2	测试 ch>='A' 为 false 的情况	输入字符 9	输出"9"
3	测试 ch<='Z' 为 true 的情况	输入字符 B(上面两个测试输入的字符 B 和 9 都小于字符 Z,这里选择其中一个,可以减少测试用例数目,如果这里输入字符 C,需要多测试一次)	输出"b"
4	测试 ch<='Z' 为 false 的情况	输入字符 a	输出"a"
5	测试逻辑表达式结果为 true 的情况	输入字符 B	输出"b"
6	测试逻辑表达式结果为 false 的情况	输入字符 a	输出"a"
7	测试边界值 'A'	输入字符 A	输出"a"
8	测试边界值 'Z'	输入字符 Z	输出"z"

在整合上述测试用例后,我们确定只需运行程序 5 次,分别输入字符'B''9''a''A'和'Z'。

注意,边界值应单独作为测试用例,不应与其他测试用例合并。例如,对于表 3-3 序号为 1 的测试用例,为了测试 ch＞='A'为真的情况,应避免输入字符'A',而应输入其他字符,如'B'。

经过整合后,实际测试时所使用的表格将如表 3-4 所示。

注意:表 3-4 中增加了以下两列。
- 实际结果:表示测试时程序运行的真正结果。
- 结论:如果实际结果与期望结果相同,则结论为"成功",否则为"失败"。我们需要关注结论为失败的那些测试数据,针对它们修改程序。

表 3-4 测试时的测试用例

序号	输入数据	测试目的	期望结果	实际结果	结论(成功或失败)
1	输入字符 B	测试 ch＞='A'为 true 的情况 测试 ch＜='Z'为 true 的情况 测试逻辑表达式为 true 的情况	输出"b"		
2	输入字符 9	测试 ch＞='A'为 false 的情况	输出"9"		
3	输入字符 a	测试 ch＜='Z'为 false 的情况 测试逻辑表达式为 false 的情况	输出"a"		
4	输入字符 A	测试边界值'A'	输出"a"		
5	输入字符 Z	测试边界值'Z'	输出"z"		

以上表格增加两列,用于记录测试的结果以及测试结论。如果某些测试用例失败,则需修改程序,再全部重新测试一遍。

注意:修改程序后,需要全部重新测试,而不仅仅测试上一次失败的那些用例。因为修改程序,可能导致本来正确的地方被改错了。

测试用例设计完成后,可以针对具体程序测试。程序代码可能不包含 if 语句,下面提供两个程序,一个使用 if 语句,另一个使用条件表达式,使用上述测试用例分别进行测试。

使用 if 语句的程序如下:

源程序(源代码"ch3\ upper2lower-if.cpp"):

```
#define _CRT_SECURE_NO_WARNINGS
#include <stdio.h>
int main()
{
    char ch;
    printf("Input a char:");
    scanf("%c", &ch);
    if (ch<='Z' && ch>='A')
        ch =ch+'a'-'A';
    printf("result is:%c\n", ch);
```

```
    return 0;
}
```

第一次运行结果:

```
Input a char:B
result is:b
```

第二次运行结果:

```
Input a char:9
result is:9
```

第三次运行结果:

```
Input a char:a
result is:a
```

第四次运行结果:

```
Input a char:A
result is:a
```

第五次运行结果:

```
Input a char:Z
result is:z
```

综合以上五次运行程序的结果,填充到表 3-4,形成表 3-5。

表 3-5 测试时的测试用例

序号	输入数据	测试目的	期望结果	实际结果	结论
1	输入字符 B	测试 ch>='A'为 true 的情况 测试 ch<='Z'为 true 的情况 测试逻辑表达式为 true 的情况	输出"b"	输出"b"	成功
2	输入字符 9	测试 ch>='A'为 false 的情况	输出"9"	输出"9"	成功
3	输入字符 a	测试 ch<='Z'为 false 的情况 测试逻辑表达式为 false 的情况	输出"a"	输出"a"	成功
4	输入字符 A	测试边界值'A'	输出"a"	输出"a"	成功
5	输入字符 Z	测试边界值'Z'	输出"z"	输出"z"	成功

如果程序不包含 if 语句,而使用条件表达式,程序如下:

源程序(源代码"ch3\ upper2lower.cpp"):

```
#define _CRT_SECURE_NO_WARNINGS
#include <stdio.h>
int main()
{
    char ch;
    printf("Input a char:");
    scanf("%c", &ch);
    ch =(ch>='A' && ch<='Z') ?ch+'a'-'A' : ch;
    printf("result is:%c\n", ch);
```

```
    return 0;
}
```

同样测试五次,仍然得到表 3-5 的结果。

2. 问题 2

问题描述:程序功能如下:输入一个年份,判断该年是否为闰年。

问题分析:满足以下条件之一为闰年:

(1) 能被 4 整除,但不能被 100 整除,比如 2008。

(2) 能被 400 整除,比如 2000。

以上条件,可细分为以下 3 个条件:

(1) 能被 4 整除。

(2) 不能被 100 整除。

(3) 能被 400 整除。

假设输入的值存放在 number 中,测试用例可如表 3-6 所示设计。

表 3-6 测试用例设计

序号	测试目的	输入数据	期望结果	实际结果	结论
1	测试 number%4 为 0 的情况	输入数字 2008	输出 "2008 is leap year"		
2	测试 number%4 不为 0 的情况	输入数字 2009	输出 "2009 is not leap year"		
3	测试 number%100 为 0 的情况	输入数字 1900	输出 "1900 is not leap year"		
4	测试 number%100 不为 0 的情况	输入数字 2009	输出 "2009 is leap year"		
5	测试 number%400 为 0 的情况	输入数字 2000	输出 "2000 is leap year"		
6	测试 number%400 不为 0 的情况	输入数字 1900	输出 "1900 is not leap year"		
7	测试逻辑表达式为 true 的情况	输入数字 2000	输出 "2000 is leap year"		
8	测试逻辑表达式为 false 的情况	输入数字 2009	输出 "2009 is not leap year"		

读者可能对于某些测试用例的输入值存在疑问,例如,为何在第 6 个测试中选择了输入 1900 而非 2009。实际上,这两个输入值均符合我们的测试要求,我们选择了 1900 作为输入。此外,关于第 8 个测试,其设计目的是使逻辑表达式的第一个条件为假,进而使整体逻辑表达式的结果为假。尽管再设计一个测试用例,使逻辑表达式的第一个条件为真而第二个条件为假似乎更为全面,但根据我们的测试要求,只需确保逻辑表达式结果分别取一次真和一次假即可。因此,当前的测试数据已满足要求。

从严格的测试角度来看,当前的测试集可能还不够全面,如缺少对负数或浮点数的输入测试。然而,如前所述,我们无法设计出完美的测试用例,只能尽力覆盖更多的错误情况。在这方面,我们鼓励读者保持开放和包容的态度,不必过于苛求自己。

综上所述,通过合并以上测试用例,我们发现只需运行程序四次,分别输入数字 2008、2009、1900 和 2000,即可完成测试。因此,表 3-6 可得到精简,请读者自行完成。

下面针对具体程序测试。

源程序(源代码"ch3\leapYear.cpp")：

```c
#define _CRT_SECURE_NO_WARNINGS
#include <stdio.h>
int main()
{
    int year;
    printf("please input year:");
    scanf("%d", &year);
    if ((year %4 ==0 && year %100 !=0) || (year %400 ==0))
        printf("%d is leap year\n", year);
    else
        printf("%d is not leap year\n", year);
    return 0;
}
```

第一次运行结果：

```
please input year:2008
2008 is leap year
```

第二次运行结果：

```
please input year:2009
2009 is not leap year
```

第三次运行结果：

```
please input year:1900
1900 is not leap year
```

第四次运行结果：

```
please input year:2000
2000 is leap year
```

得到以上测试结果，即可完成测试用例表格。

3. 问题3

问题描述：通过键盘输入两个数值 x 和 y，程序需判断这两个数值所构成的坐标点是否位于第一象限。

问题分析：程序应包含一个类似以下的 if 判断语句：

```
if (x>0 && y>0)
```

此处的测试与先前问题类似，但区别在于此处涉及两个变量 x 和 y，而先前问题仅涉及一个变量 ch。由于存在两个变量，条件合并后，所需的测试用例数量将比先前问题多。在测试时，同样需要考虑设计测试用例以覆盖结果取 true 和 false 的情况，以及测试边界值等。这些考虑与先前问题类似，但具体测试用例设计在此不再赘述，作为课堂练习留给读者自行完成。

3.3.4　switch 的测试

switch 语句和 if 语句功能类似,但在编程过程中,我们不能预先确定程序员是否会选择使用 switch。重要的是,无论使用 if 语句还是 switch 语句,它们都需要对相同数量的条件进行判断。

在测试 switch 语句时,我们应确保使用足够的测试数据,以确保每个 case 标签都能被正确匹配。此外,还应包含一个测试数据,该数据不应匹配任何 case 标签(如果存在 default 标签,则匹配 default;如果不存在,则不匹配任何标签)。

下面我们将针对一个具体问题进行测试。

问题描述:要求输入成绩等级 A、B、C、D、E,并输出该成绩对应的分数段。具体对应关系为:A 对应 90~100 分,B 对应 80~89 分,C 对应 70~79 分,D 对应 60~69 分,E 对应 60 分以下。

该程序可以用 if-else 的方式来实现,程序如下:

源程序(源代码"ch3\ grade-if.cpp"):

```c
#define _CRT_SECURE_NO_WARNINGS
#include <stdio.h>
int main()
{
    char grade;
    printf("Please input grade(A-E):");
    scanf("%c", &grade);
    if (grade == 'A')
        printf("90-100\n");
    else if (grade == 'B')
        printf("80-89\n");
    else if (grade == 'C')
        printf("70-79\n");
    else if (grade == 'D')
        printf("60-69\n");
    else if (grade == 'E')
        printf("<60\n");
    else
        printf("input error\n");
    return 0;
}
```

使用 switch 语句,则程序如下:

源程序(源代码"ch3\ grade-switch.cpp"):

```c
#define _CRT_SECURE_NO_WARNINGS
#include <stdio.h>
int main()
{
    char grade;
    printf("Please input grade(A-E):");
    scanf("%c", &grade);
    switch (grade)
    {
```

```
        case 'A':
            printf("90-100\n"); break;
        case 'B':
            printf("80-89\n"); break;
        case 'C':
            printf("70-79\n"); break;
        case 'D':
            printf("60-69\n"); break;
        case 'E':
            printf("<60\n"); break;
        default:
            printf("input error\n");
    }
    return 0;
}
```

这里仅关注 switch 语句的程序,可以看到,程序中有 5 个 case 标签,以及一个 default,使用 6 个测试用例、运行 6 次即可。每一个测试用例匹配 case 标签后的常量或者匹配 default。

注意:如果以上 switch 语句没有 default 标签,仍然需要考虑 default 对应的情况。即如果不匹配任何 case,需要查看程序的执行结果是否正确。

程序测试如下:
第一次运行结果:

```
Please input grade(A-E):A
90-100
```

第二次运行结果:

```
Please input grade(A-E):B
80-89
```

第三次运行结果:

```
Please input grade(A-E):C
70-79
```

第四次运行结果:

```
Please input grade(A-E):D
60-69
```

第五次运行结果:

```
Please input grade(A-E):E
<60
```

第六次运行结果:

```
Please input grade(A-E):a
input error
```

鉴于此处测试数据较简单,本书不采用表格形式详细列出各测试用例,读者可自行设计并构建表格。

需要强调的是,尽管 switch 语句的测试用例设计相对简单,但许多初学者可能因此轻视其重要性,认为寥寥数语即可确保无误。这种观念必须得到纠正。测试工作虽然繁复枯燥,但它是确保程序正确性的关键步骤。例如,对于 switch 语句,若中间某处遗漏了 break 语句,而相应的 case 标签又未经过测试,那么此类错误便难以察觉。此类问题若在测试阶段未被发现,待到程序上线运行时再暴露,可能引发严重的经济损失乃至生命财产安全问题。因此,我们必须从一开始就严肃认真地对待测试工作。

3.3.5 测试实例

1. 问题描述:鸡兔同笼

笼子里有一些鸡和兔子,为了确定鸡和兔子的具体数量,两个小朋友分别统计了笼子内的头和脚的数目。现在,根据两个小朋友的报告,我们得知总共有 nHead 个头和 nFoot 只脚。接下来,我们需要编写程序来计算鸡和兔子的具体数量。注意,由于鸡和兔子在笼子内可能随时移动,小朋友们的统计可能存在误差。在这种情况下,程序应输出"Error!"。

2. 问题分析

确定了鸡和兔子的头及脚的数目后,列一个二元一次方程组,即可解得鸡和兔子的计算公式:

nChick=(4 * nHead－nFoot)/2;

nRabbit=nHead－nChick;

其中,nChick 是鸡的数目,nRabbit 是兔子的数目。

经过粗略分析,这个程序没有 if 判断,但经过仔细分析,发现 nChick 和 nRabbit 有隐含的条件:

(1) nChick 是大于或等于 0 的整数。

(2) nRabbit 是大于或等于 0 的整数。

例如,对于 nChick,需要判断以下两个条件:

(1) nChick>=0。

(2) nChick 是整数。

根据这些条件,可以设计如下测试用例。

3. 设计测试用例

测试用例设计如表 3-7 所示。

表 3-7 测试用例设计

序号	测试目的	输入数据	期望结果	实际结果	结论
1	测试能正常计算出鸡、兔数目的情况	nHead 为 10 nFoot 为 30	nChick 为 5 nRabbit 为 5		

续表

序号	测试目的	输入数据	期望结果	实际结果	结论
2	测试兔子数目为 0,也就是 nRabbit>=0 的边界情况	nHead 为 1 nFoot 为 2	nChick 为 1 nRabbit 为 0		
3	测试鸡的数目为 0,也就是 nChick>=0 的边界情况	nHead 为 1 nFoot 为 4	nChick 为 0 nRabbit 为 1		
4	测试鸡(兔)的数目不为整数的情况	nHead 为 1 nFoot 为 3	输出 Error!		
5	测试兔子数目小于 0 的情况	nHead 为 10 nFoot 为 18	输出 Error!		
6	测试鸡的数目小于 0 的情况	nHead 为 10 nFoot 为 50	输出 Error!		

4. 测试程序

为方便读者理解程序的运行结果,以下提供程序代码。

源程序(源代码"ch3\ chickRabbit.cpp"):

```
#define _CRT_SECURE_NO_WARNINGS
#include <stdio.h>
int main()
{
    int  nHead, nFoot, nChick, nRabbit;
    printf("Please enter  number of head :   "); scanf("%d", &nHead);
    printf("Please enter  number of foot :   "); scanf("%d", &nFoot);
    nChick = (4 * nHead - nFoot) / 2;
    nRabbit = nHead - nChick;
    printf("Chick:%d \nRabbit:%d\n", nChick, nRabbit);
    return 0;
}
```

使用 VS 打开源程序"ch3\ ChickRabbit.cpp"。按照表 3-7 运行程序 6 次,测试结果如表 3-8 所示。

表 3-8 测试结果

序号	测试目的	输入数据	期望结果	实际结果	结论
1	测试能正常计算出鸡、兔数目的情况	nHead 为 10 nFoot 为 30	nChick 为 5 nRabbit 为 5	Chick:5 Rabbit:5	成功
2	测试兔子数目为 0,也就是 nRabbit>=0 的边界情况	nHead 为 1 nFoot 为 2	nChick 为 1 nRabbit 为 0	Chick:1 Rabbit:0	成功
3	测试鸡的数目为 0,也就是 nChick>=0 的边界情况	nHead 为 1 nFoot 为 4	nChick 为 0 nRabbit 为 1	Chick:0 Rabbit:1	成功
4	测试鸡(兔)的数目不为整数的情况	nHead 为 1 nFoot 为 3	输出 Error!	Chick:0 Rabbit:1	失败
5	测试兔子数目小于 0 的情况	nHead 为 10 nFoot 为 18	输出 Error!	Chick:11 Rabbit:−1	失败

续表

序号	测试目的	输入数据	期望结果	实际结果	结论
6	测试鸡的数目小于 0 的情况	nHead 为 10 nFoot 为 50	输出 Error！	Chick：−5 Rabbit：15	失败

从以上的测试结果可知，第 4 个到第 6 个测试用例失败。检查源代码可知，程序中缺少一些判断。

针对第 4 个测试失败的情况，程序可修改成如下：

```c
int main()
{
    int  nHead, nFoot;
    double nChick, nRabbit ;
    printf( "Please enter  number of head：  " ); scanf ( "%d", &nHead );
    printf( "Please enter  number of foot：  " ); scanf ( "%d", &nFoot );
    nChick=(4 * nHead-nFoot)/2.0;
    nRabbit=nHead-nChick;
    if (nChick !=(int)nChick)    //判断 nChick 是否为整数
        printf("Error!\n");
    else
        printf("Chick:%d \nRabbit:%d\n", (int)nChick, (int)nRabbit);
    return 0;
}
```

阴影部分是修改的代码，其中最关键的一个地方是 if 语句：

```c
if (nChick !=(int)nChick)
```

判断一个双精度实数在取整后是否等于自己，如果等于，说明该实数是一个整数。注意，代码中将 nChick 和 nRabbit 的数据类型修改为 double，否则无法达到以上目的。

此外，在计算 nChick 时，使用了以下表达式：

```c
nChick=(4 * nHead-nFoot)/2.0;
```

其中，将除数从 2 修改为 2.0，使得结果为实数，而不是整数。

针对第 5 个和第 6 个测试数据的修改比较简单，留给读者自己做练习。

3.4 调试程序

3.4.1 调试程序的基本知识

程序经过编译、连接，能够正常执行，但执行结果不正确，一般情况是因为程序存在逻辑错误。

单步调试是发现运行错误和逻辑错误的"利器"，可用于以下情形。

（1）跟踪程序的执行流程，发现错误的线索。例如，本来该走 A 路径，却走了 B 路径。

（2）跟踪执行的过程中，通过观察变量值的变化，可以发现程序存在的问题。例如，变量的值本该是 1，执行中观察到的值却是 2，意味着代码出现了逻辑错误。

单步执行除了可以帮助发现错误，对于初学者，还可以帮助理解程序设计语言内部的机制。

综上所述，本节介绍的单步执行跟踪程序，是读者必须掌握的最基本的能力。以后读者学习其他编程语言，对于调试的能力要求不变。希望读者通过本书的学习，能够拥有该能力。

单步跟踪程序的执行流程前，需要了解以下知识。

1. 认识菜单

单步调试相关功能在"调试"菜单中，如图 3-1 所示。

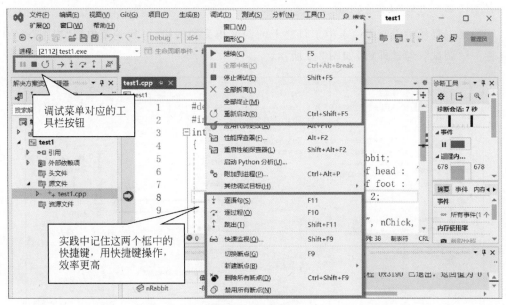

图 3-1 调试菜单

图 3-1 中，需要注意两个地方。

（1）菜单项：调试菜单的子菜单最前面有一个图标，最后面跟有快捷键的说明。调试时，建议使用这些快捷键，可以提高操作效率。

（2）工具栏按钮：图 3-1 的左上部为调试对应的按钮，它们的图标和对应菜单项前的图标一致。

运行和调试程序时需要用到的各菜单项功能说明如表 3-9 所示。

表 3-9 "调试"菜单

菜 单 项		功　能	快捷键	按钮
开始调试(S)	F5	以调试的方式运行程序，或者在程序中断时继续执行程序	F5	▶
停止调试(E)	Shift+F5	结束程序的执行	Shift+F5	■

续表

菜 单 项		功 能	快捷键	按钮
运行到光标处(N)	Ctrl+F10	将光标定位到某行语句,程序可从当前位置执行到光标处	Ctrl+F10	无
↓ 逐语句(S)	F11	单步执行程序,一次执行一行。可跟踪到函数内部	F11	↓
↻ 逐过程(O)	F10	单步执行程序,一次执行一行	F10	↻
↑ 跳出(T)	Shift+F11	从函数中跳出,转到调用的地方	Ctrl+F7	↑
切换断点(G)	F9	在当前行设置/移除断点(切换)	F9	无*

*"切换断点"菜单无对应工具栏按钮,可直接单击代码窗口中"行号"数字前的灰色区域,即代表断点的红色圆圈所在的位置(见图3-3中红色圆圈所在位置)。

如果工具栏中没有图3-1中工具栏上的调试相关的按钮,可找到菜单项"视图"→"工具栏"→"调试",勾选即可,如图3-2所示。

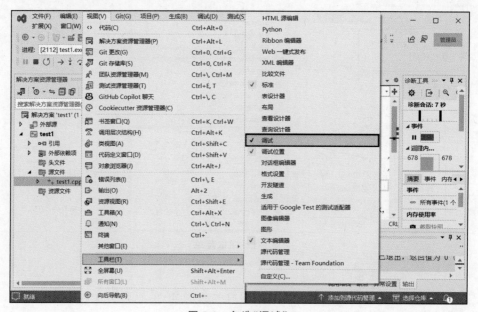

图3-2 勾选"调试"

2. 断点的概念

如果程序运行出错,为了查找错误,通常的做法是在程序的某一行或某几行设置断点,当使用调试方式执行程序(即单击 ▷ 按钮或按快捷键F5执行程序)时,程序执行将在断点处停下来,此时程序员可以单步执行程序(即一行一行执行),单步执行的同时可查看变量的值。要在某行程序设置断点,可将光标先移到该行,然后按F9键即可(或者直接单击代码窗口中"行号"数字前的灰色区域)。如果需要移除某断点,同样将光标先移到该行,然后按F9键(或者直接单击代表断点的红色圆圈)。

3. 单步跟踪的基本操作

单步执行程序(调试程序)需要做以下操作。

(1) 设置断点。在期望程序停止执行的语句行,使用快捷键 F9 设置断点。

(2) 以调试的方式执行程序。执行程序不能单击运行程序的按钮 ▷ ,而需要用调试程序的按钮 ▶ 本地 Windows 调试器 ,否则程序不会在断点处停止执行。

程序在断点处停下来后,可以做的操作如下。

(1) 查看变量的值。通过输出语句可以打印变量当前的值,这种方式用起来简单,但需要在程序的多处添加输出语句,比较麻烦。最好的办法是在程序中断运行时,使用 Visual Studio 调试窗口中的"监视"功能查看变量的值。

(2) 单步执行程序。该操作可以跟踪程序执行流程,逐行执行程序。通过这种方式,可以检查程序执行的流程是否正确(比如一个 if 语句,程序员期望执行 then 子句,但程序实际执行 else 子句),也可以检查变量的值是否正确(即运算结果是否正确)。

调试程序需要把握以下几个要点。

(1) 判断断点的位置。如果第 n 行之前的代码比较有把握,而第 n 行及之后的代码可能会出错,那么,断点设置在第 n 行。最简单的方法是将断点设在 main 函数的开始位置,这样将导致浪费时间。

(2) 单步执行时,VS 窗口中有一个黄色箭头指示将要执行的语句。在单击按钮执行该语句前,需要程序员做以下判断或计算:

- 如果该语句是分支语句,则执行该(条件判断)语句后,紧接着要执行哪个语句?即黄色箭头将转到哪一行?
- 如果该语句是进行计算操作,那么执行该语句后,变量的新值是什么?

执行完该语句后,再对照程序的执行结果,比较该结果与自己的判断是否一致。如果不一致,说明该行语句出错。

其中,程序员的"判断"是至关重要的。如果没有判断能力,意味着不具备调试能力。

接下来以实例阐述具体的操作。注意,以下代码中,尽管部分读者能够迅速识别出程序的错误并直接改正,无须借助调试操作。这里所举例子旨在演示调试方法,强调即使面对复杂的程序,该方法依然适用。因此,读者应当从学习调试方法与技巧的角度出发,深入理解这些示例。

此外,需要强调的是,调试程序是每位程序员都应掌握的基本能力。若缺乏此能力,无论使用何种编程语言,都难以编写出准确无误的程序。尽管不同的开发环境(工具)在调试时的具体操作细节上存在差异,但其核心思想一致。因此,读者可通过 VS 来学习并掌握调试的方法与技巧。

3.4.2 跟踪程序执行流程

阅读以下程序,请给出程序的运行结果。程序如下:

源程序(源代码"ch3\ error3-1.cpp"):

```
1:      #define _CRT_SECURE_NO_WARNINGS
2:      #include <stdio.h>
3:      int main()
4:      {
5:          int x=1,y=0,a=0,b=0;
6:          switch(x)
7:          {
8:              case 1:
9:                  switch(y)
10:                 {
11:                     case 0:
12:                         a++;break;
13:                     case 1:
14:                         b++;break;
15:                 }
16:             case 2:
17:                 a++;b++;break;
18:             case 3:
19:                 a++;b++;
20:         }
21:         printf("a=%d,b=%d\n", a, b);
22:         return 0;
23:     }
```

程序运行结果：

a=2,b=1

一些读者可能认为运行结果应该为"a=1,b=0"，因为根据 x 和 y 的值，执行第 12 行的 a++后，接下来执行 break 语句，跳出 switch，即执行第 21 行的输出语句。预期结果与实际结果不相符，下面通过单步执行程序跟踪程序执行流程，理解其执行流程。

第 1 步：分析问题，决定断点位置。

在此程序中，执行结果与预期不符，很可能是由于 switch 语句的执行流程与预期存在差异。因此，我们建议将断点设置在 switch 语句的起始处，即第 6 行。具体操作如下。

将光标（即文本编辑器的指示器）定位至第 6 行，随后按 F9 键，此时将在第 6 行的左侧出现一个红色的实心圆圈，此即标记的断点位置。若选择使用鼠标设置断点，可直接单击图 3-3 所示位置的红色圆圈。

第 2 步：启动调试。

单击 ▶ 本地 Windows 调试器 ▾（或按 F5 键）启动调试，程序将在断点处停下来，如图 3-3 所示。

在图 3-3 中，我们观察到红色的实心圆圈内包含一个黄色向右的三角形，此三角形指示了当前即将执行的语句行。

为了使程序继续向下执行，我们需单击 ↷（或按 F10 键），这将执行由黄色箭头标记的当前行，随后黄色箭头将转移至下一个待执行的语句行。

在按 F10 键之前（由于快捷键相较于单击更为便捷，因此建议优先考虑使用快捷键），我们需要对以下问题进行深入思考：

❓ 当前语句的功能是什么？（回答：做分支判断。）

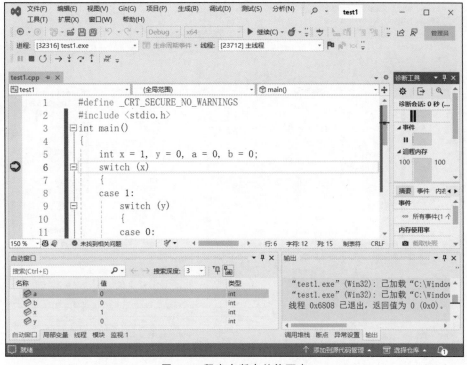

图 3-3　程序在断点处停下来

❓ 执行完当前语句将得到什么结果？（回答：由于 x 的值是 1，黄色箭头将转到 case 1 中的语句，也即转到第 9 行的 switch(y)。）

按 F10 键后，结果如图 3-4 所示。

将图 3-4 的展示结果与上述判断进行比对，发现判断完全准确，黄色箭头确实指向了 case 1 的区域内。

再按 F10 键之前，仍然需要思考：

❓ 当前语句的功能是什么？（回答：做分支判断。）

❓ 执行完当前语句将得到什么结果？（回答：由于 y 的值是 0，黄色箭头将转到 case 0 中的语句，也即转到第 12 行。）

按 F10 键，可看到黄色箭头确实指向第 12 行（即"a++;break;"），证明我们的判断正确。

再按 F10 键之前，继续思考：

❓ 当前语句的功能是什么？（回答：将 a 加 1，然后退出 switch。）

❓ 执行完当前语句将得到什么结果？（回答：a 的值变为 1，并且执行 break 语句跳出 switch，黄色箭头将转到第 21 行的 printf 语句。）

按 F10 键，可以发现黄色箭头指向第 17 行（即"a++;b++;break;"），而不是第 21 行的 printf 语句，如图 3-5 所示。

【知识点】

在图 3-5 中，箭头所指向的窗口（即监视窗口）被设计用于查看变量的数值，其中包括

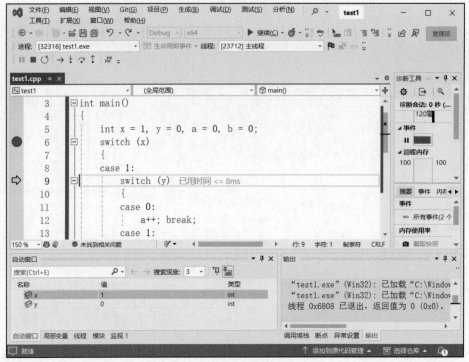

图 3-4 单步执行后

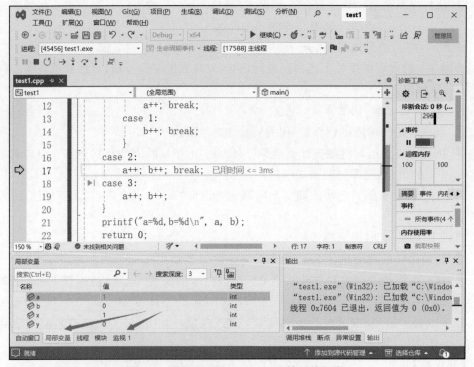

图 3-5 程序执行完 case 1 后跳转到的位置

"自动窗口""局部变量"窗口以及"监视 1"窗口。图 3-4 的底部呈现的是自动窗口的内容,仅展示了 x 和 y 两个变量的值。为了明确变量 a 的值是否已更改为 1,我们需要查看 a 变量的数值。此时,可以切换到图 3-5 中箭头指示的"局部变量"窗口,从而查看包含 a 在内的 4 个变量的值。

如果切换到"监视 1",需要手工输入变量名,或者输入表达式,如图 3-6 所示。"监视 1"中,可以输入任意表达式,例如"1*(2+3)-a",然后查看它的值,以及结果的类型。此外,还可以看到,"监视 1"的底部显示了"添加要监视的项",单击该文字处,我们可以输入想要查看的任意变量或表达式。

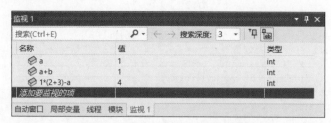

图 3-6 在"监视 1"中输入变量和表达式

第 3 步:根据现象分析错误原因。

程序的执行结果揭示了我们先前的判断存在误差。在此情况下,我们应详尽地检查第 12 行代码及其关联代码,从而能够精准地定位问题所在。

我们原本预期程序将执行第 21 行代码,但实际情况是程序执行了第 17 行代码。这一异常现象的出现,是由于 switch(x)的 case 1 分支内缺失了一个 break 语句。对于 case 1 而言,其内部仅包含一个语句,即 switch 语句本身,且并未附带 break 语句。第 12 行的 break 仅负责终止内层 switch 语句的执行。

鉴于问题已经查明,后续的执行步骤已无必要,建议单击■(或使用 Shift+F5 快捷键)终止程序的执行。

通过此案例,我们得以认识到,采用单步执行的方法可以有效追踪程序的执行流程,从而识别并解决问题。

从这个例子中,我们可以学习到:
- 如何设置断点(按 F9 键或单击编辑窗口行号左侧灰色区域)。
- 如何启动调试(单击 ▶ 本地 Windows 调试器 ▾ 或按 F5 键)。
- 如何单步执行程序(单击 ⤇ 或按 F10 键)。
- 如何中断调试(单击■或按 Shift+F5 组合键)。
- 最重要的:在按 F10 键之前,我们需要能够预测执行当前语句后的结果,随后通过按 F10 键进行单步执行,并验证我们的预测是否准确。

下面再通过一个例子,熟悉以上操作。

3.4.3 使用调试定位错误

以下程序模拟一个加法游戏:使用随机函数生成两个整数,程序计算出它们的和。

再由用户输入一个数字,程序判断用户的输入与两整数的和是否相等,如果相等,输出"great!",否则输出"error!"。程序如下:

源程序(源代码"ch3\ error3-2.cpp"):

```
1:    #define _CRT_SECURE_NO_WARNINGS
2:    #include <stdlib.h>
3:    #include <stdio.h>
4:    #include <time.h>
5:    int main()
6:    {
7:        int num1,num2,sum;
8:        time_t t;
9:        srand((unsigned) time(&t));//随机数的种子随时间变化
10:       num1 = rand()%100; //产生100以内的随机数
11:       num2 = rand()%100;
12:       printf("Please input your answer:\n");
13:       printf("%d+%d=", num1, num2);
14:       scanf("%d", &sum);
15:       if (sum=num1+num2)
16:           printf("great!\n");
17:       else
18:           printf("error!\n");
19:       return 0;
20:   }
```

为发现程序的错误,需要设计测试用例,然后运行程序,发现错误后再调试,具体步骤如下。

第1步:设计测试用例。

本程序有一个判断:用户的输入与两整数的和是否相等。这符合"3.3.1 关系表达式测试"的特征,因此,需要测试相等和不相等的两种情况。测试用例设计如表3-10所示。

表3-10 测试用例设计

序号	测试目的	输入数据	期望结果	实际结果	结论
1	测试相等的情况	输入sum的值等于num1+num2	输出"great!"		
2	测试不相等的情况	输入sum的值不等于num1+num2	输出"error!"		

以上表格中,因为num1和num2是随机值,所以sum的值无法在设计测试用例时确定下来。

第2步:运行程序,观察结果。

下面将程序运行两次。

第一次运行结果:

```
Please input your answer:
31+82=113
great!
```

第二次运行结果:

```
Please input your answer:
1+43=50
```

great!

从运行结果可以看出,第一次运行的结果正确,但第二次的运行结果错误,本来应该输出"error!",但这里输出了"great!"。测试之后,可将表 3-10 补全,如表 3-11 所示。

表 3-11 测试结果

序号	测试目的	输入数据	期望结果	实际结果	结论
1	测试相等的情况	输入 sum 的值等于 num1+num2	输出"great!"	输出"great!"	成功
2	测试不相等的情况	输入 sum 的值不等于 num1+num2	输出"error!"	输出"great!"	失败

我们需要关注失败的测试用例。下面演示如何发现错误的代码行。

第 3 步:分析问题,决定断点位置。

从运行结果分析,可以有以下两种猜测:

(1) 程序读入的 sum 值不正确。

(2) 程序判断是否相等不正确。

为了验证何种推测正确,可以在程序的第 15 行设置断点。在该行,sum 值已经读入进来,并且即将进行 if 语句的条件判断。当程序在该行暂停时,可以先检查监视变量以验证第一个推测,然后通过单步执行一行语句来验证第二个推测。

为了设置断点,将光标移到第 15 行,并按 F9 键(或者通过单击图 3-7 中红色圆圈所示的位置)。

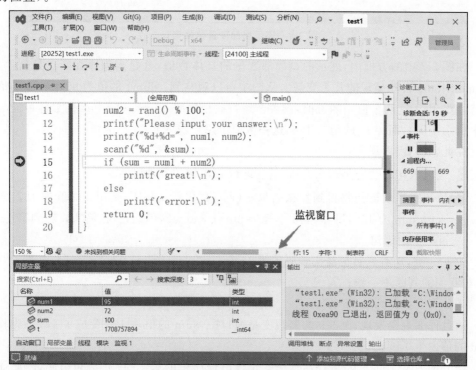

图 3-7 程序在断点处停下

第4步：启动调试。

按 F5 键启动调试。程序等待输入，我们输入 100，程序在断点处停下来后的界面如图 3-7 所示。

如果监视窗口未自动出现，可选择"调试"→"窗口"→"局部变量"菜单，如图 3-8 所示。

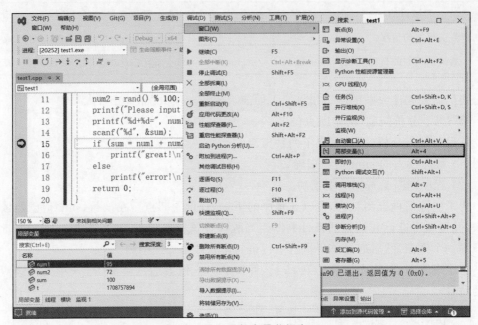

图 3-8　显示局部变量监视窗口

在图 3-7 中的方框内，展示的是局部变量的具体数值，这是当程序在断点处暂停后，Visual Studio 自动呈现的几个变量。从图中可以观察到：num1 的值为 95，num2 的值为 72（注意：由于这两个值是随机值，读者在运行此程序时，num1 和 num2 的数值可能与图示中所示不同），而 sum 的值为 100（这一数值由用户输入）。

在此，我们需要思考：

- 当前语句的功能是什么？（回答：进行 if 语句的条件判断。）
- 执行完当前语句将得到什么结果？（回答：由于 num1＋num2 的值为 167，而输入的 sum 为 100，可知 sum 不等于 num1＋num2，因此，黄色箭头将转到第 18 行 else 中的语句。）

按 F10 键，却看到黄色箭头转到了第 16 行（即"printf("great！\n");"），如图 3-9 所示，与我们的判断不一致。

为什么会执行到第 16 行？

通过仔细观察发现，图 3-9 的监视变量窗口中，sum 的值从 100 变成了 167。为什么 sum 的值发生了变化？

sum 的值从 100 变化至 167，这一变化仅由程序中的第 15 行 if 语句引起，因此需对第 15 行进行细致审查。经过检查发现，第 15 行中的比较操作符"＝＝"被错误地写成了

第 3 章 分支结构程序设计

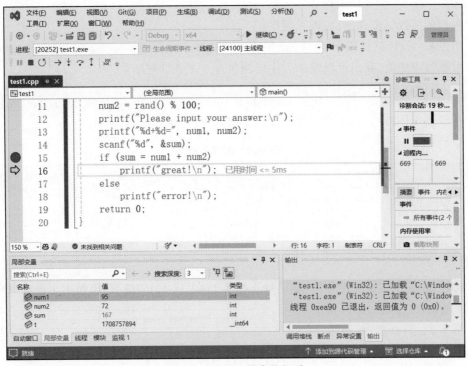

图 3-9 按 F10 单步执行后

赋值操作符"="。在 C 语言中,该 if 语句的执行逻辑是:先对 num1 和 num2 进行加法运算并将结果赋值给 sum,然后判断 sum 是否等于 0,若不等于 0 则执行第 16 行代码。由于上述操作符的错误,导致无论 sum 的输入值为多少,输出结果均为"great!"。

第 5 步:改正程序错误。

找到了错误原因,只需将"if (sum＝num1＋num2)"语句改成"if (sum＝＝num1＋num2)"即可改正这个错误。

第 6 步:测试。

程序改好后,再次运行两个测试用例,可发现结果已经正确。

从该例子中,我们可以学习到:调试程序时,不仅需要掌握如何逐步跟踪程序的执行流程,还需学会如何查看监视变量的值。

3.4.4 调试实践

以上程序主要展示了如何单步执行程序,而"="的误用,通过肉眼也能较为容易地识别出错误。接下来,我们将通过一个稍微复杂的例子,探究如何利用单步执行程序的功能定位程序中的错误。

在后续的示例中,每当单步执行程序时,都应思考"程序执行该行后将得到何种结果",读者应当养成这样的习惯。本书不再逐一列出,敬请读者自行思考。

问题定义:编写程序,功能为输入一个数 a,计算 $sqrt(a*(a+1)*(a+2)*(a+3))$,若最终结果落在 $[10^6, 10^7]$ 范围内,则输出"You are lucky!",否则输出"Try again！"。

我们依照以下步骤测试、调试程序。

第1步：设计测试用例。

根据程序功能，我们可以推断程序应当包含一个条件判断：

```
if (结果在[10^6,10^7]范围内) ......
```

基于该条件的约束，我们需要设计三个测试用例，如表 3-12 所示。

表 3-12 测试用例

序号	测试目的	输入数据	期望结果	实际结果	结论
1	测试结果低于下界的情况	输入 a 为 3	输出"Try again！"		
2	测试结果在范围内的情况	输入 a 为 1000	输出"You are lucky！"		
3	测试结果大于上界的情况	输入 a 为 10000	输出"Try again！"		

此外，还应该测试边界条件，即结果正好等于 10^6 或 10^7 的情况，但是由于很难找到对应的 a 的值，这里略过边界情况。

第2步：打开程序、测试。

打开以下源程序。

源程序(源代码"ch3\ error3-3.cpp")：

```
 1:    #define _CRT_SECURE_NO_WARNINGS
 2:    #include <stdio.h>
 3:    #include <math.h>
 4:    int main()
 5:    {
 6:        int a;
 7:        double s;
 8:        scanf("%d", &a);
 9:        s=a * (a+1) * (a+2) * (a+3);
10:        s=sqrt(s);
11:        if (1e6<=s<=1e7)
12:            printf("You are lucky!\n");
13:        else
14:            printf("Try again!\n");
15:        return 0;
16:    }
```

测试结果如表 3-13 所示。

表 3-13 测试结果

序号	测试目的	输入数据	期望结果	实际结果	结论
1	测试结果低于下界的情况	输入 a 为 3	输出"Try again！"	输出"You are lucky！"	失败
2	测试结果在范围内的情况	输入 a 为 1000	输出"You are lucky！"	输出"You are lucky！"	成功
3	测试结果大于上界的情况	输入 a 为 10000	输出"Try again！"	输出"You are lucky！"	失败

第 3 步：判断断点位置。

鉴于当 a 等于 3 时，输出结果不正确，我们首先解决这个问题。由于从代码中难以直接识别错误所在，我们遂将断点设置在代码的第 9 行，以验证输入值 a 的正确性。

第 4 步：设置断点、启动调试、定位错误。

通过在代码的第 9 行设置断点（将光标移至第 9 行，并按 F9 键，或单击图 3-10 中标示的红色圆圈处），随后按 F5 键启动调试。此时将弹出输入窗口，提示用户输入变量 a 的值。若输入窗口未被置于屏幕顶层（即未直接显示），程序将不会暂停在断点处（不出现黄色箭头），且工具栏上"调试"相关的单步执行按钮将呈灰色，表明程序正在等待用户输入，且在输入之前无法继续执行。此时，用户需要找到输入的控制台窗口，并在其中输入所需的值。

在输入窗口中键入数值 3，并按回车键。

随后，程序的执行流程将暂停在第 9 行，Visual Studio 将以黄色箭头标示该行，如图 3-10 所示。

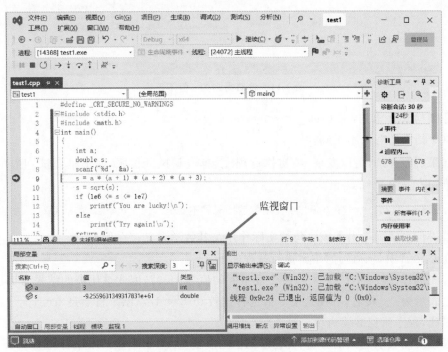

图 3-10 程序在断点处停下

根据图 3-10，可知读入的变量 a 的值正确。此时，由于变量 s 尚未被赋值，其值将是随机值，故当前无须关注其正确性。

连续按 F10 键，可以观察到黄色箭头转移至第 12 行，而非第 14 行，如图 3-11 所示。

此时，检查变量 s 的值为 18.97，此值计算无误。然而，由于该值不在 $[10^6, 10^7]$ 的范围内，程序流程跳转至第 12 行而非第 14 行。

这一现象表明，程序的 if 语句判断出现了逻辑错误。

第 5 步：分析错误、修改程序。

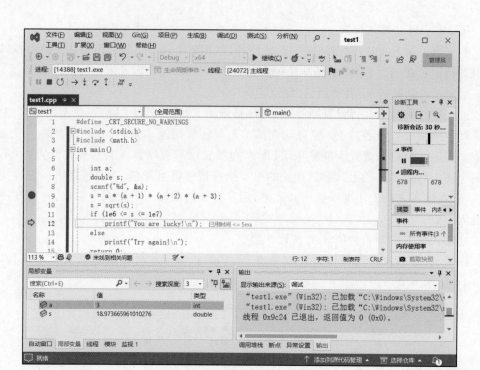

图 3-11 计算得到的 s 值不正确

仔细检查 if 语句：if (1e6＜=s＜=1e7)

这个语句的写法不正确。

如果观察仔细，可以发现，最初执行程序（单击 ▷ 执行程序，而不是调试）时，可以看到该语句有一个警告：

> warning C4804:"<=": 在操作中使用类型"bool"不安全

警告信息明确指出了该语句的实际作用与其数学含义存在偏差。
在 C 语言中，该语句的逻辑执行过程如下。

首先进行比较：1e6 <= s，由于变量 s 的值为 18.97，因此该比较的结果为 false，即数值上表示为 0。接着，利用这个 0 值进行比较 0 <= 1e7，结果自然是 true。

因此，程序流程继续执行至第 12 行。

根据对该 if 表达式的分析，无论 s 的值为多少，整个表达式的结果都将为 true，这符合我们在测试中观察到的结果。

为修正此逻辑错误，应将 if 语句修改为：if (1e6 <= s && s <= 1e7)。

第 6 步：运行、测试程序。

再次进行测试，结果如表 3-14 所示。

从测试结果可知，当 a 的值为 1000 时，程序运行出错。

第 7 步：启动调试、定位错误。

再次按 F5 键启动调试（注意：上次设置的断点尚未取消），为变量 a 输入 1000，随后程序将在第 9 行暂停。接着，按 F10 键，黄色箭头将指向第 10 行，如图 3-12 所示。

表 3-14　测试结果

序号	测试目的	输入数据	期望结果	实际结果	结论
1	测试结果低于下界的情况	输入 a 为 3	输出"Try again!"	输出"Try again!"	成功
2	测试结果在范围内的情况	输入 a 为 1000	输出"You are lucky!"	输出"Try again!"	失败
3	测试结果大于上界的情况	输入 a 为 10000	输出"Try again!"	输出"Try again!"	成功

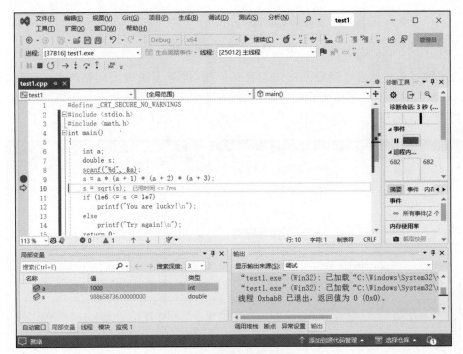

图 3-12　监视变量 s 的值

此时，从监视窗口中可观察到变量 s 的值为 988658736。注意，当前尚未执行到第 10 行代码，因此 s 的值是通过以下语句计算得出的：s＝a * (a＋1) * (a＋2) * (a＋3)。

鉴于 a 的值为 1000，因此，s 的正确值应等于：1000 * 1001 * 1002 * 1003 ＝ 1006011006000。即便不进行这一乘法运算，只要观察到 s 的值的末尾并不包含三个连续的"000"，即可判定 s 的值不正确，这将导致程序运行出错。

第 8 步：分析错误、修改程序。

这个问题令初学者很困惑，为什么 C 语言计算一个乘法表达式会出错？

这里涉及一个类型转换的问题：

由于 a 是 int 类型，因此，a * (a＋1) * (a＋2) * (a＋3) 得到的结果也是 int 类型，而它的真实结果 1006011006000 超出了 int 类型的表示范围，因此发生了溢出，从而导致出错。

可能有读者会问，s 是 double 类型的，它存储 1006011006000 怎么会溢出？

我们需要清楚：C 首先计算表达式的值，而参与计算的所有操作数都是 int 类型，所以它的结果是 int 类型，而这个结果已经超出了 int 类型的表示范围，导致结果错误，看到的值为 988658736。将这个结果赋给 s 时，将发生类型转换，从而 s 的值为 988658736.0。

为了证明乘法运算的结果是 int 类型，可以将乘法表达式输入"监视 1"窗口，将看到图 3-13 所示的结果，其中包含计算出来的值以及值的类型，图中显示其类型为 int。

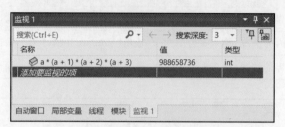

图 3-13　监视表达式的值

由于通过单步执行已确定乘法语句存在问题，但若无法确定问题产生的原因，可求助 Copilot Chat。在代码编辑窗口中，我们需先选中第 9 行乘法表达式所在的代码行，随后提问："在 a 的值为 1000 的情况下，为何 s 的值不符合预期？"其回复如图 3-14 所示。

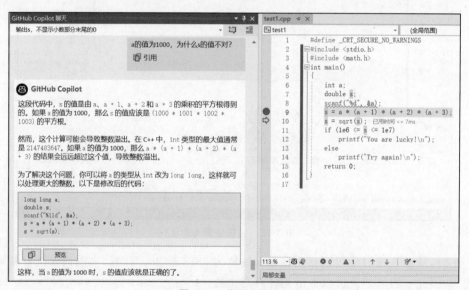

图 3-14　询问 Copilot

为了确保表达式的计算结果为 double 类型而非 int 类型，我们可采取多种修改方法。Copilot 建议将 a 的类型更改为 long long，但此处我们采用一个较为简单的做法，即修改表达式为：

```
s=1.0*a*(a+1)*(a+2)*(a+3);
```

这样，通过在表达式中增加一个 double 类型的乘数 1.0，确保了最终计算结果的类型为 double。因此，数值 1006011006000 在存储为 double 类型时，不会发生溢出。

第 9 步：运行程序。

单击工具栏中的按钮 ▷ 执行程序，为 a 输入值 1000，此时运行结果正确。

第 10 步：完成测试。

以上测试 a＝1000 时正确，但 a＝3 或者 a＝10000 时结果可能错误，因此需要全部重新测试一遍。

按照表 3-12 进行测试,得到表 3-15。

表 3-15 测试结果

序号	测试目的	输入数据	期望结果	实际结果	结论
1	测试结果低于下界的情况	输入 a 为 3	输出"Try again!"	输出"Try again!"	成功
2	测试结果在范围内的情况	输入 a 为 1000	输出"You are lucky!"	输出"You are lucky!"	成功
3	测试结果大于上界的情况	输入 a 为 10000	输出"Try again!"	输出"Try again!"	成功

从结果可以看到,到目前为止,程序修改正确。

从以上过程可以看出,有些错误是一些很细节的错误,光凭肉眼看整个程序,比较难以找到错误所在,但是如果通过调试,定位了错误所在的行号,则比较容易看出错误的原因。当然,有些错误也涉及了一些语法理论知识,如果我们自己不清楚,可以向 Copilot Chat 提问,一般能得到想要的答案。

从结果可以明确得知,截至目前,程序的修改已正确无误。

从上述过程可以清晰地观察到,部分错误属于细节性错误,仅通过肉眼审查整个程序,难以快速找到错误所在。然而,若利用调试工具,定位了错误所在的行号,则能较为容易地揭示错误的原因。当然,部分错误还涉及了语法理论知识,若我们自身对此不甚了解,可以向 Copilot Chat 寻求帮助,通常能够获得满意的解答。

此外,我们务必重视编译时产生的"警告"信息,不应因程序能够运行而忽视这些"警告"。某些"警告"信息有助于我们排除一些低级的错误。

3.4.5 VS 不能调试的解决办法

使用 Visual Studio 调试时,可能会遇到以下情况而不能调试:如果在 Visual Studio 中直接打开一个 cpp 源程序,而没有创建项目,则启动调试按钮不可单击(该按钮呈灰色),因此不能调试,如图 3-15 所示。解决方案是:先创建项目,再新建文件,按照第 1 章

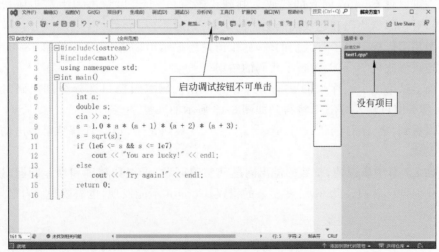

图 3-15 打开单独文件导致不可调试

的步骤进行操作。

3.5 Copilot 实践：程序改错

前述两个程序，也可以通过询问 Copilot 帮助改错，比如第一个程序（ch3\ error3-2.cpp），可以在代码编辑窗口选择全部代码，然后在 Copilot 聊天窗口输入"/fix"，将得到如图 3-16 所示的回复。

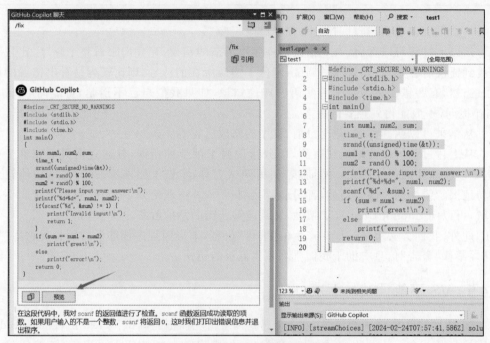

图 3-16　Copilot 建议的修复的代码

我们可以将 Copilot 回复的代码复制到代码窗口，也可以单击图中箭头所指的"预览"按钮，对比原始代码和建议代码之间的区别，如图 3-17 所示。

图中用阴影标记出了有区别的代码，很清楚地显示出，右侧代码中的第 18 行将"＝"运算符建议修改成"＝＝"，改正了代码的错误。

下面尝试第二个程序（ch3\ error3-3.cpp），在代码编辑窗口选择全部代码，然后在 Copilot 聊天窗口输入"/fix"，将得到如图 3-18 所示的回复。

可以看到，第 11 行的错误"1e6＜＝s＜＝1e7"被纠正了，但是计算结果溢出的问题，它并没发现。

正如 2.7 节中所说的，整数的溢出问题和整除问题、浮点数精度和误差问题，这些都必须由我们自己掌握。此外，一些复杂的错误，Copilot 不能发现，也需要我们自己通过调试解决。

第 3 章 分支结构程序设计

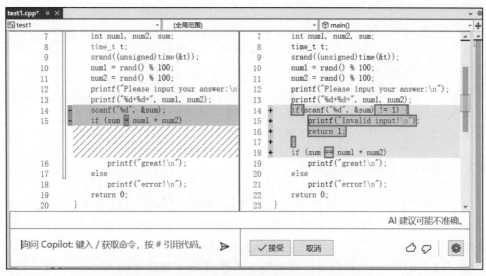

图 3-17 对比原始代码和建议代码之间的区别

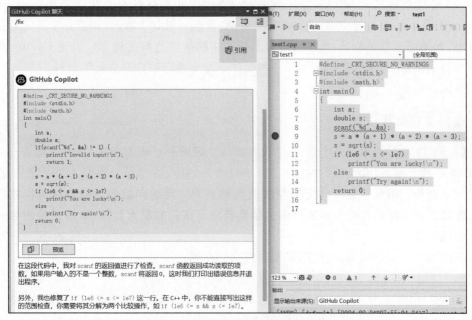

图 3-18 Copilot 建议的修复的代码

3.6 Copilot 实践：存款到期日期

3.6.1 需求描述

银行存款有 3 个月、6 个月定期等。从键盘输入一个日期（即为存款日期）以及定期的时间长度（单位为月，输入的时间长度可为小于或等于 60 的任意正整数），请编程输出该定期存款的到期日期。

下面以 3 个月定期为例,说明定期的概念。比如:

输入 2014 年 4 月 30 日,则到期日是 2014 年 7 月 30 日;

输入 2014 年 3 月 31 日,则到期日是 2014 年 6 月 30 日(6 月没有 31 日,所以 30 日就到期);

输入 2014 年 11 月 30 日,则到期日是 2015 年 2 月 28 日;

输入 2015 年 11 月 30 日,则到期日是 2016 年 2 月 29 日。

3.6.2 Copilot Chat 交互

由于本程序的功能有点复杂,使用写注释让 Copilot 提建议的方法效率会比较低,我们使用 Copilot Chat 的聊天功能进行交互。在视图菜单打开"GitHub Copilot 聊天"窗口,然后开始提问。

【注意】我们提问时,要尽量将需求描述清楚,需求描述越详细,得到的结果越符合我们的需要。在下面的提问中,粗体字部分是在 3.6.1 节"需求描述"的基础上增加的说明,比如"请编写 C 语言程序",如果不加这个限制,有可能会得到其他语言的代码,比如 Python 代码。此外,对于定期存款的到期日期,我们一般有个常识,知道几个月定期是什么意思,如果还不是很清楚,可以通过需求描述中的举例理解该概念。但是 Copilot 可能还不具备这个常识,所以我们又加了一些粗体字对定期存款日期进行了解释。

下面开始交互。

1. 第 1 轮交互

【提问 1】银行存款有 3 个月、6 个月定期等。**请编写 C 语言程序**,从键盘输入一个日期(即为存款日期)以及定期的时间长度(单位为月,输入的时间长度可为小于或等于 60 的任意正整数),请编程输出该定期存款的到期日期。**定期存款的到期日期为存款日期加上存款时间长度的月数。如果得到的结果超出了该月的最大日期,则该月的最后一天即为到期日期。**

下面以 3 个月定期为例,说明定期的概念。比如:

输入 2014 年 4 月 30 日,则到期日是 2014 年 7 月 30 日;

输入 2014 年 3 月 31 日,则到期日是 2014 年 6 月 30 日(6 月没有 31 日,所以 30 日就到期);

输入 2014 年 11 月 30 日,则到期日是 2015 年 2 月 28 日;

输入 2015 年 11 月 30 日,则到期日是 2016 年 2 月 29 日。

【回复 1】这是一个 C 语言程序,它使用了一个简单的算法来计算定期存款的到期日期。这个程序首先从键盘读取一个日期和一个存款期限,然后计算出到期日期。

```
#include <stdio.h>
int daysInMonth(int year, int month) {
    int days[] ={0, 31, 28, 31, 30, 31, 30, 31, 31, 30, 31, 30, 31};
    if (month ==2 && (year %400 ==0 || (year %4 ==0 && year %100 !=0))) {
```

```
        return 29;
    }
    return days[month];
}
int main() {
    int year, month, day, term;
    printf("请输入存款日期(年 月 日):");
    scanf("%d %d %d", &year, &month, &day);
    printf("请输入定期的时间长度(单位为月):");
    scanf("%d", &term);
    month += term;
    while (month > 12) {
        year++;
        month -= 12;
    }
    if (day > daysInMonth(year, month)) {
        day = daysInMonth(year, month);
    }
    printf("定期存款的到期日期是:%d年%d月%d日\n", year, month, day);
    return 0;
}
```

这个程序首先从键盘读取一个日期和一个存款期限,然后将存款期限加到月份上。如果月份超过12,那么就增加年份,并将月份减去12。如果日期超过了该月的最大日期,那么就将日期设置为该月的最大日期。最后,输出到期日期。

注意,这个程序假设输入的日期和存款期限都是有效的。如果需要处理更复杂的情况,可能需要修改这个程序。

【说明】以上程序使用了我们还未学过的知识,下面继续提问,限定它需要使用什么技术,以及不能使用什么技术。

2. 第 2 轮交互

【提问 2】请不要使用数组,仅仅使用分支语句判断一个月的最大天数。请不要使用函数,直接将 daysInMonth 的代码写在 main 函数中。

【回复 2】在 C++ 中,你可以使用 switch 语句来判断一个月的最大天数。以下是一个可能的实现:

```
#include <stdio.h>
int main() {
    int year, month, day, term, maxDay;
    printf("请输入存款日期(年 月 日):");
    scanf("%d %d %d", &year, &month, &day);
    printf("请输入定期的时间长度(单位为月):");
    scanf("%d", &term);
    month += term;
    while (month > 12) {
        year++;
        month -= 12;
    }
    switch (month) {
        case 1: case 3: case 5: case 7: case 8: case 10: case 12:
```

```
            maxDay = 31;
            break;
        case 4: case 6: case 9: case 11:
            maxDay = 30;
            break;
        case 2:
            if (year % 400 == 0 || (year % 4 == 0 && year % 100 != 0)) {
                maxDay = 29;
            } else {
                maxDay = 28;
            }
            break;
    }
    if (day > maxDay) {
        day = maxDay;
    }
    printf("定期存款的到期日期是:%d年%d月%d日\n", year, month, day);
    return 0;
}
```

【说明】以上程序符合我们的需要,但是是否能满足功能需求还需要测试。我们按照以下测试用例进行测试,如表 3-16 所示。

表 3-16 测试用例与测试结果

序号	测试目的	输入数据	期望结果	实际结果	结论
1	到期日为当年,不超出当月最大日期	2024 3 1 和 3	2024 6 1	2024 6 1	成功
2	到期日为次年,不超出当月最大日期	2024 3 1 和 10	2025 1 1	2025 1 1	成功
3	到期日为 3 年后,不超出当月最大日期	2024 3 1 和 40	2027 7 1	2027 7 1	成功
4	到期日为 12 月 31 日	2024 3 31 和 9	2024 12 31	2024 12 31	成功
5	到期日为 11 月 31 日,超出最大日期	2024 3 31 和 8	2024 11 30	2024 11 30	成功
6	到期日为 11 月 30 日	2024 3 30 和 8	2024 11 30	2024 11 30	成功
7	到期日为 2 月 28 日	2024 11 28 和 3	2025 2 28	2025 2 28	成功
8	到期日为平年 2 月 29 日,超出最大日期	2024 11 29 和 3	2025 2 28	2025 2 28	成功
9	到期日为闰年 2 月 29 日	2023 11 29 和 3	2024 2 29	2024 2 29	成功
10	到期日为平年 2 月 30 日,超出最大日期	2024 11 30 和 3	2025 2 28	2025 2 28	成功
11	到期日为闰年 2 月 30 日,超出最大日期	2023 11 30 和 3	2024 2 29	2024 2 29	成功
	其他月份超出和不超出最大日期的那个边界值,都需要测试,这里不罗列				

从测试结果可以看到,对于这类简单的程序,Copilot 生成的代码基本上没有 bug,但是也不能绝对信任它,仍然需要经过严格的测试。

完成后的完整代码见"ch3\deposit.cpp"。

3.7 课堂练习

(1) 完成 3.3.3 节中问题 3 的测试用例。

(2) 改错。有一函数如下：

$$y=\begin{cases} -1 & (x<0) \\ 0 & (x=0) \\ 1 & (x>0) \end{cases}$$

要求输入 x 的值，求 y 的值并输出。
程序如下：
源程序(源代码"ch3\ error3-4.cpp")：

```
#define _CRT_SECURE_NO_WARNINGS
#include <stdio.h>
int main(void)
{
    int x,y;
    printf("Please input x:");
    scanf("%d",&x);
    y=-1;   //首先将 y 赋为-1,下面只为 x 大于 0 和 x 等于 0 的情况赋值
    if (x!=0)
        if (x>0) y=1;
    else   //x 等于 0 的情况
    y=0;
    printf("y=%d\n",y);
    return 0;
}
```

请运行三次该程序，对于 x，分别输入 1,0,-1(也就是使用三种测试数据)，观察在何种情况下程序发生错误，并改正错误。改正错误时，请回答以下问题：
- 断点最好设置在哪？
- 通过单步执行程序或查看监视变量，看到了什么现象，从而判断出了错误的代码行为哪(些)行？

(3) 改错。3.2 节中调换两位数的个位与十位的程序，当用户输入了大于 99 或小于 1 的数，将输出"The range should be 1-99"，而不会执行交换操作。现将程序修改如下：
源程序(源代码"ch3\ error3-5.cpp")：

```
#define _CRT_SECURE_NO_WARNINGS
#include <stdio.h>
#include <stdlib.h>
int main()
{
    int num, result;
    printf("Please input:");
    scanf("%d", &num);
    if (num >=100 || num <1)
        printf("The range should be 1-99\n");
```

```
        exit(0);     //退出程序,因此,这里的 if 可以不用 else
    result =(num %10)  *  10 +num / 10;
    printf("result is:%d\n", result);
    return 0;
}
```

此程序中,当 num 的范围大于 99 或小于 1,将输出提示信息然后退出,如果 num 的范围正常,则交换十位和个位,并输出结果。

请运行三次该程序,对于 num,分别输入 58,110,-1,观察在何种情况下程序发生错误,并改正错误。改正错误时,请回答以下问题:

- 断点最好设置在何处?
- 通过单步执行程序或查看监视变量,看到了什么现象,从而判断出了错误的代码行为哪(些)行?

(4) 针对以下程序设计出尽量完善的测试用例,并改正程序错误。

以下程序从键盘读入字符,判断该字符如果是数字字符则输出 digit,否则输出 error。

源程序(源代码"ch3\ error3-6.cpp"):

```
#define _CRT_SECURE_NO_WARNINGS
#include <stdio.h>
int main()
{
    char ch;
    printf("Please input a character:\n");
    ch =getchar();
    if (0<=ch && ch<=9)
        printf("digit\n");
    else
        printf("error\n");
    return 0;
}
```

提示:测试用例的设计可参考 3.2.3 节中的问题 1。

(5) 编程。首先从键盘输入两个数到变量 a 和 b 中,然后向屏幕输出以下菜单:

```
------------------------------------------------------------
1: add
2: subtract
3: multiply
4: divide
------------------------------------------------------------
Please choose your operation(1/2/3/4):
```

以上菜单中,1 代表加法,2 代表减法,3 代表乘法,4 代表除法。

如果用户选择 2,则输出 a-b 的值;如果选择 4,则输出 a/b 的值。

程序运行示例:

```
please input two number:1 3
------------------------------------------------------------
1: add
2: subtract
3: multiply
```

```
4: divide
-----------------------------------------------------------------
Please choose your operation(1/2/3/4): 4
The result is: 0.33
```

注：示例中的结果保留了两位小数。

3.8 本章小结

  任何程序中均设有判断条件，这些条件可能引发逻辑错误（即运行错误）。为确保程序的正确性，必须对程序进行详尽的测试。

  测试看似简单，实则是对程序进行运行以验证其能否产生正确结果的过程。然而，测试的难度在于需要覆盖的数据（即测试用例）繁多，我们无法穷尽所有可能性。因此，目前我们所使用的软件系统难免存在 bug。设计一个完全无误的程序，实非易事。

  我们对自己的要求是：尽量设计完备的测试用例，以锻炼自身能力。切勿因程序逻辑看似简单而忽视测试的重要性，认为程序必然无误。

  通过持续的锻炼，我们的测试用例将更为全面，编写的程序也将更加稳健，bug 数量逐渐减少。

  在测试之后，若程序运行结果与预期不符，则可断定程序存在 bug。要确定 bug 的具体位置，则需借助"调试"手段。

  它们的功能分别如下。

  （1）测试：用来发现问题。

  （2）调试：用来定位错误的代码行。

  一旦定位到了错误行，改正错误需要我们具备扎实的理论基本功，如果在此方面有欠缺，也可以询问 Copilot 获取帮助。Copilot 能够在基本的语法知识方面给我们提供比较大的帮助，前提是能够向它清晰地描述问题。

  虽然 Copilot 能帮助我们改正一些简单的错误，但是它不能改正所有错误，所以测试和调试非常重要，所有同学必须掌握这两个能力。

  调试时，重点需要掌握单步跟踪程序的方法，并熟练掌握以下操作。

  （1）如何设置断点（按 F9 键），以及判断断点设在什么位置。

  （2）如何启动调试（单击 ▶ 本地 Windows 调试器 ▼ 或按 F5 键）。

  （3）如何单步执行程序（单击 ⤴ 或按 F10 键）。

  （4）如何中断调试（单击 ■ 或按 Shift+F5 组合键）。

第4章 循环结构程序设计

4.1 本章目标

- 熟练使用 for、while 和 do-while 语句实现循环程序设计。
- 理解循环条件和循环体,以及 for、while 和 do-while 语句的相同及不同之处。
- 熟练掌握 break 和 continue 语句的使用。
- 学习测试包含循环语句的程序。
- 学习 VS 的调试操作,能通过监视变量的值,发现程序执行上的逻辑错误。

4.2 循环的计算思维的建立

4.2.1 一重循环

下面通过实例帮助读者理解"循环"的思维并培养这种思维方式。

1. 计算 1 到 100 所有整数的和

以下使用计算 1 到 100 所有整数的和的例子,逐步讲解如何培养计算思维。
步骤如下:
(1) 定义问题。
明确问题的目标,即计算从 1 到 100 的所有整数的和。
(2) 分解问题。
将问题分解为更小的步骤。例如,可以先计算 1+2,然后再加 3,以此类推,直到加到 100。
(3) 写成顺序结构的代码。

```
int sum=0;    //先定义一个变量来存储总和,初始化为 0
sum+=1;
sum+=2;
sum+=3;
sum+=4;
sum+=5;
……
```

(4) 识别重复模式。

代码中存在重复操作:每次将一个整数加到 sum 变量上。只是每次加的整数不一样,所以不完全重复。

(5) 改造重复操作。

为了将以上代码改造成完全重复的模式,可以改写为:

定义一个计数器 i,i 从 1 开始计数,一直到 100,每次都将 i 加到 sum 上。

```
int sum=0;    //先定义一个变量来存储总和,初始化为 0
int i=1;
sum+=i;       //这里相当于 sum+=1;
i++;
sum+=i;       //这里相当于 sum+=2;
i++;
sum+=i;       //这里相当于 sum+=3;
i++;
……
```

(6) 使用循环语句。

以上代码中,可以明显看到两个语句一直在重复使用,它们是:

```
sum+=i;
i++;
```

可以写一个循环结构,将以上两个语句包括在循环内:

```
int sum=0;
int i=1;
for(;;)
{
    sum+=i;
    i++;
}
```

写循环结构的程序时,三种循环语句都可以使用。在使用计数控制循环时,一般使用 for 语句。

(7) 设定循环条件。

以上第(6)步还缺少循环条件。考虑到最后累加的 i 应该是 100,而在循环中,将 i 加到 sum 上之后,i 本身再加 1,然后判断循环条件是否仍然满足,不满足则退出循环。

将这些思考整理一下:

最后一遍循环中的 i 为 100。

加完后 i 值加 1,变成 101。

再判断循环条件,此时需要退出循环,也就是需要在 i 为 101 时使得条件为 false(而 i 小于 101 时为 true)。

因此,可以使用条件:

```
i<=100
```

由此,程序变成:

```
int sum=0;
```

```
int i=1;
for(;i<=100;)
{
  sum+=i;
  i++;
}
```

(8) 最后的检查和整理。

for 语句的括号内可以包括三个表达式,分别执行初始化操作、循环条件的判断、循环一遍后的收尾工作。可以将 i 和 sum 的初始化放在第 1 个表达式中,i++放在第 3 个表达式中,因此,程序改成如下:

```
int sum;
int i;
for(sum=0, i=1; i<=100; i++)
{
  sum+=i;
}
```

(9) 测试。

这里不需要输入任何数据,因此,只需要运行程序,查看结果是否等于 5050 即可。后面会详细讲解如何进行循环程序的测试。

2. 计算 1 到 100 所有包含 7 的数字或者 7 的倍数的和

以下是详细的步骤。

(1) 定义问题。

计算 1 到 100 内所有包含数字 7 的整数(例如 7,17,27,…)以及 7 的倍数(例如 7,14,21,…)的和。

(2) 分解问题。

将问题分解为三个子问题:一是找出所有包含数字 7 的整数,二是找出所有 7 的倍数,三是将所有符合条件的数字相加。

(3) 顺序结构的代码。

```
int sum=0;    //先定义一个变量来存储总和,初始化为 0
sum+=7;
sum+=14;
sum+=17;
sum+=21;
sum+=27;
……
```

(4) 识别重复模式。

代码中存在重复操作:每次将一个整数加到 sum 变量上。只是每次加的整数不一样,所以不完全重复。

(5) 改造重复操作。

引入一个计数器 i,从 1 开始,检查每个 i 是否符合条件(包含 7 或者是 7 的倍数)。如果是,将其加到 sum 上。

```
int sum=0;    //先定义一个变量来存储总和,初始化为 0。
int i=1;
i 包含 7 或者是 7 的倍数则执行 sum+=i;    //不满足条件
i++;
i 包含 7 或者是 7 的倍数则执行 sum+=i;    //不满足条件
i++;
……    //一直到 i=7
i 包含 7 或者是 7 的倍数则执行 sum+=i;    //相当于 sum+=7;
i++
i 包含 7 或者是 7 的倍数则执行 sum+=i;    //不满足条件
i++;
……
```

(6) 使用循环语句。

以上代码中,有两个语句一直在重复使用:

```
i 包含 7 或者是 7 的倍数则执行 sum+=i;
i++;
```

可以写一个循环结构,将以上两个语句包括在循环内:

```
int sum=0;
int i=1;
for(;;)
{
    if (i 包含 7 || i 是 7 的倍数)
        sum+=i;
    i++;
}
```

(7) 设定循环条件。

循环条件和前面一样,为 i<=100。程序变为:

```
int sum=0;
int i=1;
for(;i<=100;)
{
    if (i 包含 7 || i 是 7 的倍数)
        sum+=i;
    i++;
}
```

(8) 最后的检查和整理。

和前面一样,将初始化工作和 i++ 放到 for 语句的括号内。
此外,程序中还包含两个伪代码:i 包含 7 和 i 是 7 的倍数。
i 包含 7 的意思是:个位为 7 或者十位为 7,用代码表示为:

```
i%10==7 || i/10==7
```

i 是 7 的倍数,用代码表示为:

```
i%7==0
```

将这些内容全部整理到一起,程序如下:

```
int sum=0;
```

```
int i=1;
for(;i<=100;)
{
  if (i%10==7 || i/10==7 || i%7==0)
    sum+=i;
  i++;
}
```

(9) 测试。

程序的运行结果不能轻易计算出来,具体的测试方法参见 4.3 节。

总结:编写循环程序,主要关注三个基本要素:初始化、循环条件和迭代过程(即循环体内需要进行的操作)。编程时需要按照以上思路,将三个要素逐一理清。

4.2.2 从一重循环到二重循环

要求:求 100~200 的全部素数。

已知判断一个数 m 是否为素数的程序如下:

源程序(源代码"ch4\PrimeNumber.cpp"):

```
#define _CRT_SECURE_NO_WARNINGS
#include<math.h>
#include<stdio.h>
int main()
{
    int m, i, k;
    scanf("%d", &m);
    k = sqrt(m);
    for (i =2; i <=k; i++)
        if (m % i ==0) break;
    if (i >= k +1) //如果是通过break退出for循环,i的值不会大于k
        printf("%d is a prime number\n", m);
    else
        printf("%d is not a prime number\n", m);
    return 0;
}
```

本题需要找出 100~200 的所有素数,可以对 100~200 的所有数逐一判断是否为素数。

算法可以设计成如下:

```
int m;
for(m=100;m<=200;m++)
{
     //判断m是否为素数
     //如果是素数,则输出到屏幕
}
```

上面算法中,"判断 m 是否为素数"可将程序"ch4\PrimeNumber.cpp"中的相应代码嵌入。此外,由于偶数肯定不是素数,为了减少循环次数,循环可改成:

```
for(m=101;m<=200;m=m+2)
```

因此,完整的程序如下(其中阴影部分为判断素数的关键语句):
源程序(源代码"ch4\ Prime100_200.cpp"):

```
#define _CRT_SECURE_NO_WARNINGS
#include <stdio.h>
#include<math.h>
main()
{
    int m,i,k,n=0;
    for(m=101;m<=200;m=m+2)
    {
        k=sqrt(m);
        for(i=2;i<=k;i++)
            if(m%i==0)break;
        if(i>=k+1)
        {
            printf("%d   ",m);
            n=n+1;
        }
        if(n%10==0)printf("\n");
    }
    printf("\n");
    return 0;
}
```

运行结果:

```
101  103  107  109  113  127  131  137  139  149
151  157  163  167  173  179  181  191  193  197
199
```

以上程序从一重循环改写成二重循环的方法:首先固定变量 m,将判断 m 是否为素数的程序编写好,然后在外面加一重 for 循环,对变量 m 进行循环。

一般二重循环的程序可以参照以上思路编写。但需要注意的是,有些初始化语句、输出语句等,在加了一重外循环后,可能要做一些修改。读者碰到类似的程序时请仔细思考,这里不深入解释。

4.3 循环程序测试

4.3.1 循环控制结构测试

本节针对程序的循环部分进行测试,因此,需要针对代码进行测试,而不是仅针对问题进行测试。如果事先不了解程序代码,则比较难以设计测试用例。

针对代码测试的缺点有:如果代码本身考虑不周全,测试也不能发现其中的错误。所以,最好的测试方法是先针对代码测试,再针对问题补充一些测试用例。

下面的内容主要针对代码测试。

测试的基本方法如下。

设计不同的测试用例,使得循环分别执行 0 遍、1 遍、3 遍。

循环0遍为了检查程序如果不执行循环体,一些初始化的操作是否正确。

循环1遍为了检查循环体的基本功能是否正确。

循环3遍为了检查循环体经过多次执行后功能是否正确。这里的3遍即多遍,通过3遍循环,即可掌握循环的规律,从而理解第4遍的循环结果如何变化、第5遍的循环结果如何变化。所以,程序在循环3遍之后结果正确,基本上可确定该循环正确。

以上只是说"基本上确定循环正确",而不是"肯定循环正确",是因为循环更多遍之后,可能发生一些其他的问题,这些问题在前3遍循环中不会遇到。比如,求n!,程序求3!正确,但求40!有可能错误,这里的错误主要由数据溢出引起。这种问题在本章的测试中不考虑。

下面通过几个具体的例子学习如何测试。

(1)从键盘输入一个字符串,计算并输出这些字符的ASCII码之和。测试以下程序是否正确。

源程序(源代码"ch4\letterSum.cpp"):

```c
#define _CRT_SECURE_NO_WARNINGS
#include<stdio.h>
int main()
{
    char ch;
    int sum = 0;
    printf("Please input a string:\n");
    while ((ch = getchar()) != '\n')
    {
        sum += ch;
    }
    printf("sum is:%d\n", sum);
    return 0;
}
```

分析:本程序包含一个while循环,设计如表4-1所示的测试用例,使程序能循环0遍、1遍和3遍。

表4-1 测试用例

序号	输入数据	测试目的	期望结果	实际结果	结论
1	直接按回车键	程序循环0遍	输出"sum is:0"		
2	输入字母a,然后按回车键	程序循环1遍	输出"sum is:97"		
3	输入字符串abc,然后按回车键	程序循环3遍	输出"sum is:294"		

为了使程序循环0遍、1遍和3遍,表4-1的输入数据很简单,不需多解释。

(2)测试求π的程序计算结果是否正确:用$\dfrac{\pi}{4}=1-\dfrac{1}{3}+\dfrac{1}{5}-\dfrac{1}{7}+\cdots$公式求$\pi$,直到某项的绝对值小于0.000001(该项不计算在总和之内)。

源程序(源代码"ch4\CalcPi.cpp"):

```c
#include<math.h>
```

```
#include<stdio.h>
int main()
{
  int s;
  float n,t,pi;
  t=1;pi=0;n=1.0;s=1;
  while(fabs(t)>=1e-6)
  {
  pi=pi+t;      //将每一项累加到总和 pi 中
      n=n+2;
      s=-s;     //此语句使 s 在循环中交替为正 1 和负 1
      t=s/n;    //t 为累加的项
  }
  pi=pi * 4;
  printf("pi=%10.6f\n", pi);
  return 0;
}
```

分析：本例的程序不需要输入，while 循环几遍结束已经事先确定，测试人员无法控制程序循环 0 遍、1 遍和 3 遍。

为了能测试分别循环 0 遍、1 遍和 3 遍，我们修改"0.000001"这个界限值为可从键盘输入，从而可以满足测试的必要条件。

为此，将程序的前几行修改成：

```
int main()
{
  int s;
  float n,t,pi;
  float threshold;
  scanf("%f", &threshold);
  t=1;pi=0;n=1.0;s=1;
  while(fabs(t)>=threshold)
      ……
```

以上代码的阴影部分为经过修改（或添加）的代码。

因此，测试用例可以设计成如表 4-2 所示。

表 4-2 测试用例

序号	输入数据	测试目的	期望结果	实际结果	结论
1	输入 2	程序循环 0 遍	输出"pi=0"		
2	输入 0.5	程序循环 1 遍	输出"pi=4"		
3	输入 0.15	程序循环 3 遍	输出"pi=3.466666"		
4	输入 0.2	测试边界值，检查数列第 3 项 1/5 是否包含在结果中	输出"pi=3.466666"		

如果以上 4 个测试数据运行正确，界限值为 0.000001 的数列的和应该也正确。

测试成功后，请将代码恢复成原样。

如果循环控制条件包含两个或两个以上条件，则需要测试各条件分别取值为 false 时退出循环的情况。如果循环体内有 break 语句，可认为 break 时需满足的条件是循环控制条件的一部分,因此循环控制条件也是多个条件的组合。如果循环条件包含"＜,＜＝,＞,＞＝",则还需测试边界条件。

(3) 测试 4.3 节中的判断素数的程序 PrimeNumber.cpp。

分析：程序的循环部分如下：

```
for(i=2;i<=k;i++)
    if(m%i==0)  break;
    ……
```

当 i＜＝k 时执行循环体,并且 m%i！＝0 时也会继续执行循环。因此,以上的 for 循环等价于：

```
for(i=2; (i<=k) && (m%i!=0) ;i++);
```

不进行以上等价替换也不妨碍测试,只需要清楚：两个条件同时满足,程序将继续循环。结合第 3 章和第 4 章的测试用例的设计原则,可知需要测试以下情况：
- 程序循环 0 遍。
- 程序循环 1 遍。
- 程序循环 3 遍。
- 由于 i＞k 测试退出循环(第一个条件不满足,第二个条件不需要再考虑)。
- 由于 m%i 的值为 0 测试退出循环,此时 i 小于 k(第一个条件为 true,第二个条件为 false)。
- 由于 m%i 的值为 0 测试退出循环,而 i 等于 k(第一个条件为边界值,第二个条件为 true)。

在实际测试时,为减少测试次数,可将以上情况进行综合。综合后,设计的测试用例如表 4-3 所示。

表 4-3 测试用例

序号	输入数据	测试目的	期望结果	实际结果	结论
1	m 输入 3	程序循环 0 遍	输出 "3 is a prime number"		
2	m 输入 4	程序循环 1 遍 由于 m%i 的值为 0 退出循环, 此时 i 等于 k	输出 "4 is not a prime number"		
3	m 输入 17	程序循环 3 遍 由于 i 大于 k 退出循环	输出 "17 is a prime number"		
4	m 输入 16	由于 m%i 的值为 0 退出循环, 此时 i 小于 k	输出 "16 is not a prime number"		

4.3.2 循环控制与条件分支结合的测试

本节所阐述的条件分支指循环语句前或后的分支语句,或循环体内的分支语句。如下例。

(1) 测试求最大公约数的程序：输入 a,b 两个数,求最大公约数。

源程序(源代码"ch4\gys.cpp")：

```
#define _CRT_SECURE_NO_WARNINGS
#include<stdio.h>
int main()
{
    int a, b, r;
    printf("enter two number:\n");
    scanf("%d%d", &a, &b);
    if (b > a)
    {
        r =a; a =b; b =r;
    }
    while (b !=0)    //利用辗转相除法,直到b为0为止
    {
        r =a %b;
        a =b;
        b =r;
    }
    printf("result:%d\n", a);
    return 0;
}
```

以上程序中,进行辗转相除之前,需要保证a是其中较大的值,因此有以下语句：

```
if(b>a)    {    r=a; a=b; b=r;    }
```

对于以上 if 语句,也需要有相应的用例进行测试。

下面设计测试用例。

首先针对循环测试：

- 程序循环 0 遍：程序运行时为 a 输入 3,为 b 输入 0,期望结果是什么？仔细检查公约数的定义,两个正整数才能求公约数。所以,不应该为 b 输入 0,也就不存在只循环 0 遍的情况。
- 程序循环 1 遍：程序运行时为 a 输入 6,为 b 输入 3,期望结果是"result:3"。
- 程序循环 3 遍：程序运行时为 a 输入 21,为 b 输入 15,期望结果是"result:3"。

然后针对 if(b>a)语句测试。前面的测试中,b 都小于 a,以下测试 b 大于 a 及 b 等于 a 的情况：

- 为 a 输入 15,为 b 输入 21,期望结果是"result:3"。
- 为 a 和 b 输入相同的值。由于在这里 if 语句中执行的是 a 和 b 的交换,因为 a 和 b 相等,a 和 b 是否交换不影响程序的执行结果,这里不进行测试。

总结以上测试数据,可设计如表 4-4 所示的测试用例。

表 4-4　测试用例

序号	输入数据	测试目的	期望结果	实际结果	结论
1	为 a 输入 6,为 b 输入 3	程序循环 1 遍	输出"result:3"		
2	为 a 输入 21,为 b 输入 15	程序循环 3 遍	输出"result:3"		
3	为 a 输入 15,为 b 输入 21	测试 b 大于 a 的情况	输出"result:3"		

(2) 从键盘输入一行字符,将其中的小写英文字母转换为大写英文字母输出,其余的字符原样输出。

源程序(源代码"ch4\ lower2upper.cpp"):

```c
#define _CRT_SECURE_NO_WARNINGS
#include <stdio.h>
int main() {
    char ch;
    while ((ch =getchar()) !='\n')
        if (ch >='a' && ch <='z')
            printf("%c", ch - 32);
        else
            printf("%c", ch);
    printf("\n");
    return 0;
}
```

以上程序中,循环体内包含 if 语句,因此,测试用例分以下两部分考虑。

针对循环测试:

- 程序循环 0 遍:程序运行时直接输入回车,期望结果:输出一个空行。
- 程序循环 1 遍:程序运行时输入字符"a",然后回车,期望结果:输出"A"。
- 程序循环 3 遍:程序运行时输入"bBz",然后回车,期望结果:输出"BBZ"。

针对 if 语句测试:

- if 条件为 true:输入"b",期望结果:输出"B"。本测试包含在上面的输入"bBz"中,不单独进行测试。
- if 条件为 false:输入"B",期望结果:输出"B"。本测试包含在上面的输入"bBz"中,不单独进行测试。
- if 条件的边界条件:输入"a"和"z",上面都已测试。

拓展:

- 本程序的功能为判断小写字母转换为大写字母。如果没有程序代码,只有问题描述,则还需考虑输入非字母的情况,包括数字字符"1"、符号"."等。
- 测试程序在遇到意外输入时是否能正常继续,例如,输入"aA1=bB2.",如果运行结果正确,基本能确定程序在碰到小写字母、大写字母、数字字符和其他字符之后,程序还能正常循环,继续处理后续的字符。

总结以上测试数据,可设计表 4-5 所示的测试用例。

表 4-5 测试用例

序号	输入数据	测试目的	期望结果	实际结果	结论
1	直接输入回车	程序循环 0 遍	输出一个空行		
2	输入字符"a",然后回车	程序循环 1 遍 边界条件:字符'a'	输出"A"		
3	输入"bBz",然后回车	程序循环 3 遍 if 条件为 true if 条件为 false 边界条件:字符'z'	输出"BBZ"		

续表

序号	输入数据	测试目的	期望结果	实际结果	结论
4	输入"aA1=bB2.",然后回车	输入非字母字符	输出"AA1=BB2."		

4.3.3 两重循环的测试

以下程序从键盘读入 n,计算从 1 加到 n 的和,并输出。可以输入多组 n,从键盘输入时如果按 Ctrl+D 组合键或按 Ctrl+Z 组合键则结束输入。请测试计算结果是否正确。

源程序(源代码"ch4\calcSum.cpp"):

```
#define _CRT_SECURE_NO_WARNINGS
#include<stdio.h>
int main() {
    int n, i;
    int sum =0;
    printf("please input n:");
    while (scanf("%d", &n) ==1) {
        for (i =1; i <=n; i++)
            sum +=i;
        printf("sum of 1:%d is: %d\n", n, sum);
        printf("please input n:");
    }
    return 0;
}
```

根据循环程序的测试要求,内层 for 循环需要测试循环 0 遍、1 遍、3 遍的情况,外层 while 循环也需要测试循环 0 遍、1 遍、3 遍的情况。

举一个例子,如果外层 while 循环只测试循环 1 遍,可以看到结果完全正确。测试情况如下:

第一次运行结果:

```
please input n:0
sum of 1:0 is: 0
please input n:^Z
```

第二次运行结果:

```
please input n:1
sum of 1:0 is:1
please input n:^Z
```

第三次运行结果:

```
please input n:3
sum of 1:0 is:6
please input n:^Z
```

但如果让外层 while 循环执行 2 遍,可看到结果错误:

第四次运行结果:

```
please input n:3
```

```
sum of 1:3 is: 6
please input n:4
sum of 1:4 is: 16
please input n:^Z
```

第四次运行程序时,首先输入了 3,接着输入了 4,1 到 4 的和应该是 10,而不是 16,由此可知,外层 while 循环的第二遍循环发生了错误。

错误原因是什么?我们在 4.4.2 节的调试环节进行查找。

4.4 调试程序:监视变量的值

在程序执行发生错误时,单步执行、跟踪程序执行流程对查找错误非常重要。当程序执行到某一行代码时,查看变量的值,能帮助程序员获知计算机内部的计算结果。3.4.4 节中我们已经学习了如何监视变量的值,下面再看几个案例,从而熟练掌握这一技巧,为解决程序中的疑难杂症打下基础。

4.4.1 监视变量的值,定位错误行

以下程序计算 $\sum_n \frac{2n+1}{n^2}$ 的和,直到某项小于 0.001(该项不计算在总和之内),请改正其中的错误。源代码见"ch4/countSum.cpp"。

```
 1:     #define _CRT_SECURE_NO_WARNINGS
 2:     #include "stdio.h"
 3:     intmain()
 4:     {
 5:         int oneItem, i ;
 6:         float sum;
 7:         i=1;
 8:         oneItem=(2*1+1)/(1*1);
 9:         while(oneItem >=0.001)
10:         {
11:             sum+=oneItem;
12:             i++;
13:             oneItem =(2*i+1)/(i*i);
14:         }
15:         printf("The result:%f\n", sum);
16:         return 0;
17:     }
```

为发现并改正错误,我们依照以下步骤进行。

第 1 步:运行测试。

分析可知,以上程序中的数列为 $3+5/4+7/9+9/16+\cdots$。

首先测试程序循环 0 遍的情况。经过计算可知 oneItem 的初值为 $(2*1+1)/(1*1)=3$,为了使 while 循环执行 0 遍,可将 while 语句修改成:

```
while(oneItem >=4)
```

然后运行程序,提示编译错误:

```
test1.cpp(11): error C4700:使用了未初始化的局部变量"sum"
```

由此可知,第 11 行的 sum 变量需要赋初值。
第 2 步:修改代码。
修改第 6 行为:

```
float sum=0;
```

在第 9 行代码为 while(oneItem >= 4)时,运行程序,将得到输出:

```
The result: 0.000000
```

第 3 步:测试。
再测试程序循环 1 遍的情况。将 while 语句修改成:

```
while(oneItem >=2)
```

再测试程序循环 3 遍的情况。程序循环 3 遍,sum 变量将加上数列中的前三项,结果应该为 $(2*1+1)/(1*1) + (2*2+1)/(2*2) + (2*3+1)/(3*3) = 3 + 1.25 + 0.777778 = 5.027778$。

因为数列的第 3 项为 0.777778,第 4 项小于 0.6,可将 while 语句修改成:

```
while(oneItem >=0.6)
```

考虑边界值:while 的循环控制条件是 oneItem 大于或等于某一个界限值。也就是"等于"界限值的那一项需要加到 sum 中。我们将界限值设为第 4 项 $9/16=0.5625$,这样程序循环 4 遍,结果应该是 $5.027778+0.5625=5.590278$。

综合以上内容,测试用例设计如表 4-6 所示。

表 4-6 测试用例

序号	测试情况	测试目的	期望结果	实际结果	结论
1	while(oneItem >= 4)	程序循环 0 遍	The result:0.000000	The result:0.000000	成功
2	while(oneItem >= 2)	程序循环 1 遍	The result:3.000000	The result:3.000000	成功
3	while(oneItem>=0.6)	程序循环 3 遍	The result: 5.027778	The result:4.000000	失败
4	while(oneItem >= 0.5625)	测试边界值,第 4 项是否被包含	The result: 5.590278	The result:4.000000	失败

由于程序循环 3 遍的测试结果失败,下面针对该情况进行调试。确保将第 9 行代码修改为:

```
while(oneItem >=0.6)
```

第 4 步:设置断点、查看变量。
输出结果错误可能是由于 printf 语句发生了错误。为了确定 while 循环的计算结果是否正确,我们在第 15 行设一个断点,按 F5 键启动调试,程序在断点中断后,从左下角监视窗口中查看监视变量 sum 的值(图 4-1),可以看到 sum 的值确实为 4,输出语句正确,错误在于 sum 的计算。

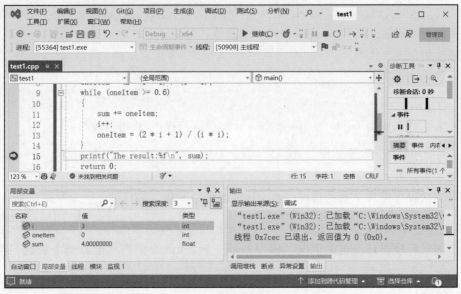

图 4-1　监视 sum 的值

第 5 步:启动调试、定位错误、分析错误原因。

确信 sum 的值计算有误之后,我们按 Shift+F5 组合键停止调试,取消原来的断点,将新断点设在第 9 行,即循环的条件判断语句。

因为程序停在第 9 行时,需要检查各变量的初始值是否正确,之后再单步执行查看各变量值的变化。

设好断点后,按 F5 键调试程序,程序在第 9 行停下来后,查看各变量的值,如图 4-2 所示。

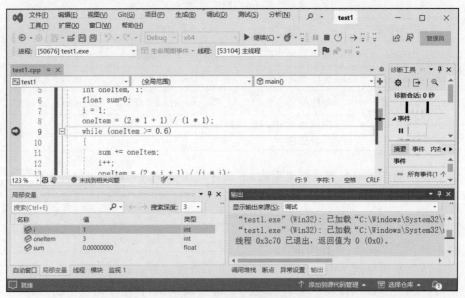

图 4-2　监视各变量的值

从图中左下角的监视变量窗口可以确认,oneItem、i 和 sum 变量的初始值都正确。

按 F10 键单步执行程序。总共连续按 5 次 F10 键,黄色箭头回到第 9 行,即第 1 遍循环执行完毕(图 4-3),此时显示的变量值为:i=2,oneItem=1。而通过手工计算,当 i 为 2 时,oneItem 的值应该为$(2*2+1)/(2*2) = 1.25$。

图 4-3 观察变量 oneItem 的值的变化

由此分析,oneItem 的计算有误,从而定位到错误行:**第 13 行**。

仔细审查第 13 行计算 oneItem 的表达式,可发现分子和分母都是整数,因此,这是一个整除运算,得到的结果将只保留整数部分,而我们需要得到一个实数结果。

第 6 步:修改程序并运行。

两个整数相除,其结果只保留整数,为了能得到实数型结果,可将第 13 行代码修改如下:

```
oneItem =(2 * i+1) * 1.0/(i * i);
```

注意需将 oneItem 变量声明为 float 类型。

改正后的完整程序如下(其中阴影部分为修改的地方):

```
#define _CRT_SECURE_NO_WARNINGS
#include "stdio.h"
int main()
{
    int i ;
    float oneItem,sum=0;
    i=1;
    oneItem=(2 * 1+1)/(1 * 1);
    while(oneItem >=0.6)//这一行是临时改变
    {
        sum+=oneItem;
```

```
        i++;
        oneItem = (2 * i+1) * 1.0/(i * i);
    }
    printf("The result:%f\n", sum);
    return 0;
}
```

先结束执行程序,再按 Ctrl+F5 组合键执行程序,运行结果如下:

```
The result: 5.02778
```

这个结果正确。

第 7 步:再次测试。

运行程序,再次进行完整的测试,结果如表 4-7 所示。

表 4-7 测试用例

序号	测试情况	测试目的	期望结果	实际结果	结论
1	while(oneItem >= 4)	程序循环 0 遍	The result:0.000000	The result:0.000000	成功
2	while(oneItem >= 2)	程序循环 1 遍	The result:3.000000	The result:3.000000	成功
3	while(oneItem >= 0.6)	程序循环 3 遍	The result: 5.027778	The result: 5.027778	成功
4	while(oneItem >= 0.5625)	测试边界值,检查数列第 4 项是否包含在结果中	The result: 5.590278	The result: 5.590278	成功

经过测试,以上 4 种情况运行结果都正确,可以认为程序逻辑正确。实际上,要确保程序完全正确,还需要考虑:加到 sum 中的数列的项,分子和分母是否会发生溢出?这个案例中没有溢出的情况,所以不深入探讨。

最后,请记得将 while 语句修改为:

```
while(oneItem >=0.001)
```

运行程序,运行结果为:

```
The result:18.001196
```

这个结果比较难以验证是否正确,但经过上面的测试,可以基本确认结果正确。

4.4.2 利用调试解决疑难杂症

4.3.3 节中的代码 calcSum.cpp 经过测试,已经发现了错误。要凭肉眼审查代码找到错误代码,一般较为困难。下面通过调试来查找。

为方便查看,我们这里重复一下问题描述和代码:

以下程序从键盘读入 n,计算从 1 加到 n 的和,并输出。可以输入多组 n,从键盘输入时如果按 Ctrl+D 组合键或按 Ctrl+Z 组合键则结束输入。

源程序(源代码"ch4\calcSum.cpp"):

```
1:    #define _CRT_SECURE_NO_WARNINGS
2:    #include<stdio.h>
3:    int main()
4:    {
5:        int n,i;
6:        int sum =0;
7:        printf("please input n:");
8:        while (scanf("%d", &n) ==1) {
9:            for(i=1; i<=n; i++)
10:               sum+=i;
11:           printf("sum of 1:%d is: %d\n", n, sum);
12:           printf("please input n:");
13:       }
14:       return 0;
15:   }
```

已知以下运行结果有错：

```
please input n:3
sum of 1:3 is: 6
please input n:4
sum of 1:4 is: 16
please input n:^Z
```

因此，调试时我们就使用上述输入。

第1步：判断设置断点位置。

由于第8到第13行的while循环在第1遍循环中输出的结果正确，第2遍发生错误，因此，我们将断点设在第9行。

具体操作：将光标置于第9行，按F9键设置断点。

第2步：启动调试、分析错误原因。

按F5键启动调试。输入3后，程序在断点处停下来，界面如图4-4所示。

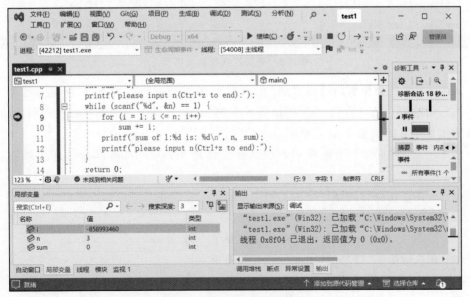

图4-4 第一次在断点处停下

由于将要执行第 1 遍 while 循环,而第 1 遍 while 循环(n 输入的值为 3)的执行结果没有错误,所以这个时候单步执行对于调试没有帮助。我们的目标是单步调试第二遍 while 循环,所以,在这里,我们按 F5 键(或者单击调试工具栏上的绿色三角形)继续,这样,程序将在下一个断点处停下。而这里的"下一个断点"仍然是第 9 行的断点,程序执行到第二遍循环的第 9 行将会停下。

小知识:

在断点处停下后,按 F5 键可以继续执行,程序将在下一个断点处停下。如果没有更多断点,按 F5 键将使得程序一直执行直到结束。

如果断点在循环体内,则程序在断点处停下时,每按一次 F5 键,将使得程序完成一遍循环,从而不需要逐行地执行程序,调试效率更高。

按 F5 键后,程序等待我们输入。输入 4 后,程序在断点处停下,如图 4-5 所示。

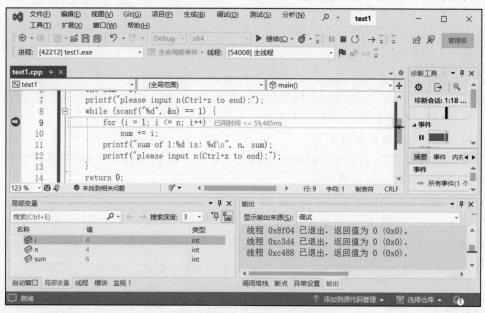

图 4-5 第二次在断点处停下

从图 4-5 中的监视窗口可以看到 i 的值为 4,因为还没执行第 9 行,所以这是上一遍循环执行后的值。还可看到 sum 的值是 6,同样道理,这是上一遍循环执行得到的结果。监视变量显示 n 的值是 4,这是刚刚输入的值。

按 F10 键,界面如图 4-6 所示。现在将要计算 sum 的值,所以需要仔细思考以下问题。

(1) 现在正在执行的循环是从 1 到 4 累加。

(2) 现在正要累加的是 1。

(3) 第 10 行执行完成后,sum 的值应该是 1。

(4) 在执行第 10 行之前,sum 应该有初值为 0。

经过以上思考,并且观察到监视变量中 sum 的值为 6,从而知道,错误原因为:第 2 遍循环时,sum 变量没有重新赋初值 0。

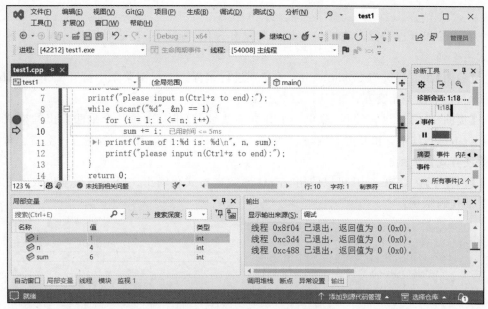

图 4-6　将要执行 sum 的计算

第 3 步：修改程序、运行。

修改方法为：在 for 语句之前、while 语句之后增加语句"sum=0;"。

修改后的部分程序如下(阴影部分为新增加的代码)：

```
while(scanf("%d", &n) ==1){
    sum=0;
    for(i=1; i<=n; i++)
        sum+=i;
```

再次使用相同的数据进行测试：

程序运行结果如下：

```
please input n:3
sum of 1:3 is: 6
please input n:4
sum of 1:4 is: 10
please input n:10
sum of 1:10 is: 55
please input n:^Z
```

以上运行结果正确，如果再输入其他数据测试，运行结果仍然正确。

4.5　Copilot 实践

4.5.1　九九乘法表

【需求描述】输出一个九九乘法表，要求其中每一个乘法输出的格式如下：

```
a*b=c
```

其中 a 和 b 占一位,c 占两位。如果 c 只有一位,则靠右,左边补空格。每一个乘法算式占 8 列。

【说明】我们通过与 Copilot Chat 的交互进行编程。在视图菜单中打开 Copilot Chat 聊天窗口,下面开始交互。

【提问 1】用 C 语言编程,输出一个九九乘法表,要求其中每一个乘法输出的格式如下:a*b= c 其中 a 和 b 占一位,c 占两位。如果 c 只有一位,则靠右,左边补空格。每一个乘法算式占 8 列。

【回复 1】在 C 语言中,可以使用 printf 函数来格式化输出。以下是一个生成九九乘法表的代码示例:

```
#include <stdio.h>
int main() {
    for (int i =1; i <=9; i++) {
        for (int j =1; j <=i; j++) {
            printf("%d*%d=%2d  ", j, i, i*j);
        }
        printf("\n");
    }
    return 0;
}
```

在这个代码中,printf 函数的格式字符串"%d*%d=%2d"用于格式化输出。%d 是一个占位符,表示一个整数。%2d 表示一个占两位的整数,如果整数的位数不足两位,那么左边会用空格填充。

【测试】运行结果如图 4-7 所示。

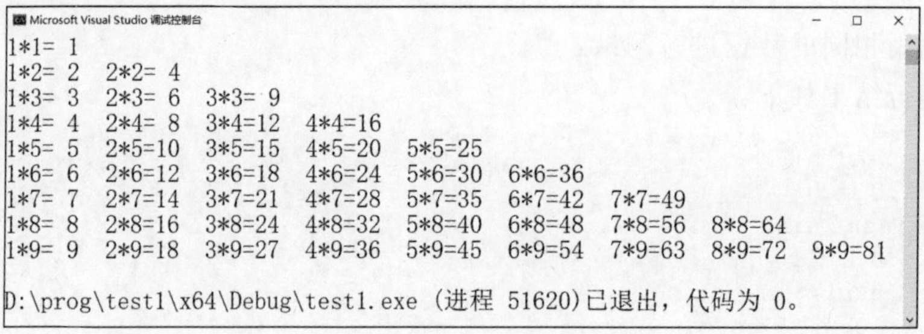
Microsoft Visual Studio 调试控制台
1*1= 1
1*2= 2 2*2= 4
1*3= 3 2*3= 6 3*3= 9
1*4= 4 2*4= 8 3*4=12 4*4=16
1*5= 5 2*5=10 3*5=15 4*5=20 5*5=25
1*6= 6 2*6=12 3*6=18 4*6=24 5*6=30 6*6=36
1*7= 7 2*7=14 3*7=21 4*7=28 5*7=35 6*7=42 7*7=49
1*8= 8 2*8=16 3*8=24 4*8=32 5*8=40 6*8=48 7*8=56 8*8=64
1*9= 9 2*9=18 3*9=27 4*9=36 5*9=45 6*9=54 7*9=63 8*9=72 9*9=81
D:\prog\test1\x64\Debug\test1.exe (进程 51620)已退出，代码为 0。

图 4-7 九九乘法表

【说明】以上程序输出了乘法表的下三角,输出格式以及结果符合我们的要求。如果我们期望输出上三角,可以继续交互,修改需求。

【提问 2】请输出上三角,也就是左下部分是空的。要求输出格式仍然对齐。

【回复 2】在 C 语言中,可以通过调整循环的起始和结束条件来实现这个需求。以下是一个生成上三角九九乘法表的代码示例:

```
#include <stdio.h>
int main() {
    for (int i =1; i <=9; i++) {
```

```
        for (int j =1; j <=9; j++) {
            if (j < i) {
                printf("        ");    //输出 8 个空格
            } else {
                printf("%d * %d=%2d  ", i, j, i * j);
            }
        }
        printf("\n");
    }
    return 0;
}
```

在这个代码中,当 j＜i 时,我们输出 8 个空格,这样就可以保证输出的格式对齐。当 j＞= i 时,我们按照之前的方式输出乘法算式。

【测试】运行结果如图 4-8 所示。

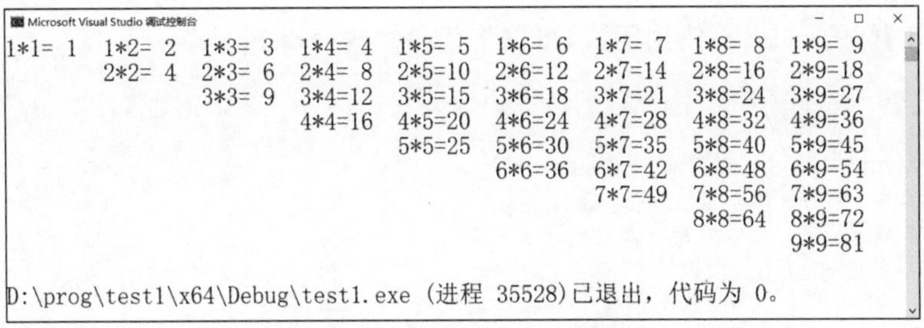

图 4-8　九九乘法表上三角

【说明】以上程序输出了乘法表的上三角,输出格式以及结果也符合我们的要求。

如果还需要进一步的修改,比如,某一列的乘积结果都小于 10 的情况下,乘积结果输出时只占 1 位,左侧不留空格。读者可以尝试继续提问,尽力得到正确的程序。答案很可能会用到数组,这里不再继续。

4.5.2　判断素数

【需求描述】输入一个整数,判断它是否是素数,并输出结果。

【提问 1】用 C 语言编程,输入一个整数,判断它是否是素数,并输出结果。

【回复 1】在 C 语言中,可以通过检查一个数是否有除了 1 和它自身之外的因数来判断它是否是素数。以下是一个例子:

```
#include <stdio.h>
#include <stdbool.h>
bool is_prime(int n) {
    if (n <=1)  return false;
    for (int i =2; i * i <=n; i++) {
        if (n % i ==0)  return false;
    }
    return true;
}
int main() {
    int num;
```

```
        printf("请输入一个整数:");
        scanf("%d", &num);
        if (is_prime(num)) {
            printf("%d是素数\n", num);
        } else {
            printf("%d不是素数\n", num);
        }
        return 0;
    }
```

在这个例子中,我们首先定义了一个函数 is_prime 来判断一个数是否是素数,然后在 main 函数中读取用户输入的整数,调用 is_prime 函数来判断它是否是素数,最后输出结果。

【说明】以上程序使用了函数,下面我们要求它不使用函数。

【提问 2】请不要使用函数,修改一下代码。

【回复 2】好的,如果不使用函数,可以将代码修改为以下形式:

```
#include <stdio.h>
int main() {
    int num, i;
    printf("请输入一个整数:");
    scanf("%d", &num);
    if (num <= 1) {
        printf("%d不是素数\n", num);
        return 0;
    }
    for (i = 2; i * i <= num; i++) {
        if (num % i == 0) {
            printf("%d不是素数\n", num);
            return 0;
        }
    }
    printf("%d是素数\n", num);
    return 0;
}
```

在这个例子中,我们首先读取用户输入的整数,然后直接在 main 函数中判断它是否是素数,并输出结果。

【说明】以上代码可以进一步优化,从而加快速度。

【提问 3】请从运行时间方面优化以上代码。

【回复 3】在上述代码中,我们已经使用了一个有效的方法来检查一个数是否是素数:只检查到其平方根。这已经大大减少了需要检查的因数的数量。但是,我们还可以进一步优化。

一个常见的优化是:首先检查 2 是否是因数,然后只检查奇数。因为除了 2 之外,没有其他偶数是素数。这样我们可以减少一半的检查。以下是优化后的代码:

```
#include <stdio.h>
int main() {
    int num, i;
    printf("请输入一个整数:");
```

```
    scanf("%d", &num);
    if (num <=1) {
        printf("%d不是素数\n", num);
        return 0;
    }
    if (num ==2) {
        printf("%d是素数\n", num);
        return 0;
    }
    if (num %2 ==0) {
        printf("%d不是素数\n", num);
        return 0;
    }
    for (i =3; i * i <=num; i +=2) {
        if (num %i ==0) {
            printf("%d不是素数\n", num);
            return 0;
        }
    }
    printf("%d是素数\n", num);
    return 0;
}
```

在这个例子中,我们首先检查 2 是否是因数,然后只检查奇数。这样我们可以减少一半的检查,从而提高代码的运行速度。

【测试】按照 4.3.1 节的测试用例进行测试,结果都正确,这里不罗列结果。

4.6 课堂练习

(1) 以下程序的功能是计算 a 的 b 次幂(计算出的结果不超过 1015),比如:7 的 11 次幂等于 1977326743。然后由用户输入计算结果,程序判断用户的计算是否正确。请设计测试用例进行测试,然后改正程序中的错误。

源程序(源代码"ch4\powError.cpp"):

```
#define _CRT_SECURE_NO_WARNINGS
#include <stdio.h>
int main()
{
    int a, b, i;
    float result, guessResult;
    printf("input a and b:\n");
    scanf("%d%d", &a, &b);
    result =1;
    for (i =0; i <b; i++)
        result * =a;
    printf("input result of a^b:\n");
    scanf("%f", &guessResult);
    if (result ==guessResult)
        printf("Right!\n");
    else
        printf("Wrong!\n");
```

```
    return 0;
}
```

(2) 程序改错：以下程序的功能是计算1到10中各偶数的和。请改正错误，使运行结果正确。

源程序（源代码"ch4\evenSum.cpp"）：

```
#define _CRT_SECURE_NO_WARNINGS
#include <stdio.h>
int main()
{
    int i, sum;
    for (i =1; i <11; i++);
    {
        if (i %2 ==0)
            sum +=i;
    }
    printf("result is:%d", sum);
    return 0;
}
```

(3) 测试并改错：翻译密码。为使电文保密，往往按一定规律将其转换成密码，收报人再按约定的规律将其译回原文。例如，可以按如下规律将电文变成密码：将字母A变成字母E，a变成e，即变成其后的第4个字母。W变成A，X变成B，Y变成C，Z变成D。字母按上述规律转换，非字母字符不变。例如"China!"转换为"Glmre!"。输入一行字符，要求输出其相应的密码。

源程序（源代码"ch4\ CipherError.cpp"）：

```
#define _CRT_SECURE_NO_WARNINGS
#include <stdio.h>
int main() {
    char ch;
    while ((ch =getchar()) !='\n')
        if ((ch >='a' && ch <='z') || (ch >='A' && ch <='Z'))
        {
            ch =ch +4;
            if (ch >='z' || ch >='Z')
                ch =ch -26;
        }
    printf("%c", ch);
        printf("\n");
        return 0;
}
```

请先设计测试用例进行测试，然后以最少的改动将程序修改正确。

(4) 以下程序中n从1循环到10，对每一个n，程序求1+2+3+ … +n的值并输出，格式如下：

```
1:1
2:3
3:6
4:10
```

......
10:55

请改正程序中的错误,使程序运行正确。
源程序(源代码"ch4\loopError.cpp"):

```
#define _CRT_SECURE_NO_WARNINGS
#include <stdio.h>
int main()
{
    int n, i, sum = 0;
    for (n = 1; n < 10; n++)
    {
        i = 1;
        while (i < n)
            sum = sum + i;
        printf("%d:%d\n", n, sum);
    }
    return 0;
}
```

4.7 本章小结

本章重点需要掌握循环的编程思维,以及循环程序的测试和调试。在调试时,能熟练应用单步执行的各个操作。

对于以下典型程序,学会通过对话使用 Copilot 编写代码,并熟悉其逻辑,能自己独立编写:

(1) 判断素数。
(2) 求最大公约数。
(3) 求最小公倍数。
(4) 十进制数与 k 进制数的转换(特例:十进制数拆分各个数位的数字)。
(5) 求 Fibonacci 数列。
(6) 求 π 的值。
(7) 输出 1000 以内的所有素数。
(8) 输出 1000 以内的所有完数。
(9) 输出所有 100 到 1000 之间的"水仙花数"。

第 5 章 函　数

5.1 本章目标

- 掌握使用函数对程序进行模块化编程的方法。
- 理解函数调用的参数传递、局部变量与全局变量的作用范围。
- 使用 Visual Studio 调试函数编程，发现程序执行上的逻辑错误。

5.2 函数的使用

使用函数在编程中有很多优点，包括但不限于以下几点。

（1）代码简洁与可重用性：通过将复杂的逻辑或任务分解为独立的函数，可以使代码更加简洁和易于理解。此外，一旦定义了函数，就可以在程序的其他部分重复使用，提高了代码的可重用性。

（2）模块化编程：函数是模块化编程的基础。通过将代码划分为不同的函数，可以更容易地管理和维护代码。每个函数都执行特定的任务，使得代码更加模块化和可组织。

（3）提高可读性：良好的函数命名和注释可以使代码更容易阅读和理解。其他开发人员可以更容易地理解你的代码，这也有助于代码的交接和维护。

（4）抽象和封装：函数提供了一种抽象和封装机制，可以隐藏不必要的细节，只暴露必要的接口。这使得代码更加清晰，也更容易进行错误排查和调试。

（5）易于测试和维护：由于每个函数都执行特定的任务，因此可以更容易地编写单元测试来验证函数的正确性。这有助于在修改或扩展代码时确保功能的正确性。

（6）支持并行和并发编程：在一些编程语言中，函数可以作为并发或并行执行的单元，使得程序能够更有效地利用多核处理器或分布式计算资源。

总的来说，使用函数可以使代码更加简洁、可重用、可维护和可扩展。这也是函数式编程受到广泛欢迎的原因之一。

5.2.1 使用函数提高复用性

使用函数求三个数的最大值。

以下程序只有一个 main 函数，功能是：用户输入三个整数，程序输出其中的最大值。程序为：

```
#define _CRT_SECURE_NO_WARNINGS
#include <stdio.h>
int main()
{
    int x,y,z,max;
    printf("input 3 numbers:\n");
    scanf("%d%d%d",&x,&y,&z);
    max =x>y? x:y;
    if (z>max)
        max =z;
    printf("maxmum=%d",max);
    return 0;
}
```

求三个整数的最大值的代码段可能被经常使用，或者为了使程序的模块化更加好，从而使编程思路更加清晰，可将这部分代码转移到一个函数中，在 main 中调用该函数即可。

为了将以上程序改为使用自定义函数，需要首先清楚函数的功能，才能决定该把哪几行代码放到自定义函数中，哪些代码保留在 main 中。

要使用自定义函数，需要以下三个步骤。

（1）定义函数。

自定义函数如下：

```
int getMax(int x,int y, int z)
{
    int max;
    max =x>y? x:y;
    if (z>max)
        max =z;
    return max;
}
```

以上函数的作用为：接收三个整数作为参数，经过运算后，返回三者中的最大值。

（2）调用函数。

如果需要计算 a,b,c 三者的最大值，那么，可将 a,b,c 三个变量作为实参，传递给 x,y,z 三个形参，以此调用 getMax 函数，代码如下：

```
int a,b,c;
scanf("%d%d%d",&a,&b,&c);
getMax(a,b,c);
```

（3）使用返回值。

部分函数不返回值，函数类型为 void；大部分函数都有返回值，函数类型可为 int、double、char 等。

以上 getMax 函数有一个返回值，类型为 int，我们需要得到这个返回值，并输出。可以使用一个变量 max 获得返回值，如下：

```
int max;
max=getMax(a,b,c);
```

这样，整个程序包含两个函数，首先定义 getMax 函数，在 main 函数中，只需要接收用户输入、调用 getMax 函数，再输出结果即可。

为了显示改写的过程，下面将原程序和使用函数的程序并列放到一起进行对比，如图 5-1 所示。

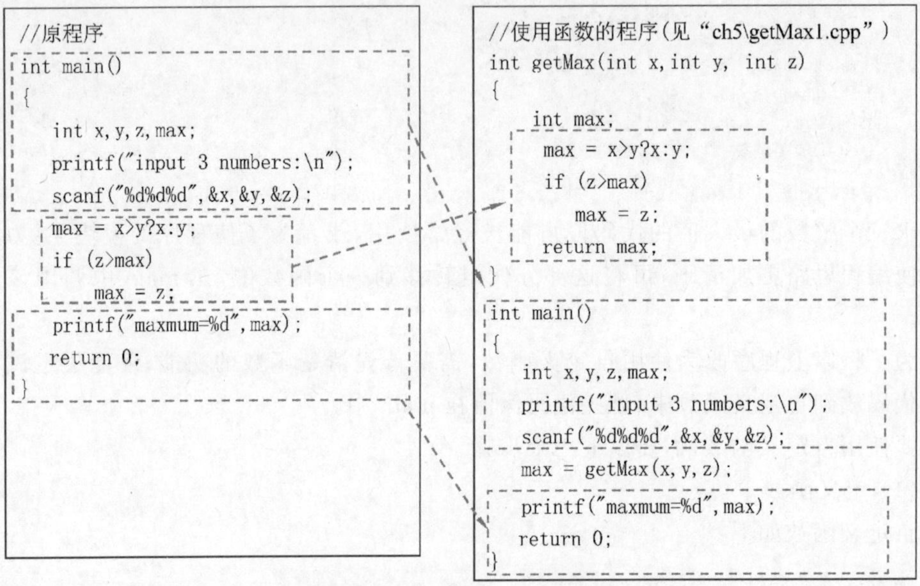

```
//原程序
int main()
{
    int x,y,z,max;
    printf("input 3 numbers:\n");
    scanf("%d%d%d",&x,&y,&z);
    max = x>y?x:y;
    if (z>max)
        max = z;
    printf("maxmum=%d",max);
    return 0;
}
```

```
//使用函数的程序（见 "ch5\getMax1.cpp"）
int getMax(int x,int y, int z)
{
    int max;
    max = x>y?x:y;
    if (z>max)
        max = z;
    return max;
}
int main()
{
    int x,y,z,max;
    printf("input 3 numbers:\n");
    scanf("%d%d%d",&x,&y,&z);
    max = getMax(x,y,z);
    printf("maxmum=%d",max);
    return 0;
}
```

图 5-1　提炼出函数的示意图

图 5-1 中，main 函数的变量名仍然使用了 x、y、z（没有修改成 a、b、c，主要是为了让程序的改动最小），与 getMax 函数中的变量名相同，它们不会产生冲突。

模块化编程的思想是：每个程序员负责自己的独立模块，模块与模块之间不会产生干扰，即使使用了同名的局部变量，也不会干扰。如果使用了全局变量，可能相互干扰，基于此，建议在程序中尽量少使用全局变量。

以上的例子中，函数将返回一个值，所以函数的调用可以作为一个表达式，和其他普通表达式一样参与运算。比如以下代码：

```
if (getMax(x,y,z)>80)
    printf("high score");
else
    printf("need more work");
```

在以上例子中，getMax 的返回值，用于关系表达式进行大小的比较。因为 getMax 函数的返回值是 int 类型的值，它可以像一个普通的 int 型常量一样参与各种运算，包括作为函数的实参传递给形参，如以下程序（见 "ch5\getMax2.cpp"）：

```
#define _CRT_SECURE_NO_WARNINGS
#include <stdio.h>
int getMax(int x, int y)
```

```
{
    return x >y ? x : y;
}
int main()
{
    int x, y, z, max;
    printf("input 3 numbers:\n");
    scanf("%d%d%d", &x, &y, &z);
    max =getMax(getMax(x, y), z);
    printf("maxmum=%d", max);
    return 0;
}
```

以上代码中,定义的 getMax 为求两个数的较大值,为了求三个数的最大值,可将 getMax 嵌套调用,首先调用 getMax 求出 x 和 y 的较大值,再将它的返回值和 z 一起调用 getMax 求得最后的较大值。这里,getMax 的返回值又作为实参调用 getMax 函数。

类似以上改写过程,我们可以将一些常用的功能重写为函数,供自己或他人调用。C、C++ 语言的库函数即完成此功能,比如求绝对值的函数等一些数学函数,或字符串处理函数等。

前面章节学习的一些程序,比如判断素数、判断闰年等,都可以改写成函数,在将来可以直接调用,以此达到代码复用的目的。

除了代码复用,为了代码的清晰,我们也需要用到函数。在编程时,一般一个函数的代码长度不要超过一屏所能看到的范围,最长不要超过一屏半的长度。如果一个函数过长,将使得程序员难以看到一个函数的全貌,从而产生一些不该有的错误。因此,为了将一个长函数变短,需要将其中的一些相对独立的功能抽出来,定义为用户函数。

此外,使用函数进行模块化编程,也可使编程的思路更加清晰。

5.2.2 模块化编程

为理解函数的作用,掌握函数在编程中的用法,下面继续使用实例进行讲解。
(1) 使用函数判断素数。
4.2 节中求 100~200 的全部素数的程序中,使用了二重循环,其中外循环从 100 到 200 对所有整数循环,内循环判断整数 m 是否是素数。算法如下:

```
int m;
for(m=100;m<=200;m++)
{
    //判断 m 是否是素数
    //如果是素数,则输出到屏幕
}
```

以上算法中,"判断 m 是否是素数"是一个较复杂的逻辑,若将这个逻辑直接嵌在循环中,则使得循环的逻辑也很复杂。如果将它独立成一个函数,循环就变得很简洁,代码如下:

```
int m, result;
```

```
for(m=100;m<=200;m++)
{
    result=isPrime(m);
    if (result) printf("%d ", m);
}
```

只需要在一个自定义函数中,写好 isPrime 判断素数的算法即可,这样程序结构显得很清晰。

图 5-2 是改写的过程(源代码见"ch5\primeFunc.cpp"):

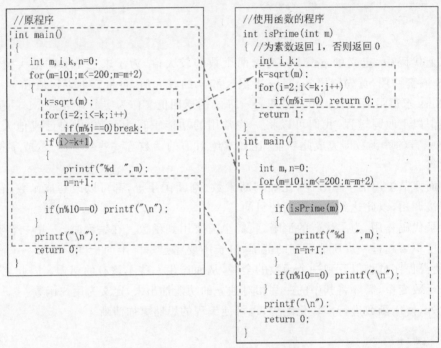

图 5-2 提炼出函数的示意图

(2)由用户输入年和月,程序输出它的下一个月的最大天数。比如输入 2019 年 7 月,则它下一个月的最大天数为 31。

为了完成这个程序,我们先思考一个大概的程序流程,流程图如图 5-3 所示。

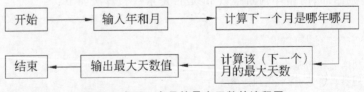

图 5-3 求下一个月的最大天数的流程图

根据以上流程图,其中的输入输出只需要一个语句即可实现,而两个计算操作需要进一步细化。下面我们将每一个操作都定义成一个用户函数,代码如下:

```
int getNextMonth(int inYear, int inMonth)
{  //注意,由于函数只能返回一个值,返回的值中包含了年和月,比如返回 202401
```

```
    int outYear, outMonth;
    if (inMonth ==12)
      {
        outYear =inYear +1;
        outMonth =1;
      }
    else
      {
        outYear =inYear;
        outMonth =inMonth +1;
      }
    return outYear * 100 +outMonth;    //将年和月组装成一个整数返回
}
int getDays(int inYear, int inMonth)
{   int days;
    switch(inMonth)
    {
       case 1:case 3:case 5:case 7:case 8:case 10:case 12:
           days=31;break;
       case 4:case 6:case 9:case 11:
           days=30;break;
       case 2:
           if (isLeap(inYear))    //这里需要判断是否为闰年,再调用一个函数
               days =29;
           else days =28;
    }
    return days;
}
```

在 getDays 函数中,调用了另一个函数 isLeap 判断是否为闰年。需要注意,isLeap 函数应该位于 getDays 函数之前。isLeap 函数的内容如下:

```
int isLeap(int year)
{
    int leap;
    if ((year%4 ==0 && year%100 !=0) || (year%400 ==0))   leap=1;
    else   leap=0;
    return leap;
}
```

定义了以上函数,main 函数变得非常简洁,如下(完整的程序见 ch5\getNextMonthDays.cpp):

```
int main(){
    int year, month, nextMonth, days;
    printf("please input year and month:");
    scanf("%d%d", &year, &month);
    nextMonth =getNextMonth(year, month);
    //由于 nextMonth 为 202401 的形式,所以下面调用函数时要拆分成年和月
    days =getDays(nextMonth/100, nextMonth %100);
    printf("next month has %d days \n", days);
    return 0;
}
```

从以上程序编写过程可知,使用函数符合人们的思维习惯,编程思路更清晰。

5.2.3 变量作用范围

本节考虑两种变量：局部变量和全局变量。在函数内部定义的变量（包括形参）是局部变量，它的作用范围局限在函数内部，一旦程序执行流程出了函数，局部变量不再存在（未考虑静态局部变量的情况）。而全局变量定义在函数外，在变量定义的位置之后的所有函数都能引用该变量。一般地，全局变量在文件的最前面（所有函数之前）定义。

下面通过一个具体的例子理解局部变量和全局变量的区别。

```c
int x=5, y=10;
void exchange(int x, int y)
{   int t;
    t=x; x=y; y=t;
}
void swap()
{   int t;
    t=x; x=y; y=t;
}
void print()
{
    printf("x=%d, y=%d\n", x, y);
}
int main()
{
    int x =1, y =2;
    exchange(x, y);
    printf("local x=%d, local y=%d\n", x, y);
    swap();
    print();
    return 0;
}
```

以上程序中，三个地方都定义了 x 和 y，需要区分清楚，定义在 main 函数内部的变量，以及 exchange 函数的形参都是局部变量，而在程序最前面定义的 x 和 y 是全局变量，在 swap 和 print 函数中引用的 x 和 y 是该全局变量。

以上程序运行结果为：

```
local x=1, local y=2
x=10, y=5
```

注意：在 main 函数中，调用 exchange 函数交换 x 和 y 的值，但该交换只影响了 exchange 函数内部的局部变量的值，对于 main 函数的 x 和 y 变量的值没有影响。

以下用一个例子演示如何使用全局变量传递数据。

在 5.2.2 节的程序 getNextMonthDays.cpp 中，getNextMonth 需要返回两个值，包括年和月，但是一个函数只能返回一个值，所以我们将年和月组装在一起，作为一个整数返回。这种返回值的方式很不方便，以下改成使用全局变量的方式从函数中返回值。如下：

```c
int monthNext, yearNext;
void getNextMonth(int inYear, int inMonth)
{
```

```
        if (inMonth ==12)
        {
            yearNext =inYear +1;
            monthNext =1;
        }
        else
        {
            yearNext =inYear;
            monthNext =inMonth +1;
        }
}
int main()
{
    int year, month;
    printf("please input year and month:");
    scanf("%d%d", &year, &month);
    getNextMonth(year, month);
    printf("next month:%d-%d\n", yearNext, monthNext);
    return 0;
}
```

以上程序使用了全局变量,从而 getNextMonth 函数不需要返回值。全局变量增加了函数之间的沟通渠道,这一点看起来非常好,编程很方便。但是切记,全局变量增加了沟通渠道,同时也使得一个变量被意外改变的可能大大增加。如果一个程序由多个函数组成,并且使用了很多全局变量,那么,某个变量的值出现错误时,将很难查出究竟是在哪个函数将该值修改成了错误的值。

因此建议,编程时:尽量少用全局变量!函数之间尽量只用参数传递和函数返回值的方式进行联系。

5.3 调试程序

5.3.1 单步执行跟踪进入函数

前面章节已经学习了程序的单步调试、跟踪,程序中包含自定义函数后,跟踪程序执行流程更加困难。以下通过一个程序讲解如何单步跟踪带函数的程序。

源代码(见"ch5\ getMax3.cpp"):

```
1:     #define _CRT_SECURE_NO_WARNINGS
2:     #include <stdio.h>
3:     int getMax(int x, int y, int z)
4:     {
5:         int max3;
6:         max3 =xx>yy? xx:yy;
7:         if (zz>max3)
8:            max3 =zz;
9:         return max3;
10:    }
11:    int main()
```

```
12:    {
13:        int x,y,z,max;
14:        printf("input 3 numbers:\n");
15:        scanf("%d%d%d", &x, &y, &z);
16:        max =getMax(x,y,z);
17:        printf("maxmum=%d", max);
18:        return 0;
19:    }
```

首先在第 16 行设一个断点,再按 F5 键启动调试。为程序输入三个数"5 8 2"(即变量的值 x=5,y=8,z=2),在断点处停下来后,为跟踪进入 getMax 函数,需要单击 按钮(快捷键 F11)。

单击 进入函数后,再按一次 F10 或 F11 键,执行到第 6 行,界面如图 5-4 所示。

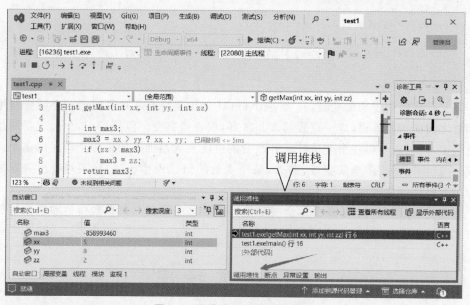

图 5-4　跟踪进入函数后的界面

图中左下角的"自动窗口"中显示了变量 xx,yy,zz 的值。单击"监视 1"转到监视变量窗口,输入变量 x,y,z(图 5-5),发现变量 x,y,z 都显示为"未定义标识符",因为它们是 main 函数中的局部变量,而我们当前的位置在 getMax 函数中,所以不能访问 x,y,z。

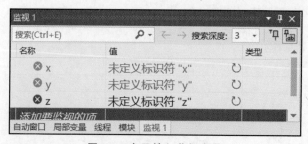

图 5-5　自己输入监视变量

图 5-4 中,可单击右下角箭头所指部位,切换到"调用堆栈"。如果界面上没有"调用

堆栈",则可单击菜单"调试"→"窗口"→"调用堆栈",VS 将显示函数的调用栈。从图中可知:当前位于 getMax 函数中的第 6 行代码,调用 getMax 的语句是 main 函数中的第 16 行代码。

由于图 5-4 中不能查看 main 函数局部变量 x、y、z 的值,我们可在"调用堆栈"的 main 函数那一行(即调用堆栈的第 2 行)双击,此时,代码窗口中多了一个绿色箭头指向 main 函数的第 16 行,"监视 1"窗口中也显示出 main 函数局部变量的值(图 5-6)。

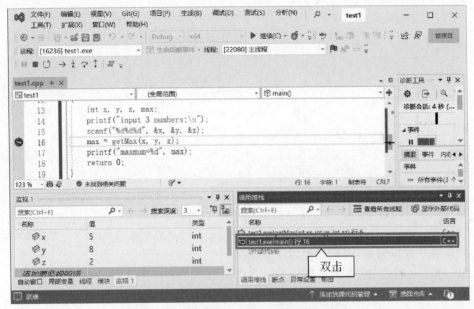

图 5-6 转换到 main 函数,查看其局部变量

图 5-4 中,在 getMax 中单步执行程序(按 F10 键或 F11 键),执行到第 10 行时(函数的结尾花括号处),再单步执行,程序的执行流程返回 main 函数。

如果程序当前执行第 6 行,我们不希望逐行执行程序,可以单击 ⬆ (快捷键为 Shift+F11)直接将本函数执行完,跳出函数,返回到调用本函数的地方(第 16 行)。

【知识点】

⬇ 按钮:功能为跟踪进入函数、执行程序,快捷键为 F11。

↪ 按钮:功能为逐行执行程序,快捷键为 F10。

以上两个按钮的区别如下。

单步执行程序时,如果黄色箭头指向一个函数调用语句,单击 ⬇ 按钮将跟踪到函数内部,而单击 ↪ 按钮,则将该行代码作为一个普通语句,一步执行过去,不会进入函数中。如果黄色箭头指向一个普通语句(非函数调用语句),两个按钮的功能没区别。

⬆ 按钮:功能为将函数执行完毕直到跳出函数,快捷键为 Shift+F11。

5.3.2 调试排错

以下程序的功能是计算 1!+2!+…+n!,请改正其中的错误。

程序如下(源代码见 ch5\factorSum1.cpp)：

```
 1:     #define _CRT_SECURE_NO_WARNINGS
 2:     #include "stdio.h"
 3:     int fact(int n)
 4:     {
 5:         int i,result=1;
 6:         for(i=1; i<n; i++)
 7:         {
 8:             result*=i;
 9:         }
10:         return result;
11:     }
12:     int main()
13:     {
14:         int n,i,oneFact,sum=0;
15:         printf("Please input n:");
16:         scanf("%d", &n);
17:         for(i=1; i<n; i++)
18:         {
19:             oneFact=fact(i);
20:             sum+=oneFact;
21:         }
22:         printf("sum is:%d", sum);
23:         return 0;
24:     }
```

为发现并改正错误，我们依照以下步骤进行。

第1步：运行程序、查看结果。

首先按 Ctrl+F5 组合键生成并运行程序，然后查看结果。

为便于手工计算运行结果，我们输入3，即 n 的值为3。

```
Please input n:3
sum is:2
```

计算得知，1!+2!+3!等于9，可知以上运行结果错误。

第2步：判断设置断点位置。

为查找错误，将断点设在第17行 for 循环处。

理由如下：

- 无法判断错误发生在什么地方，只能从程序的起始位置开始跟踪调试。
- 第16行是个输入语句，此行之前没有复杂的可执行语句，我们将断点设置在第17行，可以在程序停下来时查看 n 的输入值是否正确。

第3步：启动调试、分析错误位置。

按 F5 键启动调试，输入3。

程序在第17行中断，在"局部变量"监视窗口看到 n 的值确实为3，见图5-7。此后单步执行跟踪循环，在执行循环的过程中，仔细观察三个变量的值：i、oneFact 和 sum。

说明：为了跟踪执行循环体内的语句，下面需要多次按 F10 键以单步执行，不再特别说明。

下面说明每一遍循环中各变量的值。

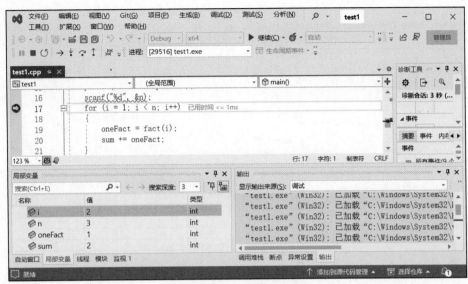

图 5-7 第二遍循环结束

第一遍循环后(执行一遍循环体,黄色箭头回到第 17 行),可以看到:i 等于 1,计算得到的 oneFact 等于 1,sum 等于 1。该结果正确。

第二遍循环后,可以看到:i 等于 2,计算得到的 oneFact 等于 1,sum 等于 2。如图 5-7 所示。

而根据计算知道,当 i 为 2 时,它的阶乘 oneFact=fact(2)应该为 2(而图中显示为 1),执行第 20 行后 sum 应该为 3。所以,错误在计算阶乘的函数 fact 中。

下面跟踪到 fact 函数内部。为此,取消原来的断点,在第 19 行设置新的断点。

第 4 步:进一步跟踪、发现错误。

按 Shift+F5 键停止执行,再按 F5 键重新启动调试,并输入 3。

程序在断点停下来后(此为第一遍循环),再按 F5 键继续执行(执行程序直到遇到断点会再停下来),程序再次在断点停下来(此为第二遍循环),如图 5-8 所示。

在断点处,需要跟踪进入 fact 函数内部执行,所以按 F11 键(也可单击按钮)。

进入 fact 函数之后,继续单步执行程序(按 F10 键或 F11 键都可以)。通过跟踪,我们发现,虽然传进来的参数 n 的值为 2,但是循环只执行了一遍,因此计算得到的 result 等于 1。

从而,可以判断出,因为第 6 行的循环控制条件写得有误,导致少执行了一遍循环。所以,第 6 行应该修改为:

```
for(i=1; i<=n; i++)
```

第 5 步:修改程序、测试。

程序修改后,按 Shift+F5 组合键停止执行,再按 Ctrl+F5 组合键生成并运行。运行结果如下:

```
Please input n:3
sum is:3
```

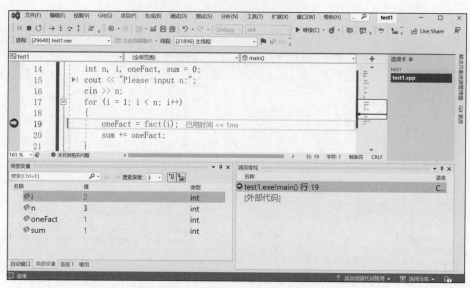

图 5-8 第二遍循环将进行函数调用

这个结果仍然不正确。

第 6 步：启动调试、分析错误。

再按 F5 键启动，在断点处停下来后，连续按 F10 键单步执行。跟踪 main 函数中的 for 循环，我们发现，第二遍循环完成时的计算结果已经正确，sum 的值等于 3，见图 5-9。

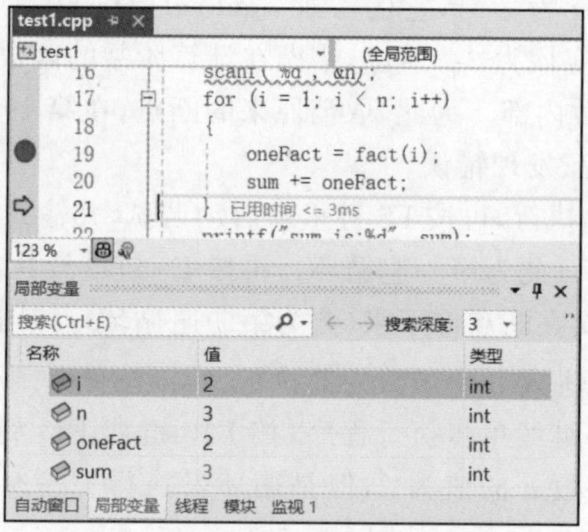

图 5-9 第二遍循环完成时变量的值

接着按 F10 键继续第三遍循环，却发现程序已经退出 for 循环（不执行第三遍循环），可知，此处存在错误，同样是循环控制条件写得有误。

仿照第 6 行将第 17 行修改为：

```
for(i=1; i<=n; i++)
```

第 7 步：修改程序、测试。

程序修改后，按 Shift＋F5 组合键停止执行，再按 Ctrl＋F5 组合键生成并运行。运行结果如下：

```
Please input n:3
sum is:9
```

这个结果已经正确。如果还不放心,可以再运行并输入 5 查看输出结果为:

```
Please input n:5
sum is:153
```

这个结果也正确。

以下程序的功能是计算1!+2!+…+n!,请改正其中的错误。

本程序和上面程序的区别是:增加定义了函数 calcSum。

程序如下(源代码见 factorSum2.cpp)

```
1:    #define _CRT_SECURE_NO_WARNINGS
2:    #include "stdio.h"
3:    int sum=0;
4:    int fact(int n)
5:    {
6:        int i, result =1;
7:        for (i =1; i <=n; i++)
8:        {
9:            result *=i;
10:       }
11:       return result;
12:   }
13:   void calcSum(int n)
14:   {
15:       int i,sum=0;
16:       for(i=1; i<=n; i++)
17:       {
18:           sum+=fact(i);
19:       }
20:   }
21:   int main()
22:   {
23:       int n;
24:       printf("Please input n:");
25:       scanf("%d", &n);
26:       calcSum(n);     //计算出来的结果放在全局变量 sum 中
27:       printf("sum is:%d", sum);
28:       return 0;
29:   }
```

为发现并改正错误,我们依照以下步骤进行。

第 1 步: 运行程序、查看结果。

为便于手工计算运行结果,我们为程序输入 3,即 n 的值为 3。

按 Ctrl+F5 组合键生成并运行。运行结果如下:

```
Please input n:3
sum is:0
```

以上运行结果错误。

第 2 步:判断设置断点位置。

为了找到错误,可以直接将断点设在 calcSum 函数的第 16 行。

理由如下:由于程序在执行到第 16 行之前,仅仅在 main 函数中执行了 scanf 语句。紧接着就开始调用 calcSum 函数执行第 16 行。

第 3 步:启动调试、分析错误位置。

按 F5 键启动调试,仿照上例跟踪 for 循环的执行。

第一遍循环结果正确,第二遍循环结果正确,第三遍循环结果仍然正确。黄色的箭头指向第 19 行时,可以看到 sum 变量的值为 9,如图 5-10 所示。

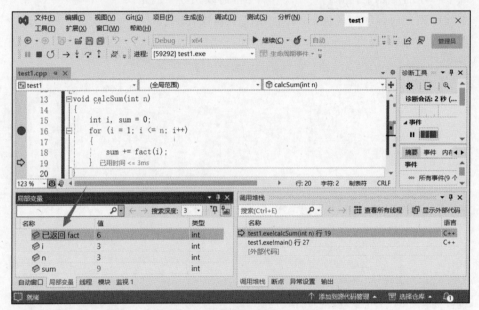

图 5-10　查看监视变量 sum 的值

这说明计算结果完全正确。

【知识点】

图 5-10 中,箭头所指的地方显示"已返回 fact",表示刚刚执行的 fact 函数返回了,返回值是 6。在监视变量窗口中可以看到一些函数的返回值,比如 scanf 的返回值,非常实用。

再按若干次 F10 键单步执行,此时黄色箭头转到 main 函数的第 27 行,如图 5-11 所示。而此时"局部变量"监视窗口中 sum 消失了,我们切换到"自动窗口",发现它的值已神奇地变为 0,见图 5-11,而在图 5-10 中 sum 的值是 9。

仔细思考问题所在,由于没有任何别的地方对 sum 赋过值,所以只有一种可能,我们看到的这两个 sum 不是同一个变量。仔细检查程序,也可以发现:main 函数中的 sum 是全局变量,而 calcSum 函数中,由于定义了一个局部变量 sum,因此在该处看到的变量 sum 是 calcSum 中的局部变量。

按照程序的设想,是希望通过全局变量 sum 返回结果,所以应该将 calcSum 函数中的 sum 变量的定义删除。

第 4 步:修改程序、测试。

将第 15 行修改为(删除其中关于 sum 变量的定义):

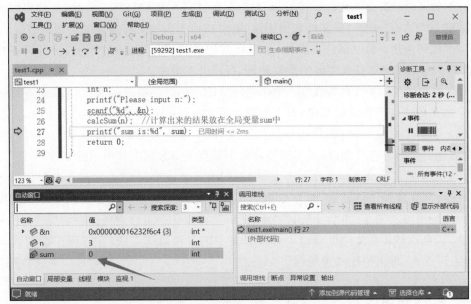

图 5-11　查看监视变量 sum 的值

```
int i;
```

按 Shift+F5 组合键停止执行,再按 Ctrl+F5 组合键生成并运行程序。可看到运行结果为:

```
Please input n:3
sum is:9
```

以上运行结果已经正确。如果不放心,可以用其他的 n 值再进行测试。

5.4　使用头文件

5.4.1　为什么要自己定义头文件

当程序代码量超过一定长度,如果所有代码都放在一个 CPP 源文件中,该文件将非常庞大,使用起来不方便。

此外,一些程序代码需要重用。比如前面提到的四舍五入、判断闰年、判断素数、求阶乘等代码(函数),在很多地方都需要用到,我们希望以一种简单的方式实现重用。

如果所有代码都放在同一个 CPP 源文件中,则重用代码的唯一方法是从文件中找到需要的函数代码,做复制粘贴操作,这个过程既烦琐,又容易出错,显然不是一个好方法。

一个比较简单的做法是:将需要重用的函数代码放到一个单独的文件中,需要使用这些函数时,则包含该文件。这个单独的文件称为头文件。

头文件(通常以".h"为扩展名)用于声明函数、变量、宏定义、类型定义等,它们是模块化编程的重要组成部分。自己定义头文件有以下几个重要的原因。

（1）封装性：头文件允许程序员封装代码，将接口和实现分离。由此，其他程序或模块可以通过包含（include）头文件来使用这些接口，而不需要关心具体的实现细节。

（2）代码重用：通过创建头文件，可以将常用的代码片段、函数原型、宏定义等集中管理，便于在不同的项目或文件中重复使用，提高开发效率。

（3）接口声明：头文件提供了一种声明接口的方式，使得其他文件可以知道如何调用特定的函数或访问特定的变量，而不需要知道这些函数或变量是如何实现的。

（4）维护性：头文件使得代码更加模块化，便于维护。当需要修改某个函数的实现时，只需在一个地方进行修改，而不需要在每个使用该函数的文件中单独修改。

（5）避免重复定义：如果没有头文件，相同的函数或变量定义可能会出现在多个文件中，这可能导致编译器报错，因为 C 语言不允许在多个地方定义相同的实体。使用头文件和相应的编译指令（如"♯ifndef""♯define""♯endif"）可以避免这种情况。

总之，自己定义头文件是 C 语言程序开发中的一种最佳实践，它有助于提高代码的组织性、可读性、可维护性和重用性。

5.4.2 定义和使用头文件

使用头文件共分为三个步骤：创建头文件、创建源文件、使用头文件。下面逐步讲解。

1. 创建头文件

假设需要创建一个头文件，里面包含一些数学函数。为节省篇幅，以下头文件中只包含三个函数：判断闰年、求阶乘、判断素数。下面学习如何创建、使用头文件。

首先打开项目（或者创建新项目），假设项目名称为 test1，包含一个 test1.cpp 源文件，文件内容只包含 main 函数的框架，打开后的项目见图 5-12。

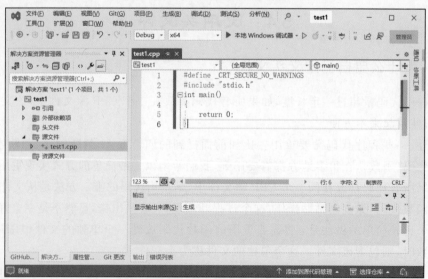

图 5-12 打开的项目

下面创建头文件,文件名为"mymath.h"(头文件的扩展名是".h")。和1.3.3节添加新文件一样,可以在解决方案资源管理器的项目名称上右击,也可以在项目的头文件上右击,在弹出的快捷菜单中选择"添加"→"新建项"选项,如图5-13所示,弹出图5-14所示的界面。

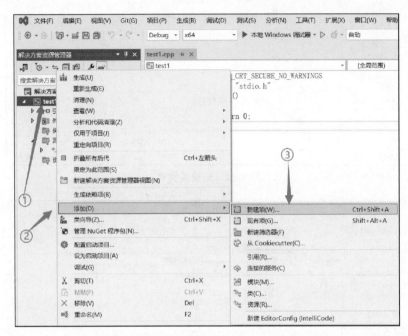

(a) 在项目中添加头文件

(b) 在项目的头文件中添加头文件

图 5-13　添加头文件

图 5-14 中,选择文件类型为"头文件",输入文件名为"mymath.h",最后单击"添加"按钮。

之后在 VS 窗口中增加了一个头文件,见图 5-15。图中可看到:
(1) 解决方案资源管理器的"头文件"下面,多了一个文件"mymath.h";
(2) 代码窗口中自动打开了文件"mymath.h",里面有一行代码:

```
#pragma once
```

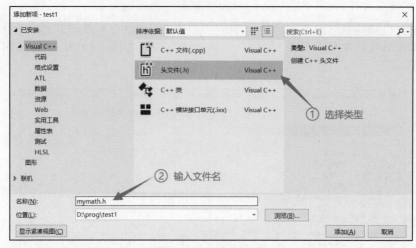

图 5-14 新建头文件

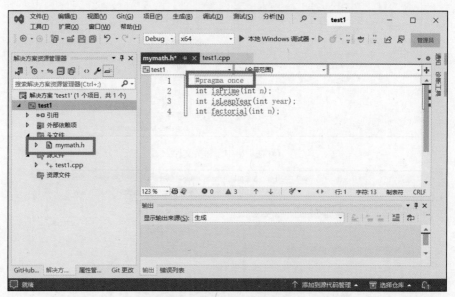

图 5-15 增加了头文件及内容

#pragma once 是一个预处理器指令，用于防止头文件的内容在同一次编译中被多次包含。

当在一个源文件中 #include 一个头文件时，预处理器会将头文件的全部内容复制到源文件中。如果在多个源文件中都 #include 了同一个头文件，那么头文件的内容就会被复制多次。这通常不会造成问题，但是如果头文件中定义了变量或函数，那么就会出现重复定义的错误。

#pragma once 指令告诉预处理器，如果这个头文件已经被包含过了，就不要再包含它了。这样可以防止头文件的内容被重复包含，从而避免重复定义的错误。

需要注意的是，#pragma once 不是标准的 C++，但是大多数现代 C++ 编译器都支持它。另一种防止头文件重复包含的标准方法是使用包含保护，如下所示：

```
#ifndef M_H
#define M_H
//头文件的内容
#endif
```

我们在头文件中加上三个函数的声明：

```
int isPrime(int n);
int isLeapYear(int year);
int factorial(int n);
```

增加后，整体内容见图 5-15。图中，函数名下方有绿色波浪线，这是因为函数只有声明还未定义，下面我们得在 CPP 源文件中定义函数。

2. 创建源文件

在解决方案资源管理器的项目名称上右击，或在项目的源文件上右击，在弹出的快捷菜单中单击"添加"→"新建项"菜单项，在弹出的窗口中选择"C++ 文件(.cpp)"，输入文件名"mymath.cpp"（这个文件名和头文件的文件名不要求一样，只是为了方便，我们取相同的文件名）。在源文件中输入以下内容：

```
int isPrime(int n)
{
    int i;
    for (i =2; i * i <=n; i++)
    {
        if (n %i ==0)
            return 0;
    }
    return 1;
}
int isLeapYear(int year)
{
    if ((year %4 ==0 && year %100 !=0) || (year %400 ==0))
    {
        return 1;
    }
    return 0;
}
int factorial(int n)
{
    int i, result =1;
    for (i =1; i <=n; i++)
    {
        result *=i;
    }
    return result;
}
```

此时，项目包含了三个文件，如图 5-16 所示。从解决方案资源管理器可以看到，现在整个项目包含了一个头文件 mymath.h 和两个 cpp 源文件 mymath.cpp、test1.cpp。

下面我们在 test1.cpp 中使用这些数学函数。

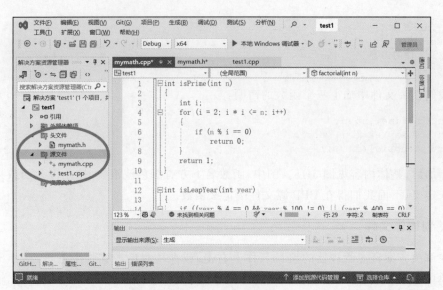

图 5-16 项目的文件

3. 在源程序中使用头文件

test1.cpp 文件内容:

```
#define _CRT_SECURE_NO_WARNINGS
#include "stdio.h"
#include "mymath.h"
int main()
{
    if (isPrime(7))printf("7 is a prime number\n");
    else printf("7 is not a prime number\n");
    if (isLeapYear(2020)) printf("2020 is a leap year\n");
    else printf("2020 is not a leap year\n");
    printf("5! =%d\n", factorial(5));
    return 0;
}
```

其中,语句#include "mymath.h"是在源文件中包含头文件,然后在 test1.cpp 中可以使用头文件中声明的函数。如以上 main 函数中,调用三个函数 isPrime、isLeapYear 和 factorial 得到返回结果。

简单地说,项目中三个文件各自的内容分工如图 5-17 所示。

头文件 mymath.h	源文件 mymath.cpp	主文件 test1.cpp
所有函数的声明 (只有函数头部)	所有函数的定义 (包括函数体)	(1) 包含头文件 (2) 定义 main 函数 (3) 使用头文件中的函数

图 5-17 项目中文件的分工

5.5 使用Copilot帮助编写函数

初学者刚接触函数时,对函数的定义以及调用,存在一些困惑,使用上存在困难。我们可以使用Copilot来帮助我们。

在编写函数前,我们需要明确以下几点。

(1) **函数的逻辑功能**:函数应该有一个明确的目标或任务,例如计算阶乘、判断一个数是否是素数等。这个目标或任务应该通过函数的名称清晰地表达出来。函数的逻辑功能应该尽可能地独立,一个函数应该只做一件事情,这样可以提高函数的可重用性和可测试性。

(2) **函数接收的参数**:函数的参数是函数的输入,它们应该能够提供函数完成其任务所需要的所有信息。参数的类型和数量应该根据函数的任务来确定。参数的名称应该清晰地表达出它们的用途。

(3) **函数的返回值**:函数的返回值是函数的输出,它应该能够表示函数的结果。返回值的类型应该根据函数的任务来确定。如果函数的任务是计算一个值,那么函数应该返回这个值;如果函数的任务是执行一个操作,那么函数可能不需要返回值。

(4) **主调函数如何组织实参**:主调函数应该根据被调函数的参数列表来组织实参。实参的类型和数量应该与被调函数的参数列表匹配。实参的值应该能够使被调函数正确地完成其任务。

(5) **主调函数如何使用返回值**:主调函数应该根据被调函数的返回值来决定如何使用返回值。如果被调函数返回一个值,那么主调函数可能需要将这个值存储在一个变量中,或者直接使用这个值;如果被调函数不返回值,那么主调函数就不需要处理返回值。

我们将以上明确下来的内容写成注释,即可实现函数的定义与调用。

5.5.1 定义函数

下面我们写一个注释,在注释中写清楚函数接收的形参、函数的功能以及返回值,请求Copilot帮我们编写函数的定义:

```
//请定义一个函数,接收三个参数,double型的本金;double型的利率;存款年数
//请返回本息和。本息和的计算公式为:本金*(1+利率)^存款年数
```

在注释的最后按回车键,如图5-18所示,此时光标在第5行。Copilot的建议是一行注释,说明了函数原型。这不是真正的定义,我们可以接受这个建议(按Tab键),或者切换到下一个建议(按Alt+.组合键)。

这里按Alt+.组合键切换到下一个建议,发现还是一个注释,继续切换,仍然是一个注释。总共只有3个建议(读者自己尝试可能会得到不同的结果,Copilot生成的内容都有随机性),都不符合需要,所以,只能接受建议(一个注释),期望接下来的建议是符合要求的代码。在作者的实践中,接受了两行注释,终于在第3行出现了函数的定义,如图5-19所示。

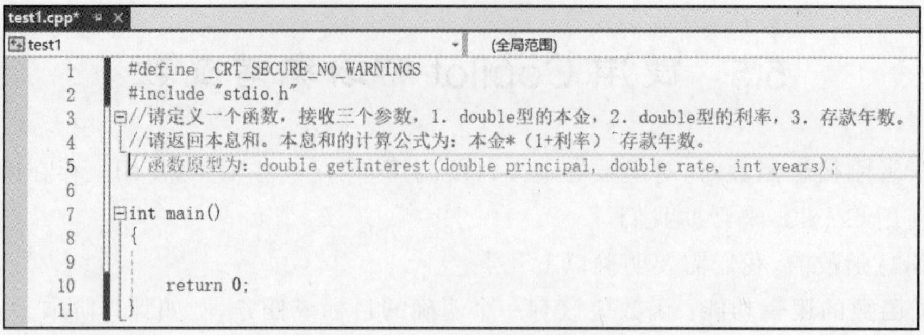

```
test1.cpp
test1                                            (全局范围)
 1   #define _CRT_SECURE_NO_WARNINGS
 2   #include "stdio.h"
 3   //请定义一个函数，接收三个参数，1. double型的本金，2. double型的利率，3. 存款年数。
 4   //请返回本息和。本息和的计算公式为：本金*（1+利率）^存款年数。
 5   //函数原型为：double getInterest(double principal, double rate, int years);
 6
 7   int main()
 8   {
 9
10       return 0;
11   }
```

图 5-18　Copilot 帮助编写函数

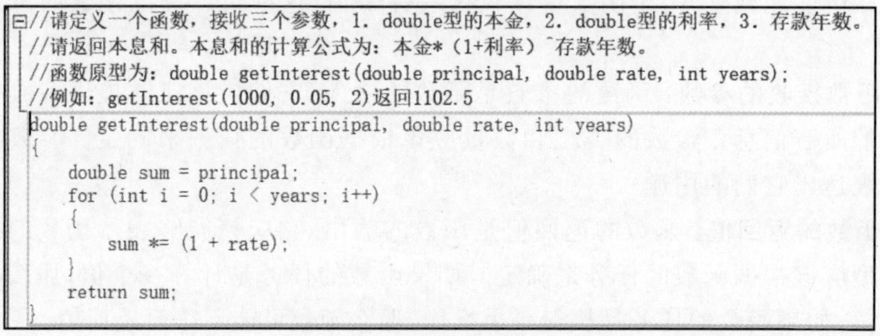

```
//请定义一个函数，接收三个参数，1. double型的本金，2. double型的利率，3. 存款年数。
//请返回本息和。本息和的计算公式为：本金*（1+利率）^存款年数。
//函数原型为：double getInterest(double principal, double rate, int years);
//例如：getInterest(1000, 0.05, 2)返回1102.5
double getInterest(double principal, double rate, int years)
{
    double sum = principal;
    for (int i = 0; i < years; i++)
    {
        sum *= (1 + rate);
    }
    return sum;
}
```

图 5-19　Copilot 的建议

这种一行一行提出建议的方式，使用户看不清全貌，我们可以换一种方式，在图 5-18 中，不按 Alt＋. 组合键切换建议，也不按 Tab 键接受，而是按 Ctrl＋Alt＋Enter 组合键，这样将在窗口右侧展示完整的建议，最多展示 10 个，见图 5-20。

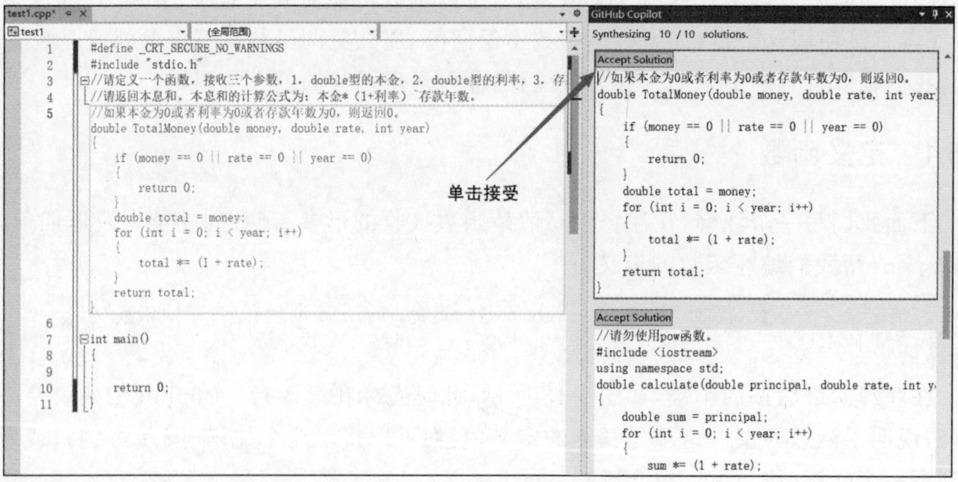

图 5-20　按 Ctrl＋Alt＋Enter 组合键打开建议窗口

图 5-20 的右侧有一个滚动条，可以通过滚动选择自己喜欢的建议，然后单击 Accept Solution，这样即可将建议的代码插入代码窗口。

通过以上操作即可完成函数定义，下面在 main 函数中准备实参，并调用函数得到结果。

5.5.2 调用函数

为了调用函数,我们也撰写以下注释,让 Copilot 帮助编写代码:

//输入本金、利率、存款年数,调用 totalMoney 函数计算本息和并输出

我们输入注释后,VS 仍然是一行一行地显示建议,我们按 Ctrl+Alt+Enter 组合键,得到了完整的多个建议,如图 5-21 所示。

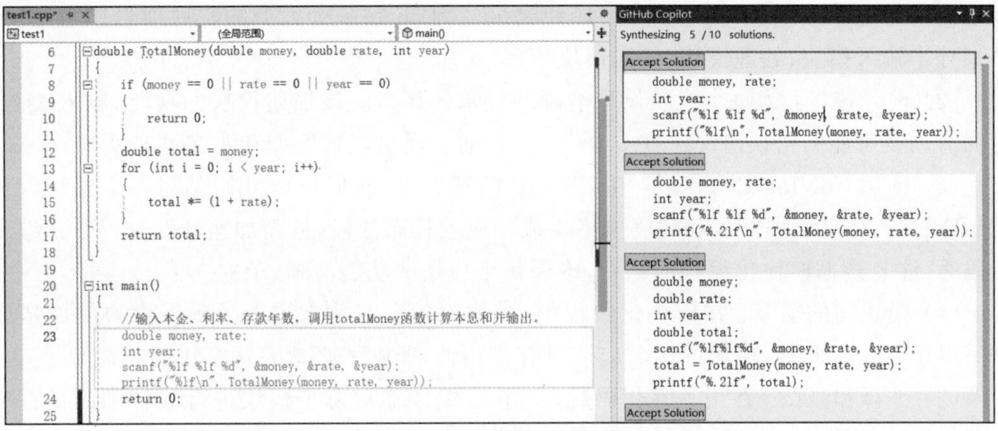

图 5-21 函数调用的建议代码

图中,可以单击 Accept Solution 选择自己喜欢的一个。

5.5.3 典型程序的函数

对于一些典型程序,需要能编写出它的函数,并学会调用。典型程序包括:
(1) 判断整数 n 是否是素数;
(2) 判断整数 n 是否是完数;
(3) 判断整数 n 是否是水仙花数;
(4) 求两个整数的最大公约数;
(5) 求两个整数的最小公倍数;
(6) 给定十进制整数 n 与 k,将 n 转换为 k 进制数,或相反;
(7) 十进制数拆分各个数位的数字,或将数位上的数字拼成一个十进制数;
(8) 给定 n,求 Fibonacci 数列的第 n 项;
(9) 给定 n,求 n!;
(10) 给定 n 和 m,求组合数或排列数。

5.6 Copilot 模块化编程：日历

5.6.1 模块化编程概述

使用 Copilot 进行 C 语言模块化编程的思考和实践，可以遵循以下步骤：

（1）明确模块划分：首先，根据项目的需求，明确需要划分的模块。每个模块应该具有明确的功能和接口，以便于独立编译和测试。例如，在一个大型的软件项目中，可能需要划分出输入模块、处理模块、输出模块等。

（2）设计接口：为每个模块设计清晰的接口。接口应该描述模块的功能、输入参数、返回值以及可能的错误情况。在 C 语言中，这通常通过函数原型和头文件来实现。

（3）使用 Copilot 编写代码：在 Copilot 的帮助下，我们可以开始编写各个模块的代码。Copilot 可以根据输入和代码风格生成相应的代码片段，从而加速开发过程。在编写代码时，注意遵循模块化编程的原则，确保每个模块的功能清晰、独立。

（4）模块间的交互：在模块化编程中，模块间的交互非常重要。确保模块间的依赖关系尽量减少。此外，模块的命名应该具有描述性，能够清晰地表达模块的功能。

（5）编译和测试：在编写完代码后，使用 C 编译器对每个模块进行编译和测试。确保每个模块都能独立编译和运行，并且符合预期的功能。此外，还需要进行集成测试，以确保各个模块之间能够正确地交互。

总之，使用 Copilot 进行 C 语言模块化编程的实践，可以更有效地组织和管理代码，提高开发效率和质量。同时，遵循模块化编程的原则和实践，可以使代码更加清晰、可维护和可扩展。

5.6.2 日历程序需求描述

下面我们以一个实例演示如何使用 Copilot 编写一个较大的程序。

需求描述：用 C 语言编程，输入年和月，显示该月的日历。以如下格式显示：

一	二	三	四	五	六	日
			1	2	3	4	5
6	7	8	9	10	11	12

5.6.3 Copilot Chat 交互

我们在 Copilot Chat 中提问（单击菜单"视图"→"GitHub Copilot 聊天"可弹出聊天窗口），以下是交互过程。

对于初学者，作者建议在得到 Copilot 生成的代码后，需要认真理解，能画出流程图、能自己独立重写，而不是简单地接受以完成任务。

借助 Copilot 的帮助，可以降低学习门槛，可以在语法细节上提供帮助，而计算思维的培养，需要重点关注。

1. 第 1 轮交互

【提问 1】用 C 语言编程，输入年和月，显示该月的日历。以如下格式显示：

一	二	三	四	五	六	日
		1	2	3	4	5
6	7	8	9	10	11	12

请先将该项目拆分为模块，每个模块用一个函数实现。总共需要拆分为哪些模块？

【回复 1】这个项目可以拆分为以下几个模块。

(1) 输入年份和月份：这个模块负责获取用户输入的年份和月份。我们可以创建一个函数 getInput 来实现这个功能。

(2) 计算每个月的天数：这个模块需要考虑闰年和非闰年的情况，以及每个月的天数可能不同。我们可以创建一个函数 calculateDaysInMonth 来实现这个功能。

(3) 计算每个月的第一天是星期几：这个模块需要使用一些日期算法，例如 Zeller 公式。我们可以创建一个函数 calculateFirstDayOfMonth 来实现这个功能。

(4) 打印日历：这个模块需要根据每个月的天数和第一天是星期几来打印日历。我们可以创建一个函数 printCalendar 来实现这个功能。

以下是这些模块的 C 语言实现：

```c
#include <stdio.h>
//获取用户输入的年份和月份
void getInput(int * year, int * month) {
    printf("Enter year: ");
    scanf("%d", year);
    printf("Enter month: ");
    scanf("%d", month);
}
//计算每个月的天数
int calculateDaysInMonth(int year, int month) {
    //简化版,没有考虑闰年
    int daysInMonth[] = {31, 28, 31, 30, 31, 30, 31, 31, 30, 31, 30, 31};
    if (month == 2 && ((year % 4 == 0 && year % 100 != 0) || (year % 400 == 0))) {
        return 29;
    }
    return daysInMonth[month - 1];
}
//计算每个月的第一天是星期几
int calculateFirstDayOfMonth(int year, int month) {
    //使用 Zeller 公式
    if (month < 3) {
        month += 12;
        year--;
    }
    int h = (1 + (26 * (month + 1) / 10) + year + year / 4 + 6 * (year / 100) + year / 400) % 7;
    return h;
}
//打印日历
void printCalendar(int year, int month) {
    printf("一 二 三 四 五 六 日\n");
```

```
    int daysInMonth = calculateDaysInMonth(year, month);
    int firstDay = calculateFirstDayOfMonth(year, month);
    for (int i = 0; i < firstDay; i++) {
        printf("   ");
    }
    for (int day = 1; day <= daysInMonth; day++) {
        printf("%2d ", day);
        if ((day + firstDay) % 7 == 0) {
            printf("\n");
        }
    }
    printf("\n");
}
int main() {
    int year, month;
    getInput(&year, &month);
    printCalendar(year, month);
    return 0;
}
```

这个代码首先获取用户输入的年份和月份,然后计算每个月的天数和第一天是星期几,最后打印出日历。

【说明】通过一个简单的提问,我们已经知道了整体框架,得到了所有代码。但是,由于 getInput 函数的形参使用了指针,calculateDaysInMonth 使用了数组,这些内容都还没学,因此,我们继续提问,要求它修改。

2. 第 2 轮交互

【提问 2】getInput 的功能直接写在 main 函数中,不要使用单独的函数。calculateDaysInMonth 中不要使用 int daysInMonth[]。

【回复 2】好的,我们可以将 getInput 函数的功能直接写在 main 函数中,并且在 calculateDaysInMonth 函数中不使用数组。以下是修改后的代码:

```
#include <stdio.h>
//计算每个月的天数
int calculateDaysInMonth(int year, int month) {
    int days;
    switch(month) {
        case 2:
            if ((year % 4 == 0 && year % 100 != 0) || (year % 400 == 0)) {
                days = 29;
            } else {
                days = 28;
            }
            break;
        case 4:
        case 6:
        case 9:
        case 11:
            days = 30;
            break;
        default:
```

```
            days = 31;
        }
        return days;
}
//计算每个月的第一天是星期几
int calculateFirstDayOfMonth(int year, int month) {
        if (month < 3) {
            month += 12;
            year--;
        }
        int h = (1 + (26 * (month + 1) / 10) + year + year / 4 + 6 * (year / 100) + year / 400) % 7;
        return h;
}
//打印日历
void printCalendar(int year, int month) {
        printf("一 二 三 四 五 六 日 \n");
        int daysInMonth = calculateDaysInMonth(year, month);
        int firstDay = calculateFirstDayOfMonth(year, month);
        for (int i = 0; i < firstDay; i++) {
            printf("   ");
        }
        for (int day = 1; day <= daysInMonth; day++) {
            printf("%2d ", day);
            if ((day + firstDay) % 7 == 0) {
                printf("\n");
            }
        }
        printf("\n");
}
int main() {
        int year, month;
        printf("Enter year: ");
        scanf("%d", &year);
        printf("Enter month: ");
        scanf("%d", &month);
        printCalendar(year, month);
        return 0;
}
```

在这个版本的代码中，我们在 main 函数中直接获取用户输入的年份和月份，然后调用 printCalendar 函数打印日历。在 calculateDaysInMonth 函数中，我们使用 switch 语句来确定每个月的天数，而不是使用数组。

【说明】以上程序用到的知识都已学过，因此将其复制到代码窗口中并测试，结果如图 5-22 所示。

图 5-22 中，左侧是程序运行结果，右侧是 Windows 系统的日历，对比发现，程序运行结果错误。

为了确认错误的具体位置，下面准备调试。通过分析，怀疑是 calculateFirstDayOfMonth 函数的计算结果有误，我们在程序中第 43 行设置断点（图 5-23）。

按 F5 键启动调试，输入 2024 和 2 后，程序在断点处停下来，可以看到 firstDay 的值为 5，而预期为 4（2024-2 的第一天是星期四），和预期不相符。

因此，下面要求它修改 calculateFirstDayOfMonth 函数。

(a)   (b)

图 5-22 测试程序输出结果(a)和日历(b)对比

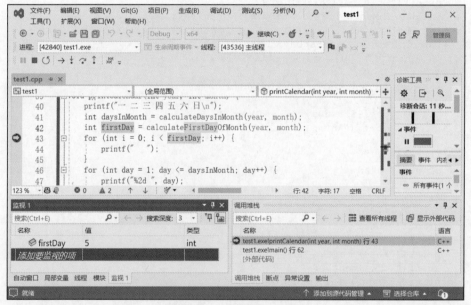

图 5-23 查看 firstDay 的值

3. 第 3 轮交互

【提问 3】calculateFirstDayOfMonth 的公式有误,2024 年 2 月的第 1 天是星期四。

【回复 3】对不起,我之前给出的 Zeller 公式的实现确实有误。以下是修正后的版本:

```
//计算每个月的第一天是星期几
int calculateFirstDayOfMonth(int year, int month) {
    if (month < 3) {
        month += 12;
        year--;
    }
    int h = (1 + 2 * month + 3 * (month + 1) / 5 + year + year / 4 - year / 100 + year / 400) % 7;
    return h;
}
```

这个公式是基于格里高利历的,它将星期日定义为 0,星期一定义为 1,以此类推,星

期六定义为 6。所以,如果你希望星期一为 1,星期日为 7,你需要对结果进行一些调整。以下是调整后的版本:

```
//计算每个月的第一天是星期几
int calculateFirstDayOfMonth(int year, int month) {
    if (month < 3) {
        month += 12;
        year--;
    }
    int h = (1 + 2 * month + 3 * (month + 1) / 5 + year + year / 4 - year / 100 + year / 400) % 7;
    return h == 0 ? 7 : h;
}
```

这个版本的 calculateFirstDayOfMonth 函数将星期日定义为 7,星期一定义为 1,以此类推,星期六定义为 6。

【说明】将以上函数复制到代码窗口替换错误的函数,并测试,结果如图 5-24 所示。

图 5-24 测试 2024-2 的日历

2024 年 2 月的日历显示正确,我们再测试其他月份。

详细测试(一定不要忽略):根据以上代码逻辑,除了测试 2 月有 29 天的情况,还需要测试一个月最大天数为 28 天、30 天、31 天的情况,以及一个月起始日期是星期一、星期六、星期日的情况,此外,还需测试 12 月、1 月和 2 月几种情况。

以上测试全部通过后,才可认为程序运行正确。

作者经过测试,以上代码已经运行正确。

也许我们对计算起始日期是星期几的公式感到好奇,可以继续提问。

4. 第 4 轮交互

【提问 4】calculateFirstDayOfMonth 的公式怎么来的?请解释这个公式。

【回复 4】这个公式叫做 Zeller 公式,是一个计算任何给定日期是星期几的算法。它是由基督教牧师兼天文学家克里斯蒂安·扎勒(Christian Zeller)在 1887 年提出的。

Zeller 公式的基本形式如下:

```
h = (q + [(13(m+1))/5] + K + [K/4] + [J/4] + 5J) mod 7
```

其中:

- h 是星期几(0 = 星期六,1 = 星期日,2 = 星期一,…,6 = 星期五)

- q 是日期(1,2,3,…,31)
- m 是月份(3=3月,4=4月,…,14=2月)
- K 是年份的后两位数(例如,如果年份是1987,那么 K=87)
- J 是年份的前两位数(例如,如果年份是1987,那么 J=19)

注意,Zeller 公式中的月份是从 3 开始的,所以 1 月和 2 月被视为上一年的 13 月和 14 月。

在我们的代码中,我们只关心每个月的第一天是星期几,所以 q 始终为 1。因此,我们的公式简化为:

h = (1 + [(13(m+1))/5] +K + [K/4] + [J/4] +5J) mod 7

【说明】对比这个公式和代码中的公式,发现不一样,于是继续提问。

5. 第 5 轮交互

【提问 5】函数中的公式是:int h = (1 + 2 * month + 3 * (month + 1) / 5 + year + year / 4 − year / 100 + year / 400) % 7;和你说的公式不一样。

【回复 5】对不起,我之前的解释有误。你提供的公式是基于蔡勒(Zeller)公式的一个变种,用于计算给定日期是星期几。这个公式的基本形式如下:

h = (d +2 * m +3 * (m+1)/5 +y +y/4 -y/100 +y/400) mod 7

其中:
- h 是星期几(0=星期日,1=星期一,…,6=星期六)
- d 是日期(1,2,3,…,31)
- m 是月份(3=3月,4=4月,…,14=2月)
- y 是年份

注意,这个公式中的月份是从 3 开始的,所以 1 月和 2 月被视为上一年的 13 月和 14 月。

在你的代码中,只关心每个月的第一天是星期几,所以 d 始终为 1。因此,你的公式简化为:

h = (1 +2 * m +3 * (m+1) /5 +y +y/4 -y/100 +y/400) mod 7

这就是你在 calculateFirstDayOfMonth 函数中使用的公式。这个公式将星期日定义为 0,星期一定义为 1,以此类推,星期六定义为 6。所以,如果你希望星期一为 1,星期日为 7,你需要对结果进行一些调整。以下是调整后的版本:

int h =(1 +2 * month +3 * (month +1) / 5 +year +year / 4 -year / 100 +year / 400 +1) %7;
return h ==0 ? 7 : h;

这个版本的 calculateFirstDayOfMonth 函数将星期日定义为 7,星期一定义为 1,以此类推,星期六定义为 6。

【说明】现在都很清楚了,提问结束。

5.7 课堂练习

以下程序的功能为：将一个正整数的各个位上的数字拆分出来并输出。数字输出的顺序和原数一致，但在各数字之间插入一个空格。比如，用户输入"354"，则程序输出"3 5 4"。请改正错误，使得程序运行出正确的结果。

程序如下（源代码见 ch5\number.cpp）

```
#define _CRT_SECURE_NO_WARNINGS
#include "stdio.h"
//numbers 函数功能:按原来的顺序输出正整数 n 的各位上的数字,各数字之间以空格分隔
void numbers(int n)
{
    numbers(n / 10);    //首先输出除个位外的高位上的数字
    printf("%d", n %10);   //再输出个位
}
int main()
{
    int n;
    printf("Please input n:");
    scanf("%d", n);
    if (n > 0)
        numbers(n);
    else
        printf("n should greater than 0.");
    return 0;
}
```

5.8 本章小结

大型程序必然包含若干子模块，在程序设计时，可使用自顶向下、逐步细化的方法，从系统→模块→语句，逐级细化，最后将整个程序设计完整。这里所说的模块，我们可以理解为"函数"。

设计函数的要求是"低耦合、高聚合"，一个函数与外界的交流越清晰越好，主要通过形参和函数返回值的方式实现交流，而函数内部专注完成一个功能。基于经验欠缺，初学者很难设计出完美的函数。待编写的代码超过一定量之后，能慢慢领悟到哪些语句块可以组合到一起形成一个函数，从而实现复用。

设计函数时，初学者偏爱使用全局变量，但这违反了"低耦合"的原则，使得函数之间多了一个交流渠道，从而也增加了出错机会。作者的建议是：**尽量少用全局变量!**

本章主要需要掌握以下内容:
(1) 掌握如何声明函数，如何进行函数调用。
(2) 理解局部变量和全局变量的使用方式。
(3) 理解函数参数的传递是传值方式。
(4) 掌握包含函数的程序的排错技巧，熟悉"跟踪进入"功能的使用。

第6章 一维数组

6.1 本章目标

- 掌握一维数组的使用。
- 熟练使用循环语句对数组进行操作。
- 熟练 VS 的调试操作,发现程序执行上的逻辑错误。

6.2 基本操作:增删改查

数组的操作,归纳起来有四类:增(加)、删(除)、改(修)、查(询),下面分别介绍。

四类操作中,查询操作是最基本的操作,下面从查询操作开始介绍数组的编程。

(1) 查询:由用户输入一个数字,程序输出该数字在数组中第一次出现时的下标。程序如下:

```
#define _CRT_SECURE_NO_WARNINGS
#include <stdio.h>
int main()
{
    int a[10]={7,3,1,5,2,9,12,8,11,4}, n =10;
    int i,number;
    printf("Please input number to search:");
    scanf("%d",&number);
    for(i=0;i<n;i++)   //从第 0 到第 n 个元素循环
    {
        if(a[i]==number)  break; //如果找到则退出循环
    }
    if (i<n)   //查找有两种可能:找到或找不到
        printf("Found at %d\n",i);
    else
        printf("Not found\n");
    return 0;
}
```

for 循环是以上程序的关键,其后的 if 语句也非常重要。因为查找结果有两种可能:能找到或不能找到。从 for 循环的结束条件"i<n"来看,退出循环可能是由于 i>=n 退出(未找到)，也可能是从循环体中的 break 语句退出(已找到，此时 i 小于 n)。if 语句可以对以上两种情况区分。

以上程序的核心语句为：

```
for(i=0;i<n;i++)    //从第 0 到第 n 个元素循环
{
    //处理第 i 个元素
}
```

代码中的"处理第 i 个元素"是对第 i 个元素做某种操作，可以是输出该元素，或者修改其值等。

以上循环为从数组的第 0 个元素往后循环，另一种方式为从最后一个元素往前循环，两种方式的代码模板如下：

```
for(i=0;i<n;i++)                     for(i=n-1;i>=0;i--)
{                                    {
    //处理第 i 个元素                      //处理第 i 个元素
}                                    }
```

很多时候可以任意选择其中一种方式，但在某些特殊情况下，其中一种比另外一种更合适，所以以上两种方式都需要能熟练运用。

以上循环为基于下标的 for 循环操作，在 C++11 中，还有一种**基于范围的 for 循环**。如下面的程序，查询数组中最大元素的值：

```
#include<iostream>
using namespace std;
int main()
{
    int a[10]={7,3,1,5,2,9,12,8,11,4}, n =10;
    int maxNum=a[0];
    for(int elem:a)    //从数组的首部往尾部循环
    {
        if(elem>maxNum)
            maxNum=elem;
    }
    cout<<"The max:"<<maxNum<<endl;
    return 0;
}
```

其中的代码模板为：

```
for(int elem:a)    //从数组的首部往尾部循环
{
    //逐一处理数组各元素，当前元素为 elem
}
```

在以上基于范围的 for 循环中，elem 表示数组 a 中的一个元素，在 elem 的定义之后，紧跟一个冒号"："，之后写上需要遍历的数组名，for 循环将自动以数组为范围从头至尾进行循环。

由于数组 a 中的元素类型 int 可以由编译器自行推导出来，因此该 for 循环还可以修改成：

```
for(auto elem:a)
{
    //逐一处理数组各元素,当前元素为 elem
}
```

auto 可以让编译器自动推导出 elem 的类型。以上代码中,elem 的类型将被自动推导为数组 a 中的元素类型 int。

(2) 修改数组元素。

如果已知要修改元素的下标和新的值是多少,"修改"操作非常简单,代码为:

```
a[i]=newValue;
```

其中,i 是元素下标,newValue 是新的值。

实际编程时,如何确定 i 的值,可能需要进行遍历。下一节举例说明。

(3) 增加(插入)数组元素。

在数组的某个位置处插入一个元素时,首先需要将后面所有的元素往后挪一个位置以空出一个位置,需要一个循环完成该任务,从最后往前循环,逐个元素往后挪动一个位置。

以下程序在下标 index 处插入一个元素:

```
int main()
{
    int a[10]={7,3,1,5,2,9}, n =6; //n 记录数组元素的个数
    int i,index,number;
    //index 和 number 可从键盘输入,这里直接赋值
    index=3;                //如果 index 从键盘输入,则需要检查 index 的范围,为 0 到 n
    number=10;
    for(i=n-1; i>=index; i--)    //从第 n-1 个元素往 index 循环,这个地方的方向
                                //一定不能反了
        a[i+1]=a[i];         //第 i 个元素往后挪一个位置
    a[index]=number;         //number 放在空出来的位置
    n++;                     //n 记录数组元素的个数,因此要加一
    for(i=0; i<n; i++)
        printf("%d  ", a[i]);
    return 0;
}
```

以上程序可以作为一个模板代码,也可以将其抽取成为一个函数,在需要插入元素的地方使用。

(4) 删除数组元素。

在数组的某个位置处删除一个元素时,需要将后面所有的元素往前挪一个位置,需要一个循环完成该任务,从被删除元素的位置往后循环,逐个元素往前挪动一个位置。

以下程序删除下标 index 处的元素:

```
int main()
{
    int a[10]={7,3,1,5,2,9}, n =6;
    int i,index;
    //index 可从键盘输入,这里直接赋值
```

```
        index=3;              //如果 index 从键盘输入,则需要检查 index 的范围,为 0 到 n-1
        for(i=index;i<n-1;i++)    //从第 index 个元素往后循环
            a[i]=a[i+1];         //第 i+1 个元素往前挪一个位置
        n--;                     //n 记录数组元素的个数,因此要减一
        for(i=0; i<n; i++)
            printf("%d ", a[i]);
        return 0;
    }
```

以上程序也可以作为一个模板代码,或将其抽取成为一个函数,在需要删除元素的地方使用。

6.3 增删改查的应用

6.3.1 访问元素

问题描述:请编写程序,求数组的最大值,输出其下标。

针对该问题,对数组中的每个元素访问一遍,经过比较,即可找到最大元素值。程序如下:

```
    int main()
    {
        int a[10]={7,3,1,5,2,9,12,8,11,4}, n =10;
        int i,max,subscript;
        max=a[0];              //首先查询 a[0]的值,认为 a[0]最大
        subscript=0;           // subscript 为记录的下标,此时认为第 0 个元素最大
        for(i=1; i<n; i++)     //从第 1 到第 9 个元素循环
            if(a[i]>max)       //如果第 i 个元素比已经找到的 max 还大
            {
                subscript=i;   //subscript 记录为新的下标
                max=a[i];      //max 为新的值
            }
        printf("max=%d,subscript=%d",max,subscript);
        return 0;
    }
```

以上程序中,如果数组为{5,8,12,10,9,7,12,3},有两个 12 为最大元素,代码中只能找到第一个 12。为了能找到多个并列的最大值,需要修改以上程序。

首先用一个循环找到最大值 max,之后再用一个循环判断元素值是否等于 max,如果等于,在循环内输出其下标。代码如下:

```
    int main()
    {
        int a[10]={ 5,8,12,10,9,7,12,3,11,4}, n =10;
        int i,max;
        max=a[0];              //首先查询 a[0]的值,认为 a[0]最大
        for(i=1; i<n; i++)     //从第 1 到第 9 个元素循环
        {
            if(a[i]>max)       //如果第 i 个元素比已经找到的 max 还大
            {
```

```
            max=a[i];        // max 为新的值
        }
    }
    printf("max=%d\n subscripts are:",max);
    for(i=0;i<n;i++)       //从第 0 到第 9 个元素循环
    {
        if(a[i]==max)      //a[i]的值等于最大值,输出下标
        {
            printf("%d ",i);
        }
    }
    return 0;
}
```

6.3.2 修改元素

问题描述:数组中元素有正有负,请编写程序将负值元素修改为 0。

程序逻辑比较简单:对数组元素进行遍历,遍历的过程中,判断元素值是否为负,为负则修改。

程序如下:

```
int main()
{
    int a[10]={-7,3,1,-5,2,-9}, n=6;
    int i;
    for(i=0;i<n;i++)    //for 循环遍历数组
        if (a[i]<0) a[i]=0;
    for(i=0; i<n; i++)
        printf("%d ", a[i]);
    return 0;
}
```

6.3.3 删除元素

问题描述:已有一个数组,其元素值互不相同,从键盘输入一个数 number,编写程序从数组中删除值为 number 的元素。

要删除元素,可分两步实现:先查找,获得该元素的下标;然后删除该下标的元素。

以下的程序为将前面的元素查找和删除两个程序复制过来融合而成。带阴影的部分复制了 6.2 节中删除元素的代码,再增加了部分代码,如果删除后数组大小 n 为 0,则输出"Array is empty"。其余代码都来自 6.2 节查找元素的程序,并将其中的循环变量 i 修改成了 index。

从以下程序可以领会如何将 6.2 节数组的增删改查程序组合得到满足要求的程序。

程序如下(源代码见"ch6\ deleteElem.cpp"):

```
#define _CRT_SECURE_NO_WARNINGS
#include "stdio.h"
int main()
{
```

```
    int a[10]={7,3,1,5,2,9,12,8,11,4}, n =10;
    int i,index,number;
    printf("Please input number to delete:");
    scanf("%d", &number);
    for(index=0;index<n;index++)
        if(a[index]==number)  break;
    if (index<n)
    {   //找到了则删除,然后输出新数组
        for(i=index;i<n-1;i++)
            a[i]=a[i+1];
        n--;
        if (n==0)
            printf("Array is empty");
        else
            for(i=0; i<n; i++)
                printf("  %d", a[i]);
    }
    else
        printf("Not found\n");
    return 0;
}
```

6.3.4 有序插入

问题描述:一个有序数组其元素按照升序排列,编写程序从键盘输入一个数 number,将 number 插入合适的位置,要求结果数组仍然有序。

分析:要将元素插入合适的位置,首先需要找到这个位置。

如果目标位置为 index,则 index 需要满足条件:

a[index-1] <=number && number <a[index]

例如,有数组 int a[10]={2,3,5,9,11,12}, n=6;

插入前数组有 6 个元素,将要插入 4,则 4 需要插在 3 和 5 之间,因为满足以下条件(图 6-1):

a[2-1] <=4 && 4<a[2]

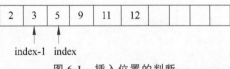

图 6-1 插入位置的判断

所以,将 4 插在下标为 2 的地方即可。

以上逻辑可以如下实现:从数组的后端朝前逐一查找,只需要找到第一个满足以下条件的位置就可以了:

a[index]<=number

因为 a[index]是第一个小于或等于 number 的元素,可知 a[index+1]以及之后的所有元素都大于 number,所以,元素 number 插在 index+1 处即可。

如果插入元素为 1，将无法找到一个 index 满足以上条件，则插到下标 0 的位置。

图 6-1 中，待插入元素为 4，从数组的后部往前查找，4 比 12、11、9、5 都小，比 3 大，所以插在 3 的后面。

根据以上逻辑，查找插入位置的代码如下：

```c
int main()
{
    int a[10]={2,3,5,9,11,12}, n =6;
    int index,number;
    printf("Please input number to insert:");
    scanf("%d",&number);
    for(index=n-1;index>=0;index--)
        if(a[index]<=number)
            break;
    if (index==-1)    //number 比所有元素都小
        printf("insert location is 0, i.e. index+1\n");
    else
        printf("insert location is %d, i.e. index+1\n", index+1);
    return 0;
}
```

以上 for 循环之后，不管 index 值为多少，插入位置都是 index+1。此外，可以将 for 循环体中 if 语句的条件合并到循环语句的控制条件中。因此，查找部分的代码可修改如下：

```c
int main()
{
    int a[10]={2,3,5,9,11,12}, n =6;
    int index,number;
    printf("Please input number to insert:");
    scanf("%d",&number);
    for(index=n-1;index>=0 && a[index]>number;index--);
    printf("insert location is %d\n", index+1);
    return 0;
}
```

请注意，以上程序的 for 循环无循环体，for 语句后直接跟分号。

找到了插入位置，再将 6.2 节中插入数组元素的代码复制过来即可，完整的程序如下：

```c
int main()
{
    int a[10]={2,3,5,9,11,12}, n =6;
    int i,index,number;
    printf("Please input number to insert:");
    scanf("%d",&number);
    for(index=n-1;index>=0 && a[index]>number;index--);
    for(i=n-1;i>=index+1;i--)    //这里循环直到 index+1，而不是到 index
        a[i+1]=a[i];
    a[index+1]=number;
    n++;
    for(i=0; i<n; i++)
        printf("%d  ", a[i]);
    return 0;
}
```

以上程序使用了两个 for 循环,第一个循环查找插入位置,第二个循环将元素往后挪。因为它们都由后往前循环,可以将两个循环合并成一个。程序如下(源代码见"ch6\insertElem.cpp"):

```
int main()
{
    int a[10]={2,3,5,9,11,12}, n =6;
    int i,index,number;
    printf("Please input number to insert:");
    scanf("%d",&number);
    for(index=n-1;index>=0 && a[index]>number ;index--)
        a[index+1]=a[index]; ;
    a[index+1]=number;
    n++;
    for(i=0; i<n; i++)
        printf("%d  ", a[i]);
    return 0;
}
```

以上讲述了如何使用 6.2 节的代码改编我们需要的代码的完整过程,建议读者能够跟着这个思路,首先将程序编写出来,再考虑如何优化代码。

6.3.5 循环数组

数组包含 n 个元素,下标从 0 到 n−1,循环数组的含义为:第 n−1 个元素的后面是第 0 个元素,见图 6-2。这种处理对于某些问题非常有效。

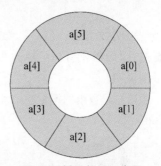

图 6-2 循环数组示意图

下面例子中,认为 a 数组是循环数组,需要求相邻三个元素的和,放到 b 数组中。程序如下:

```
#include "stdio.h"
int main()
{
    int a[10]={7,3,1,5,2,9,12,8,11,4},b[10], i,n =10;
    for(i=0; i<n; i++)
        b[i] =a[(i-1+n)%n] +a[i] +a[(i+1)%n];
    for(i=0; i<n; i++)
        printf("%d ",b[i]);
    return 0;
}
```

例中的关键语句为:

b[i] =a[(i-1+n)%n] +a[i] +a[(i+1)%n];

如果当前的 i 值为 0,则实际上为:

　　b[0] =a[9] +a[0] +a[1];

a[0]左边的元素是 a[9],a[9]右边的元素是 a[0],如此整个数组实现了循环。其中的关键思想是加 n 和余 n 的操作。

例如,i 为 0 时,i−1 等于−1,如何才能让它等于 9 呢? −1 加上 n 即可。而 i 为 9 时,i+1 等于 10,如何才能让它等于 0 呢? 10 余 n 即可。

循环数组的典型应用有"猴子选大王""约瑟夫游戏"等。

对循环数组处理时,经常使用的代码片段为:

```
i=0;
while(someCondition)   //someCondition 是一个表达式,为 false 则结束循环
{
    i = (i+1) %n;      //n 是数组元素个数
    //处理数组第 i 个元素,包括修改元素内容或者删除元素等
}
```

以上循环中,当 i 等于 n−1 时,i 再往后移,将移到 0 的位置,以此实现数组的循环特性。

6.4 下标越界问题

声明数组 int a[n]后,数组元素的下标为 0~n−1,切不可使用 a[n]。这个错误比较普遍,因此需要引起足够的重视。一旦发生这个错误,初学者比较难以检查出来。下面举例说明。

(1) 给数组的第 i 个元素赋值,然后输出该数组的内容。源代码见"ch6\indexError1.cpp"。

```
#include <stdio.h>
int main()
{
    int i,a[10];
    for (i=1; i<=10; i++)   a[i]=i;
    for (i=1; i<=10; i++)   printf("%d ",a[i]);
    return 0;
}
```

运行结果:

```
1 2 3 4 5 6 7 8 9 10
```

程序运行结果正确,但是会得到图 6-3 所示的报错。

程序访问了元素 a[10],其下标已越界,但程序运行的输出结果仍然正确。不过,图 6-3 显示程序已经发生了 Runtime 错误,即运行时错误。

从代码编辑窗口可以看到,"a[i]"下方有绿色波浪线,表明有警告信息,切换到"错误列表"(图 6-4 中箭头所指地方),可以看到有 2 个警告,其内容为:

索引"10"超出了"0"至"9"的有效范围(对于可能在堆栈中分配的缓冲区"a")

这个信息很明确地告诉了我们,下标 10 已经越界。

以上程序比较简单,错误可以通过审查程序的方式找出来。下面的程序更难一点。

(2) 以下程序的功能为:在数组的 index 下标处插入一个元素,和 6.2 节中的程序相比仅仅只有变量声明处有变化(见以下代码的阴影部分),源代码见"ch6\indexError2.cpp":

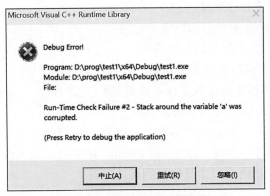

图 6-3　数组下标越界报错

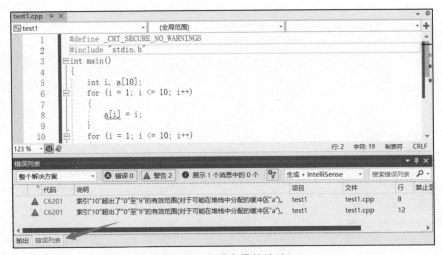

图 6-4　查看变量的地址

```
int main()
{
    int i,index,number;
    int a[]={7,3,1,5,2,9}, n=6;  //n记录数组元素的个数
    index=3;
    number=10;
    for(i=n-1;i>=index;i--)
        a[i+1]=a[i];
    a[index]=number;
    n++;
    for(i=0; i<n; i++)
        printf("%d  ", a[i]);
    return 0;
}
```

运行结果：

7 3 1 10 5 2 9

程序中,插入的数值 number 为 10,程序输出的结果也符合预期,但是同样会出现如

图 6-3 所示的报错,导致程序崩溃。

因为 a 数组的大小为 6,执行第一遍循环时,i=n-1,即 i=5,因此,循环体执行 a[6]=a[5];其中的 a[6]超出了数组的下标范围。

这一类错误,VS 有时能提供警告信息。所以作者强烈建议:
- 引用数组元素时,千万注意下标不要越界!
- 编译的警告信息也需要认真对待。

这类错误,用 Copilot 检查,比较容易发现错误。我们检查以上程序代码,操作如下:首先,在代码窗口选择整个程序。然后,在 Copilot 聊天窗口输入"/fix"指令,得到图 6-5 的回复,回复中给出了错误原因以及建议的修复代码。

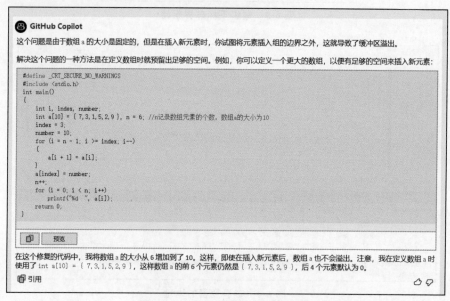

图 6-5 Copilot 修复下标越界错误

6.5 程序测试

数组程序大致可分为 3 类:遍历(遍历时可以做一些处理,包括修改)、删除元素、插入元素。下面针对这 3 类分别说明测试的基本原则。

6.5.1 遍历的测试

遍历操作是循环语句和分支语句的结合,可参照第 4 章循环程序的测试方法。

循环程序测试时需要考虑循环 0 遍、1 遍和 3 遍,而数组的遍历,循环语句是 for(i=0;i<n;i++),其中的循环遍数由 n 决定。

为了能控制循环的遍数,我们需要修改 n。即控制数组的大小 n。

例如,6.3.1 节的第二个程序:输出数组中最大值的下标。其中,数组在声明时初始化:

```
int a[10]={ 5,8,12,10,9,7,12,3,11,4}, n =10;
```

查找最大值的循环:

```
for(i=1;i<n;i++)        //从第 1 到第 9 个元素循环
```

必然循环 9 遍。

测试时,我们做以下修改。

(1) 测试循环 0 遍:将 n 修改为 1,即认为 a 数组只有一个元素 5。
(2) 测试循环 1 遍:将 n 修改为 2,即认为 a 数组只有 2 个元素 5 和 8。
(3) 测试循环 3 遍:将 n 修改为 4,即认为 a 数组只有 4 个元素 5、8、12、10。

再考虑该 for 循环内的 if 语句,将 n 修改为 4,使得循环执行 3 遍时,由于 4 个元素的值为 5、8、12、10,if(a[i]>max)语句的条件判断分别为 true、true、false,判断条件取值得到 true 和 false 两种值。但是,这里没有测试 a[i]==max 的取值为 true 的情况,没测试到边界值。

考虑边界值的测试,可以修改数组的元素值,将程序的声明和初始化修改如下:

```
int a[10]={ 5,18,12,18,9,7,12,3,11,4}, n =4;   //n 为 4,认为数组中只有 4 个元素
```

由此,for 循环中 i 等于 3 时,a[i]与 max 是相等的。

综合以上内容,可将测试用例设计如下:

(1) 测试程序循环 0 遍时,将声明和初始化语句修改为:

```
int a[10]={ 5,18,12,18,9,7,12,3,11,4},n =1;
```

期望结果:输出 max=5[换行] subscripts are:0。

(2) 测试程序循环 1 遍时,将声明和初始化语句修改为:

```
int a[10]={ 5,18,12,18,9,7,12,3,11,4},n =2;
```

期望结果:输出 max=18[换行] subscripts are:1。

(3) 测试程序循环 3 遍时,将声明和初始化语句修改为:

```
int a[10]={ 5,18,12,18,9,7,12,3,11,4},n =4;
```

期望结果:输出 max=18[换行] subscripts are:1   3。

注意:测试成功后,请恢复程序原来的声明和初始化语句。

6.5.2 删除的测试

针对 6.3.3 节的数组元素的删除的程序,删除元素需测试以下几种情况:

(1) 删除数组的第 0 个位置的元素。
(2) 删除数组最后一个元素。
(3) 删除数组中间某个元素。
(4) 待删除的元素不存在。
(5) 删除元素后数组为空。

如果可能删除多个元素,则需要测试删除 2 个元素、删除 3 个元素的情况。对于删

除 2 个元素,还需要考虑 2 个元素相邻和不相邻的情况。

6.3.3 节的数组元素的删除的程序,数组已经初始化为 10 个元素,不可能删除元素后数组为空,因此,为了测试,我们也需要修改数组的初始化语句。

测试用例设计如下:

(1) 测试删除数组的第 0 个元素:输入 number 为 7,期望结果:输出"3 1 5 2 9 12 8 11 4"。

(2) 测试删除最后一个元素:输入 number 为 4,期望结果:输出"7 3 1 5 2 9 12 8 11"。

(3) 测试删除数组中间某个元素:输入 number 为 3,期望结果:输出"7 1 5 2 9 12 8 11 4"。

(4) 测试待删除的元素不存在:输入 number 的值为 20,期望结果:输出"Not found"。

(5) 测试删除元素后数组为空:首先将声明和初始化语句中的 n 初始化为 1,即修改为 n=1;,输入 number 的值为 7,期望结果:输出"Array is empty"。

6.5.3 插入的测试

针对 6.3.4 节的数组元素的插入的程序,插入元素需测试以下几种情况:
(1) 插在数组的第 0 个位置。
(2) 插在数组的最后一个元素之后。
(3) 插在数组中间。
(4) 插入前数组为空。

测试用例设计如下:

(1) 测试插在数组的第 0 个位置:输入 number 为 1,期望结果:输出"1 2 3 5 9 11 12"。

(2) 测试插在最后一个元素之后:输入 number 为 14,期望结果:输出"2 3 5 9 11 12 14"。

(3) 测试插在数组中间:输入 number 的值为 4,期望结果:输出"2 3 4 5 9 11 12"。

(4) 测试插入前数组为空:首先将声明和初始化语句中的 n 初始化为 0,即修改为 n=0;,输入 number 的值为 7,期望结果:输出"7"。

由于程序的循环控制条件包含 a[index]>number 的判断,还需要考虑判断条件的边界值,因此,需要插入一个数值,使得其等于数组中某个元素的值,所以增加以下测试。

(5) 测试插在数组中间,新插入的值与某元素值相等:输入 number 的值为 3,期望结果:输出"2 3 3 5 9 11 12"。

以上是测试用例设计的基本思路,具体的测试,还需要针对实际问题,考虑一些循环、分支语句的判断条件、边界条件等。

6.6 调试程序

数组保存了 10 个元素,以下程序计算数组中连续 2 个、3 个或 4 个元素的和,并求得最大值,请改正其中的错误。

程序如下(源代码见"ch6\maxSum.cpp")

```
 1:    #define _CRT_SECURE_NO_WARNINGS
 2:    #include <stdio.h>
 3:    int main()
 4:    {
 5:        int sum,i,j,k,begin;
 6:        int s[10], max =-100;
 7:        for (i =0; i <10; i++) {
 8:            scanf("%d", &s[i]);
 9:        }
10:        for (begin =0; begin <10; begin++)
11:            for (j =2; j <=4; j++) {
12:                sum =0;
13:                for (k =0; k <j; k++)
14:                    sum +=s[begin +k];
15:                if (sum >max)
16:                    max =sum;
17:            }
18:        printf("%d\n", sum);
19:        return 0;
20:    }
```

以上程序的逻辑有点复杂,我们先来理解其中的逻辑。

(1) int sum,i,j,k,begin;和 int s[10], max = -100;:变量的声明和初始化。

(2) for (i = 0; i < 10; i++) { scanf("%d", &s[i]); }:用于从用户输入中读取 10 个整数并存储在数组 s 中。

(3) for (begin = 0; begin < 10; begin++):用于遍历数组 s。begin 是数组 s 的起始索引。

(4) for (j = 2; j <= 4; j++):用于设置连续元素的数量。j 表示连续元素的数量,范围是 2 至 4。

(5) sum=0;:在每次计算新的元素组合之前,将 sum 重置为 0。sum 用于存储连续元素的和。

(6) for (k = 0; k < j; k++) sum += s[begin + k];:用于计算从 begin 开始的 j 个连续元素的和。k 是一个临时变量,用于遍历从 begin 开始的 j 个元素。

(7) if (sum > max) max = sum;:如果当前的和(sum)大于之前的最大和(max),则更新 max。max 用于存储到目前为止找到的最大和。

下面开始测试和调试。

第 1 步:测试。

首先使用简单的数据进行测试,给 s 数组输入:

```
1 2 3 4 5 6 7 8 9 10
```

其中,最大的连续和为 7+8+9+10=34。

按 Ctrl+F5 组合键,得到运行结果如下:

```
1 2 3 4 5 6 7 8 9 10
1717986926
```

以上结果中,输出的最大值为 1717986926,明显错误。

第 2 步:查看输出变量的值。

为了确定错误的位置,首先需要在输出之前查看变量的值是否正确,因此在第 18 行输出语句处设置断点,按 F5 键启动调试,按照以上的数据输入,在断点处停下来时界面如图 6-6 所示,可以看到,"自动窗口"中的 sum 变量的值确实和输出到屏幕上的值相等。

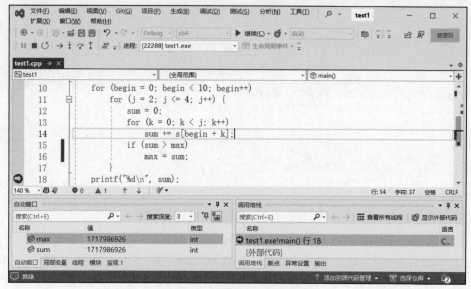

图 6-6 查看输出变量的值

不过,从第 18 行可以看到,输出的变量是 sum,而我们需要输出的是 max,代码写错了变量名。但是再看"自动窗口",发现 max 和 sum 的值相同,所以即使将输出变量改为 sum,这里的输出结果也不会变化。

不管如何,先将第 18 行改好,改成:

```
printf("%d\n", max);
```

第 3 步:查看 max 的计算。

按 Shift+F5 组合键停止调试,取消原来的断点,将新断点设置到第 17 行。第 17 行是第 11 行的 for 循环的结束括号,在第 17 行可以查看该 for 循环计算的结果,以此判断该循环是否正确。

为了提高调试效率,我们不再逐行单步执行语句,而是一块一块地执行。

按 F5 键启动调试,按照测试的数据输入,即

```
1 2 3 4 5 6 7 8 9 10
```

程序在第 17 行断点处停下,界面如图 6-7 所示。

为了验证结果是否正确,手工先计算出结果:

在第一次执行到第 17 行时,begin=0,j=2,k=2,这些值可以从图 6-7 得到验证。第 13 行和第 14 行的 for 循环将计算从下标 0 开始连续 2 个元素的和,结果为 3,所以 sum =3,而 max 为当前已知的最大值,也为 3。

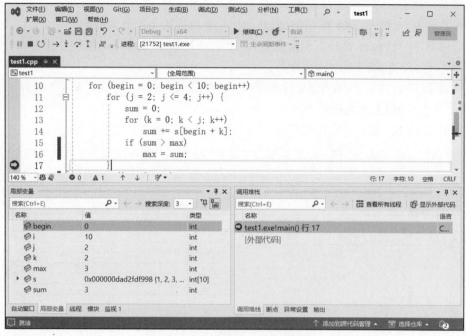

图 6-7 第一遍循环后各变量的值

以上计算的结果与图 6-7 对照，变量值都正确，因此，第 11 行的 for 循环在 j=2 时，执行结果正确。

从第 17 行继续执行，将执行 j=3 时的 for 循环。

同样，我们一次执行整个循环体。先进行计算，在 j=3 时，执行第 11 行到第 17 行，这里将计算从下标 0 开始的连续 3 个元素的和，并和刚才记录的 max 比较，让 max 记录新的最大值。

下标 0 开始的连续 3 个元素为 1、2、3，和为 6，计算得到的 sum 为 6，max 也将更新为 6。

得到以上的计算结果后，下面执行程序，验证一下是否正确。

在图 6-7 的断点位置，按 F5 键继续执行，程序将仍然停在第 17 行，此时各变量的值如图 6-8 所示。

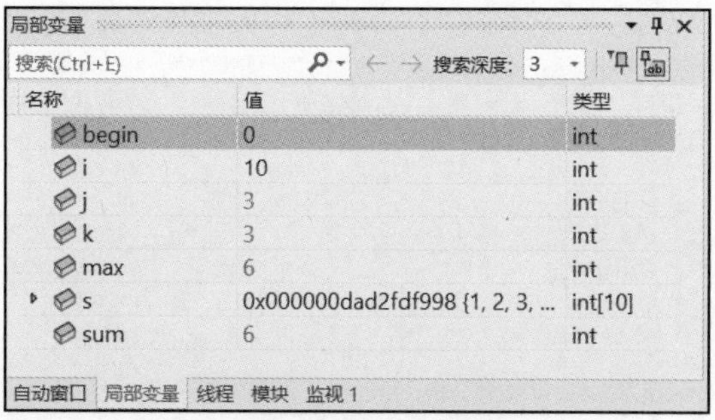

图 6-8 第二遍循环后各变量的值

图 6-8 中显示的变量值没有错误，如想进一步确认，可以再按 F5 键执行一遍循环，可以发现新的 sum 和 max 值为 10，也就是下标 0 开始连续 4 个元素的和。

既然第 11 行的 for 循环逻辑没有错误，下面检查第 10 行的 for 循环是否正确。

第 4 步：检查第 10 行的 for 循环。

取消第 17 行的断点，在第 11 行设置断点。该位置是第 10 行 for 循环体的第一个语句，程序停下来时，意味着将要执行循环体。

按 F5 键继续，此时程序停在第 11 行，各变量的值如图 6-9 所示。

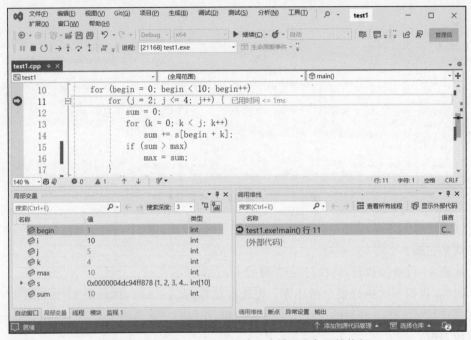

图 6-9　第 10 行 for 循环的第二遍循环准备开始执行

从图中看到 begin＝1，max＝10，可知将要执行第 10 行 for 循环的第二遍循环。注意，其中的 j＝5、k＝4，这两个值为上一遍循环执行的结果，不要误以为第二遍循环已经执行完毕。

再按 F5 键，程序又停在第 11 行，此时各变量的值如图 6-10 所示。

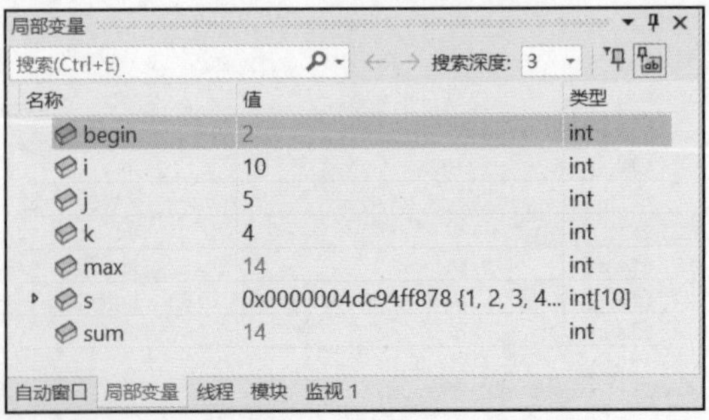

图 6-10　第 10 行 for 循环的第二遍循环执行完毕

第二遍 for 循环计算的是从下标 1 开始的连续 2 个、3 个、4 个元素的最大值,可以知道,连续的 4 个元素为 2、3、4、5,它们的和为 14,是其中最大的,因此,可以计算得知此时的 max 应该为 14。图 6-10 验证了该结果。

综合以上结果,第 10 行的 for 循环逻辑也没有错误。

错误在哪里?我们继续查看第 10 行的 for 循环的最后一遍循环的计算结果。

其最后一遍循环中,begin=9。

为了能直接将程序停在最后一遍循环,下面设置条件断点。

第 5 步:设置条件断点。

在第 11 行的红色圆圈(断点)上右击,弹出菜单如图 6-11 所示。

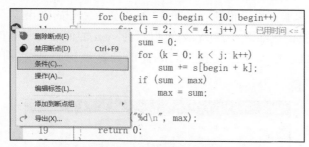

图 6-11 设置条件断点

在弹出菜单中单击"条件",弹出图 6-12 所示的界面。

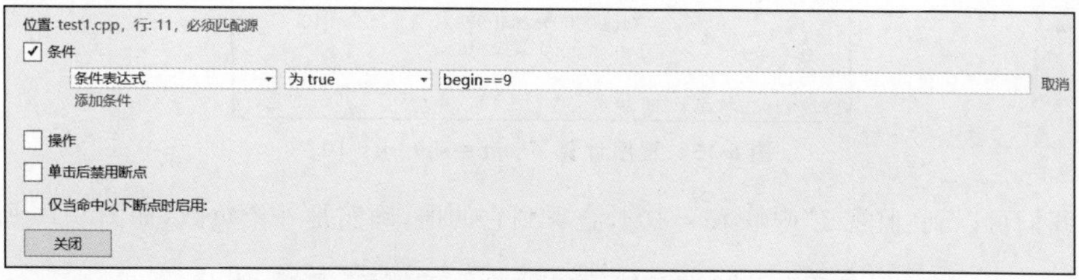

图 6-12 输入断点的条件

在"条件"下的文本框中输入"begin==9",含义为:当 begin==9 条件为 true 时,断点才会触发。然后单击"关闭"按钮。如果将鼠标移到红色圆圈上,将显示断点的条件,如图 6-13 所示。

第 6 步:继续调试。

按 F5 键继续调试,此时程序将停在 begin=9 的这一遍循环的开始处。此时各变量的值如图 6-14 所示。

从图 6-14 可了解到,max=34,即 7+8+9+10 的和,但是 sum 为一个负数,这个是 begin=8 的时候计算出来的一个值,显然发生了错误。我们查看这个错误在 begin=9 的循环中是否也会发生。

此时将计算从下标 9 开始的连续 2 个元素的和。下标为 9 的元素值为 10,这个地方往后已经没有连续的 2 个元素,计算其和将下标越界。考虑到此,即明白程序在这个位置出现了错误。

图 6-13 查看断点信息

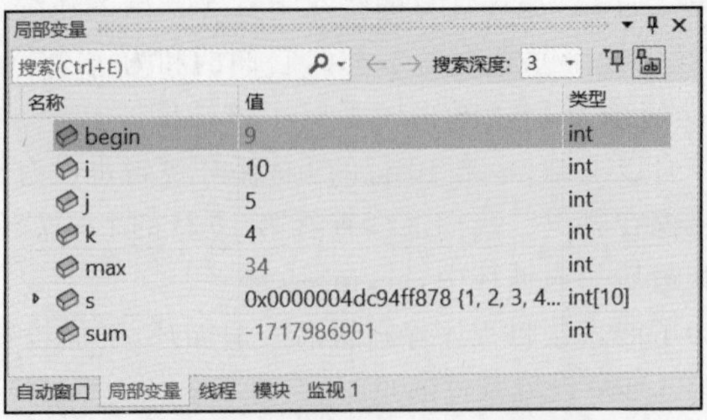

图 6-14 程序将要执行 begin=9 的循环

下面继续执行以验证以上推断。在第 17 行设置断点,按 F5 键继续执行,程序在第 17 行停下来时,变量的值如图 6-15 所示,可以看到 sum 的值也为一个负数,可以确认发生了下标越界,使得程序发生了错误。sum 此时计算得到的是 s[9]+s[10] 的值,而 s[10] 等于多少呢?

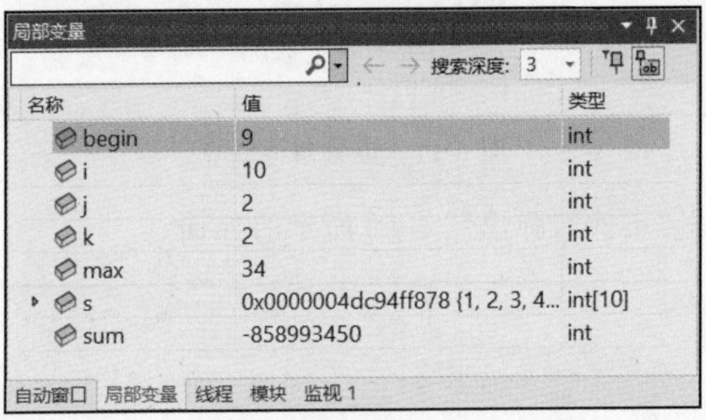

图 6-15 程序计算了 sum=s[9]+s[10]

我们可以到"监视1"中输入 s[10],查看到它的值,确实是一个负数,如图 6-16 所示。

图 6-16 查看 s[10] 的值

第 7 步:修改程序、运行。

为了下标不越界,将第 13 行的 for 循环的条件修改为:

```
k<j && begin+k<10
```

按 Shift+F5 组合键停止调试,然后按 Ctrl+F5 组合键执行程序。运行结果为:

```
1 2 3 4 5 6 7 8 9 10
34
```

以上结果正确。

第 8 步:继续测试。

虽然以上测试的结果正确,但不表示程序已经正确,我们还得考虑其他测试数据,继续测试。

按 Ctrl+F5 组合键运行程序,结果如下:

```
-1000 -2000 -3000 -4000 -5000 -6000 -7000 -8000 -9000 -10000
-100
```

按照我们的输入,和最大的应该是$-1000+(-2000)=-3000$,其他的和都比该值小。而程序输出-100,结果肯定错误。

取消第 11 行断点,保留第 17 行断点,按 F5 键启动调试,输入"-1000 -2000 -3000 -4000 -5000 -6000 -7000 -8000 -9000 -10000",程序在第 17 行停下来,各变量的值如图 6-17 所示。

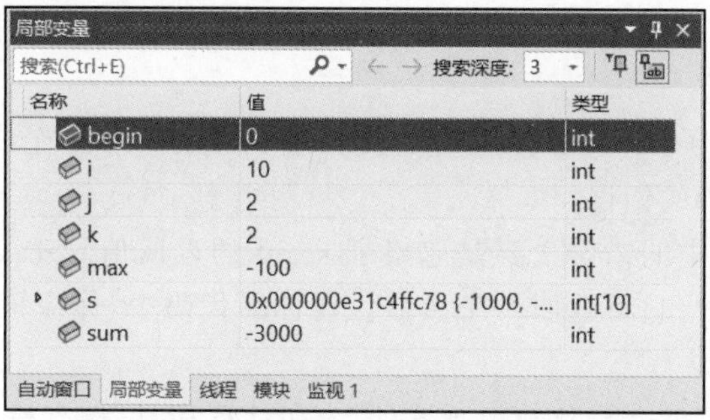

图 6-17 for 循环执行第一遍之后的变量值

从图 6-17 可以看到,sum 的值为-3000,是从 begin=0 开始的连续 j=2 个元素(即-1000、-2000)的和,该结果正确,但是 max=-100,其值不符合预期。

第 9 步:修改代码。

初步判断是因为第 15 行的 if(sum > max)判断条件为 false,从而未执行第 16 行的赋值语句。如需确认该判断,可以在第 15 行设置断点,重新调试,检查该判断条件。为节省时间,我们通过审查代码的方式,以期找到 if 条件为 false 的原因。

查看第 6 行,发现 max = -100,即 max 有一个初始值为-100,这样,当 sum=-3000 时,if(sum > max)判断结果为 false。

该错误表明,查找最大值时,max 的初始值不能设置为-100,而应该设置为最小的一个负数,下面将第 6 行修改为:

```
int s[10], max =-2147483648;
```

第 10 步:再次测试。

按 Shift+F5 组合键停止调试,再按 Ctrl+F5 组合键运行,结果如下:

```
-1000 -2000 -3000 -4000 -5000 -6000 -7000 -8000 -9000 -10000
-3000
```

以上运行结果正确。

第 11 步:继续测试。

换一组测试数据,按 Ctrl+F5 组合键运行,结果如下:

```
-1000 -2000 -3000 -4000 -5000 -6000 -7000 -8000 -9000 10000
10000
```

这组输入数据的最后一个元素改为了10000,那么连续的2个、3个或者4个元素的和应该是－9000＋10000＝1000最大,然而运行的输出结果为10000,所以结果错误。

第12步：调试。

请读者分析以上结果,根据前面介绍的调试技巧,自己调试,尝试找出错误的原因。

6.7 Copilot 实践：程序改错

对于以上程序,可以尝试让 Copilot 帮我们查找错误。

首先在代码窗口中将代码(调试改正之前的原始代码)全部选择,然后在 Copilot 聊天窗口进行交互。

【提问】数组保存了10个元素,程序计算数组中连续2个、3个或4个元素的和,并求得最大值,请改正其中的错误。

【回复】你的代码中的错误主要是忽略了 scanf 的返回值。scanf 函数返回成功读取的项数,如果读取失败,它将返回一个负数。在你的代码中,你应该检查 scanf 的返回值以确保读取成功。

此外,你的代码可能会导致数组越界,因为在计算和时,没有检查 begin ＋ k 是否超过了数组 s 的大小。需添加一些检查以避免这种情况。

以下是修改后的代码：

```c
#define _CRT_SECURE_NO_WARNINGS
#include <stdio.h>
#include <limits.h>
int main()
{
    int sum, i, j, k, begin;
    int s[10], max = INT_MIN;
    for (i = 0; i < 10; i++) {
        if (scanf("%d", &s[i]) != 1) {
            printf("Error reading input\n");
            return 1;
        }
    }
    for (begin = 0; begin < 10; begin++)
        for (j = 2; j <= 4; j++) {
            if (begin + j > 10) break; // Avoid going out of array bounds
            sum = 0;
            for (k = 0; k < j; k++)
                sum += s[begin + k];
            if (sum > max)
                max = sum;
        }
    printf("%d\n", max);
    return 0;
}
```

在这个修改后的代码中,添加了对 scanf 返回值的检查,并在计算和时添加了对数组越界的检查。此外,我还将 max 的初始值设置为 INT_MIN,这是 int 类型的最小可能值,这样可以确保任何合法的输入都会更新 max。

【说明】这里指出的 scanf 函数的返回值需要检查,我们一般不考虑这个错误。

另外,还指出了两个错误,一个是下标越界,另一个是 max 的初始值问题。

此外,上节调试时,最后遗留的那个错误,这里是否已改正?代码在"ch6\maxSum-co.cpp"中,请读者自行测试。

虽然 Copilot 能帮我们改正一般的错误,我们还是需要掌握测试和调试技巧,因为 Copilot 不能保证编写出完全正确的程序,请读者一定当心。

6.8 课堂练习

以下程序的功能是:将数组的 n 个元素逆序后存放在原数组中,请改正程序中的错误,使它能得出正确结果。

程序如下(源代码见"ch6\invert.cpp")

```
#define _CRT_SECURE_NO_WARNINGS
#include <stdio.h>
int main()
{
    int a[10] = { 9,3,0,4,1,2,5,6 }, n = 8;
    int i, t;
    for (i = 0; i <= n / 2; i++)
    {
        t = a[i]; a[i] = a[n - i]; a[n - i] = t;
    }
    for (i = 0; i < n; i++)
    {
        printf("%4d", a[i]);
    }
    return 0;
}
```

6.9 本章小结

进入数组编程,算法更复杂,源程序开始变长,对我们提出了更高的要求。我们在编写数组相关程序时,需要具备一种搭积木的思维。

数组的程序中,有几个基本的"积木":增(加)、删(除)、改(修)、查(询),我们需要具备能力自己编写这些算法的代码。

以上几个"积木",是一些基本的算法,另外还有一些算法如:数组的逆序、有序插入、排序等,这些算法对应的程序也需要掌握。

在具体的编程实践中,我们不能指望简单地将"积木"拼在一起就能解决问题,需要对其中的代码进行少量修改,各"积木"才能无缝地拼到一起。

编程过程中,需要特别注意下标越界问题。如果下标越界,最好的情况是程序暂时正常运行,但随时会出错,可能带来灾难性的后果,比如计算机被病毒侵入、工业生产发生事故,甚至火箭坠落。

以下数组的典型程序,读者可以使用 Copilot 定义成函数,然后测试其正确性,最后弄懂其中的算法:

(1) 查找指定的元素,输出其下标。例如,查找数值 5 是否在数组中。
(2) 查找数组的最大(最小)值,并打印。
(3) 数组的逆序。
(4) 在数组中删除满足某条件的元素(条件包括:等于某值、小于或者大于某值等)。
(5) 在有序数组中插入一个元素,使得数组仍然有序。
(6) 数组的冒泡排序(升序或降序)。
(7) 数组的选择排序(升序或降序)。
(8) 数组的直接插入排序(升序或降序)(进阶)。

第 7 章

二维数组

7.1 本章目标

- 掌握二维数组的使用。
- 熟练使用循环语句对二维数组进行操作。
- 熟练 VS 的调试操作,发现程序执行上的逻辑错误。

7.2 基本操作

在 C 语言中,可以如下声明一个二维数组:

```
int array[4][5];
```

表示创建了一个有 4 行 5 列的二维数组。每个元素是整型(int)。

要访问二维数组中的元素,我们需要指定元素的行索引和列索引:

```
array[2][3] =10; //将第 3 行第 4 列的元素设置为 10
```

下面以五子棋为例讲解二维数组的数据组织和处理技巧。五子棋是一个两人对弈的棋类游戏,目标是在棋盘上先形成连续的五个棋子的一方为胜。我们通常使用一个 15×15 的网格作为棋盘。我们需要考虑以下问题。

1. 将二维数组对应到棋盘的行和列

在五子棋的棋盘中,整个棋盘可被视为一个二维数组,其中每一行可以表示为数组中的一个元素(即一维数组),而行中的每个格点则对应该一维数组中的元素。

假设有一个 15×15 的棋盘,用一个二维数组 board 来表示,其中 board[i][j]代表棋盘上第 i 行第 j 列的状态(注意,数组索引从 0 开始)。

可以如下声明和定义这个二维数组:

```
#define SIZE 15
int board[SIZE][SIZE];
```

其中,SIZE 是一个常量,定义棋盘的大小。board 数组定义棋盘,其中的每个元素存储该位置的状态,包括空、有黑子、有白子三个状态。

2. 循环将棋盘初始化为空

初始化棋盘是开始游戏前的必要步骤,需要将棋盘的所有位置都设置为"空"。在这个场景中,可以约定使用 0 表示"空",1 表示"黑子",2 表示"白子"。

为了将棋盘每一个位置都初始化为"空",需要遍历二维数组 board 的每一个元素,并将其值设置为 0。可以通过如下嵌套循环实现:

```
void init(int board[][SIZE]){
    for (int i =0; i <SIZE; i++) { //外层循环遍历行
        for (int j =0; j <SIZE; j++) { //内层循环遍历列
            board[i][j] =0; //将当前位置初始化为"空"
        }
    }
}
```

以上代码中,外层循环遍历棋盘的每一行,内层循环遍历每一行中的每一列。通过这种方式,可以访问棋盘上的每一个位置,并将其初始化为 0,即表示该位置为空。

3. 放置棋子

设计一个如下的函数放置棋子。该函数接收三个参数:行号、列号和棋子类型(假设黑子为 1,白子为 2)。

```
void placePiece(int board[][SIZE], int row, int col, int piece) {
    if (row >=0 && row <SIZE && col >=0 && col <SIZE && board[row][col] ==0) {
        board[row][col] =piece;
    }
}
```

以上函数中,首先检查给定的行号和列号是否在棋盘范围内,同时该位置是否为空(即 board[row][col] == 0)。如果这些条件都满足,就在指定位置放置棋子。

4. 判断棋子是否连成一条线

判断棋子是否连成一条线,需要检查所有可能的方向:水平、垂直、两个对角线方向。对于每个方向,都需要检查是否有连续五个相同的棋子。代码如下:

```
bool checkDirection(int board[][SIZE], int row, int col, int direction) {
    int piece =board[row][col]; //直接使用当前位置的棋子作为判断依据
    if (piece ==0) return false; //如果当前位置为空,则该方向不可能连成线
    int count =1;                //当前位置已有一个棋子
    int dRow[] ={0, 1, 1, 1};    //分别对应水平、垂直、对角线、反对角线的行增量
    int dCol[] ={1, 0, 1, -1};   //分别对应水平、垂直、对角线、反对角线的列增量
    //向一个方向检查
    for (int i =1; i <5; i++) {
        int r =row +i * dRow[direction -1];
        int c =col +i * dCol[direction -1];
        if (r <0 || r >=SIZE || c <0 || c >=SIZE || board[r][c] !=piece) break;
        count++;
```

```
        }
        //向相反方向检查
        for (int i =1; i <5; i++) {
            int r = row - i * dRow[direction -1];
            int c = col - i * dCol[direction -1];
            if (r <0 || r >=SIZE || c <0 || c >=SIZE || board[r][c] !=piece) break;
            count++;
        }
        return count >=5;
    }
    bool checkWin(int board[][SIZE], int row, int col) {
        //检查四个方向,分别对应水平、垂直、对角线、反对角线
        for (int direction =1; direction <=4; direction++) {
            if (checkDirection(board, row, col, direction)) {
                return true;
            }
        }
        return false;
    }
```

checkWin 函数接收棋盘状态和最后一次落子的位置,调用 checkDirection 函数检查四个方向。如果任何一个方向上连续的相同棋子数量达到五个或以上,就返回真,表示赢得比赛。它直接在函数内部获取当前位置 board[row][col] 的棋子类型,并以此作为判断依据。如果当前位置为空(即 piece == 0),则直接返回 false,因为空位置显然不能形成连线。

checkDirection 函数负责检查单个方向上连续的相同棋子的数量。它使用两个循环分别向该方向和相反方向检查。

5. 编程时需要考虑的特殊情况

(1) **边界情况**:在 checkDirection 函数中,需要确保检查的位置没有超出棋盘边界。

(2) **空位置**:在放置棋子之前,需要确认目标位置为空。如果目标位置已有棋子(无论黑白),应阻止玩家在该位置落子。

(3) **棋盘满**:在实际游戏中,还需要考虑棋盘被填满但仍无人获胜的情况,通常视为平局。

通过以上步骤,可以实现五子棋游戏中放置棋子和判断胜负的基本逻辑。该过程不仅涉及了二维数组的操作,还包括了对复杂逻辑的处理,能较好地提升编程技能。

7.3 调试程序

以下程序的功能是:输出 M 行 M 列整数方阵(二维数组),然后求两条对角线上各元素之和,返回此和数。请改正程序中的错误,使它能得出正确结果。

程序如下(源代码见"ch7\DiagonalSum.cpp")。

```
1:     #define _CRT_SECURE_NO_WARNINGS
2:     #include <stdio.h>
```

```
 3:     #define M 5
 4:     int main()
 5:     {
 6:         int aa[M][M]={{1,2,3,4,5},{4,3,2,1,0},{6,7,8,9,0},{9,8,7,6,5},
                          {3,4,5,6,7}};
 7:         int i,j,sum=0;
 8:         printf("The %d x %d matrix:\n",M,M);
 9:         for(i=0;i<M;i++)
10:         {
11:             for(j=0;j<M;j++)
12:                 printf("%4f",aa[i][j]);
13:             printf("\n");
14:         }
15:         for(i=0;i<M;i++)
16:         {
17:             sum+=aa[i][i]+aa[i][M-1-j];
18:         }
19:     printf("\nThe sum of all elements on 2 diagnals is %d.",sum);
20:     return 0;
21: }
```

首先按Ctrl+F5组合键生成并运行程序,得到图7-1所示的错误信息,可以看到输出的对角线的和有误。

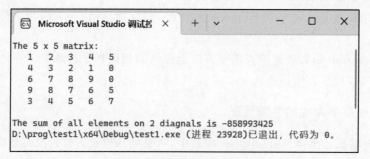

图7-1 错误的输出结果

这个错误很可能出在求和的循环中,所以我们将断点设在第18行的for循环结尾处。

按F5键启动调试,在第18行停下来时,此时for循环已经执行了第一遍,查看sum变量的值,发现值为-858993459,如图7-2所示。

可以确定第17行的语句存在错误。

仔细审查第17行,发现第二个对角线元素应该为aa[i][M-1-i],而不是aa[i][M-1-j],变量名写得有误。

改正这个错误,停止调试,再按Ctrl+F5组合键执行程序,得到了运行结果:

The sum of all elements on 2 diagnals is 50.

经过手工验算得知,和应该为:

1+5+3+1+8+8+6+3+7=42

程序得到的结果比我们计算的结果大了8,肯定还是第15行的for循环有错误。

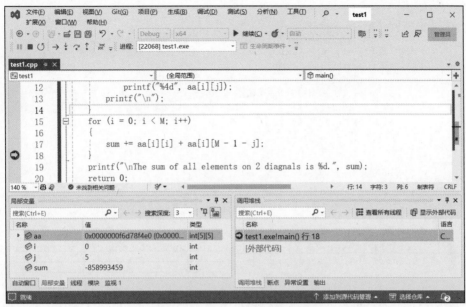

图 7-2　第一遍 for 循环执行之后

经过审查发现,对于第 2 行第 2 列两条对角线交叉处的 8,在计算累加和时,被累加了两次。

需要特别处理两条对角线交点的位置,将 for 循环修改成如下:

```
for (i = 0; i < M; i++)
{
    sum += aa[i][i] + aa[i][M - 1 - i];
    if (i == M - 1 - i) //对于交点的元素,由于重复加了一次,因此需要减掉一个
        sum -= aa[i][i];
}
```

再运行程序,结果正确。

7.4　Copilot 实践:五子棋

7.2 节编写了五子棋的部分代码,下面使用 Copilot 完成余下的代码,使得能玩这个游戏。

首先将代码(完整的代码在"ch7\wuziqi.cpp"中,读者可删除后面生成的代码自己尝试以下过程)复制到代码编辑窗口中,然后全选所有代码,下面开始交互。

【提问 1】程序的功能是:实现一个五子棋游戏。在 15×15 的棋盘上,模拟两个玩家轮流落子。现有部分已实现的代码,请补充其余代码,实现输出棋盘,两名玩家下棋,最后输出谁赢得游戏。

【回复 1】以下是补充的代码,包括打印棋盘的函数 printBoard,模拟玩家下棋的函数 playGame,以及主函数 main。

```
//打印棋盘
void printBoard(int board[][SIZE]) {
    for (int i = 0; i < SIZE; i++) {
        for (int j = 0; j < SIZE; j++)
            if (board[i][j] == 0)
                printf("+ ");
            else if (board[i][j] == 1)
                printf("X ");
            else printf("O ");
        printf("\n");
    }
}
//模拟玩家下棋
void playGame(int board[][SIZE]) {
    int currentPlayer = 1;
    while (true) {
        int row, col;
        printf("Player %d, please enter your move (row col): ", currentPlayer);
        scanf("%d %d", &row, &col);
        placePiece(board, row, col, currentPlayer);
        printBoard(board);
        if (checkWin(board, row, col)) {
            printf("Player %d wins!\n", currentPlayer);
            break;
        }
        currentPlayer = 3 - currentPlayer; //切换玩家
    }
}
//主函数
int main() {
    init(board);
    printBoard(board);
    playGame(board);
    return 0;
}
```

这段代码首先初始化棋盘,然后打印出初始的棋盘,开始游戏,两个玩家轮流下棋。每次下棋后,都会打印出当前的棋盘,并检查是否有玩家获胜。如果有玩家获胜,就打印出胜利的玩家,并结束游戏。

【说明】运行结果如图 7-3 所示,每次玩家输入落子位置后,没有清空屏幕,而是在后面继续输出下一个棋盘。我们希望每次在原来的位置显示棋盘,仅仅只在落子位置增加一个 X。下面让 Copilot 修正代码。

【提问 2】请在玩家落子后清空屏幕再输出棋盘。

【回复 2】在 C++ 中,清空屏幕的方法取决于你的操作系统。在 Windows 中,你可以使用 system("cls"),在 UNIX/Linux 中,你可以使用 system("clear")。但是,使用 system 函数通常不被推荐,因为它可能会带来安全问题。

不过,由于这是一个简单的五子棋游戏,我们可以暂时忽略这些问题。以下是修改后的代码:

```
//模拟玩家下棋
void playGame(int board[][SIZE]) {
```

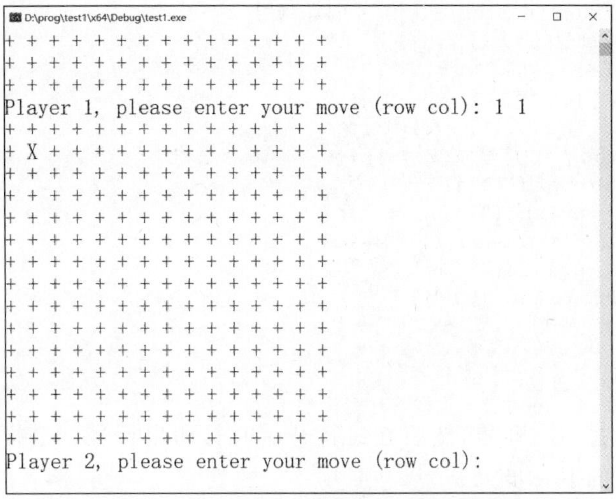

```
D:\prog\test1\x64\Debug\test1.exe
+ + + + + + + + + +
+ + + + + + + + + +
+ + + + + + + + + +
Player 1, please enter your move (row col): 1 1
+ + + + + + + + + +
X + + + + + + + + +
+ + + + + + + + + +
+ + + + + + + + + +
+ + + + + + + + + +
+ + + + + + + + + +
+ + + + + + + + + +
+ + + + + + + + + +
+ + + + + + + + + +
+ + + + + + + + + +
Player 2, please enter your move (row col):
```

图 7-3 输出下一个棋盘前没有清空屏幕

```
int currentPlayer = 1;
while (true) {
    int row, col;
    printf("Player %d, please enter your move (row col): ", currentPlayer);
    scanf("%d %d", &row, &col);
    placePiece(board, row, col, currentPlayer);
    system("cls"); //在 Windows 中清空屏幕
    // system("clear"); //在 Unix/Linux 中清空屏幕
    printBoard(board);
    if (checkWin(board, row, col)) {
        printf("Player %d wins!\n", currentPlayer);
        break;
    }
    currentPlayer = 3 - currentPlayer; //切换玩家
}
}
```

每次玩家下棋后,这段代码都会清空屏幕,然后再打印出当前的棋盘。

【说明】将代码替换进去后,会出现编译错误,提示 system 未定义,是因为使用 system 需要包含头文件。可如下操作:在#include <stdio.h> 后按回车键,Copilot 会建议头文件,建议代码为:#include <stdlib.h>,接受建议即可。

现在有一个缺点,想要落子到某一个位置,需要自己在棋盘上数行列号,很不方便,下面要求 Copilot 在输出棋盘时加上行列号。

【提问 3】在输出棋盘时,请加上行列号,比如以下方式:

```
  0 1 2 3 4 5
0 + + + + + +
1 + + + + + +
2 + + + + + +
```

【回复 3】可以在 printBoard 函数中添加行列号的打印,以下是修改后的代码:

```
//打印棋盘
void printBoard(int board[][SIZE]) {
```

```
    for (int i = 0; i < SIZE; i++) //打印列号
        printf("%2d ", i);
    printf("\n");
    for (int i = 0; i < SIZE; i++) {
        printf("%d ", i); //打印行号
        for (int j = 0; j < SIZE; j++)
            if (board[i][j] == 0)
                printf("+ ");
            else if (board[i][j] == 1)
                printf("X ");
            else printf("O ");
        printf("\n");
    }
}
```

这段代码首先打印出列号，然后在每行开始时打印出行号。这样，玩家就可以通过行列号来确定他们的下一步。

【说明】将代码替换进去后，输出的棋盘如图 7-4 所示，可以看到数字和棋盘上的加号没有对齐。这种问题，因为准确描述比较困难，如果需要 Copilot 来改正代码，可能需要经过多轮交互。这里我们自己改正输出格式以对齐。

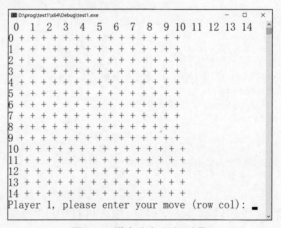

图 7-4 棋盘上加了行列号

将 printBoard 函数的前面几行修改为：

```
void printBoard(int board[][SIZE]) {
    printf("  "); //输出一个空格
    for (int i = 0; i < SIZE; i++)
        printf("%2d", i);    //以两位输出一个数字，不足两位则在左边补空格
    printf("\n");
    for (int i = 0; i < SIZE; i++) {
        printf("%2d", i);   //以两位输出一个数字
……
```

到目前为止，游戏已经能玩，但是提到的以下两个问题还没处理好。

（1）空位置：在放置棋子之前，需要确认目标位置为空。如果目标位置已有棋子（无论黑白），应阻止玩家在该位置落子。

对于这个问题，placePiece 函数在落子前会判断当前位置是否为空，不为空则不落

子。但是程序将使得该玩家被跳过,也就是少落了一个子。我们可以改进,使得该玩家不要被跳过。

(2) **棋盘满**:在实际游戏中,还需要考虑棋盘被填满但仍无人获胜的情况,通常视为平局。

这种情况现在也还没处理。需要再增加一个判断棋盘是否已满的函数。

在实际玩游戏的过程中,我们可能会有很多想法希望改进它,我们可以和 Copilot 交互,以改进我们的程序。到目前为止的程序代码在"ch7\wuziqi.cpp"中,读者可以在此基础上继续,或者从头开始进行交互。

7.5 课堂练习

以下二维数组中保存了 4 个学生的课程成绩,每一行为一个学生的成绩,给定程序的功能是:找出平均成绩最高的学生,并输出其平均成绩与下标。请改正程序中的错误,使其能得出正确结果。

程序如下(源代码见"ch7\maxAverage.cpp"):

```
#include <stdio.h>
int main()
{
    int a[4][4]={{9,8,9,7},{8,7,9,6},{7,8,9,7},{8,7,6,8}};
    int i,j,max,row, stuSum, stuAvg;
    max=0;       //首先将max赋为0,后面任意数与它比较都将比它大
    stuSum=0;
    for(i=0;i<4;i++){
        for(j=0; j<4; j++)
            stuSum +=a[i][j];
        stuAvg =stuSum / 4.0;
        if(stuAvg>max)
        {
            row=i;
            max=stuAvg;
        }
    }
    printf("max=%d,student is:%d\n", max, row);
    return 0;
}
```

7.6 本章小结

二维数组有行列两个下标,我们需要兼顾两个下标编写代码。比如,判断五子棋是否有 5 个子连成一条线,处理从当前位置到其右下一个位置时,行和列下标需要怎么改变?基于此,其他的一些实际问题,都需要巧妙处理行和列下标的联动变化,比如魔方矩阵、蛇形矩阵等。

第 8 章 字符数组

8.1 本章目标

- 掌握字符数组的使用。
- 熟练使用循环语句对字符串进行操作。
- 掌握字符串的几个库函数。
- 熟练 VS 的调试操作。

8.2 字符串的结尾 '\0'

字符数组和普通一维数组类似,其主要区别为:字符数组中,一般都在最后添加一个结束符'\0',形成一个字符串,从而可以使用针对字符串操作的函数,包括 strcpy、strcat、strcmp、strlen、puts 等。

即使是逐字符处理,在编程上也和普通数组有些区别。

处理一维数组时,模板程序为:

```
for(i=0;i<n;i++)    //从第 0 到第 n 个元素循环
{
    //处理第 i 个元素
}
```

而字符串中,最后有一个'\0'作为结尾,因此,不用额外的变量 n 记录字符串的大小,循环处理的语句编写如下,与前述循环的主要区别为循环控制条件:

```
char str[50];      //一个字符数组大小为 50
……
for(i=0;str[i] !='\0'; i++)
{
    //处理第 i 个元素
}
```

对于字符串而言,必须在最后有一个字符为'\0',否则不能当作字符串处理,也不能应用字符串的一些处理函数。请理解以下两种初始化语句的区别:

```
char c[]={'c',' ','p','r','o','g','r','a','m'};
```

```
char c[]={"c program"};
```

可以运行以下程序,帮助理解其区别:

```
#include "stdio.h"
#include "string.h"
int main()
{
    //char c[]={'c',' ','p','r','o','g','r','a','m'};
    char c[]={"c program"};   //先运行一次,然后将本行注释,上面一行恢复,再运行
    printf("len=%d\n", strlen(c));
    printf("str:%s\n", c);
    return 0;
}
```

【知识点】

(1) 如果调用字符串处理函数(诸如 strlen,strcpy 等),或者 printf 以％s 输出字符串,要求该字符数组的最后必须有字符'\0'。

(2) 如果输出字符串时,发现输出结果里有乱码,必须意识到可能字符串没以'\0'结尾。例如,进行字符串复制操作时遗漏了字符'\0'。

比如,以上程序使用 char c[]={'c',' ','p','r','o','g','r','a','m'}; 进行初始化,则输出结果如图 8-1 所示。可看到输出的字符串长度 len 不对,字符串的最后也输出了乱码。

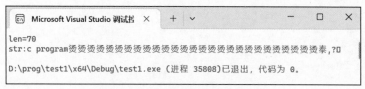

图 8-1 字符串输出时出现乱码

8.3 输入字符串

C/C++ 语言中,输入字符串的方法有很多,下面介绍几种常用的输入方式。

8.3.1 scanf 函数

函数的使用方式为:scanf("％s",buffer)

与用 scanf 输入字符、数字等方式一样,输入规则如下。

(1) 读取并忽略开头所有的空白字符(如空格、换行符、制表符 Tab)。

(2) 读取字符直至再次遇到空白字符,读取终止。

如:

```
int main()
{
    char s1[10], s2[10];
    printf("Please input:\n");
```

```
    scanf("%s%s", s1, s2);
    printf("%s%s", s1, s2);
}
```

运行结果为(其中下画线部分为输入):

```
Please input:
  I love China!
Ilove
```

输入的字符串中,前两个字符是空格,被自动忽略,然后将 I 输入 s1 中(遇到空格结束 s1 的输入),再将 love 输入 s2 中(同样遇到空格结束 s2 的输入)。

这种方式不能读入包含空格的字符串,有时不能满足需要,可以改用 fgets 函数。

8.3.2 cin>>读取字符串

C++ 可以使用 cin>>buffer 将字符串读取到 buffer 数组中,其功能和 scanf 函数差不多,也会忽略开头遇到的空白字符,同样不能读入包含空格的字符串。以下代码的运行结果和前面完全相同:

```
int main()
{
    char s1[10], s2[10];
    cout << "Please input:" << endl;
    cin >> s1 >> s2;
    cout << s1 << s2;
}
```

8.3.3 gets_s 函数

以前的教材上都使用 gets 函数,但是 gets 函数在 C11 及其后续版本中已被移除,使用时会提示错误"找不到标识符"。

我们可以使用 gets_s 函数来代替 gets 函数。gets_s 函数是一个更安全的版本,它可以使用一个额外的参数来指定输入的最大长度,这可以防止缓冲区溢出。

gets_s 函数的原型为:

```
gets_s(char * buffer, int size)
```

gets_s 函数从标准输入流(键盘)中读取字符串,最多读取 size-1 个字符,或者接收到换行符或 EOF 时停止,并将读取的结果存放在 buffer 指针所指向的字符数组中。换行符不作为读取串的内容,读取的换行符被转换为'\0'空字符,并由此来结束字符串。如果读取到的字符中不包含换行符,函数会在末尾添加一个空字符('\0')。

使用方式如下:

```
int main()
{
    char s1[20],s2[20];
    printf("Please input:\n"); //cout<<"Please input:"<<endl;
```

```
    gets_s(s1,20);
    gets_s(s2,20);
    printf("%s\n%s", s1, s2); //cout<<s1<<endl<<s2;
    return 0;
}
```

第 1 次运行,输入的字符串较短,运行结果如图 8-2 所示。

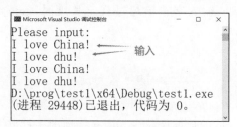

图 8-2　输入包含空格的字符串

从运行结果可知,读入的 s1 和 s2 字符串中可以包含空格,但结尾不包含'\n',即换行符不保存在字符数组中。

第 2 次运行,输入的字符串较长,超出了字符数组的大小(这个程序是 20),运行结果如图 8-3 所示。在输入了第一个字符串再按回车键后直接弹出如图 8-3 所示的报错提示窗口。

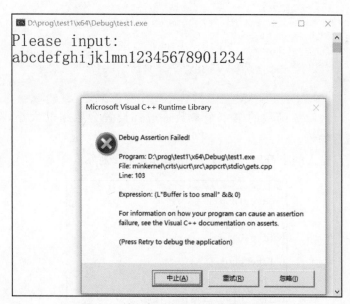

图 8-3　输入超过长度的字符串将报错

8.3.4　fgets 函数

gets_s 和 fgets 都是用于从输入流中读取字符串的函数,但它们在以下一些方面有所不同。

(1) 输入流:gets_s 函数只能从标准输入(即键盘)读取数据,而 fgets 函数可以从任何已打开的文件或输入流中读取数据。

(2)行尾处理:gets_s函数会自动删除读取的字符串末尾的换行符,而fgets函数则会保留换行符。

(3)标准兼容性:gets_s函数是C11标准的一部分,并非所有的C编译器都支持它。另一方面,fgets函数是C和C++的标准部分,几乎所有的C和C++编译器都支持它。

(4)超长字符串处理:输入字符串超过规定长度时,gets_s将报错,fgets能正常读入。

fgets()函数原型为:

```
fgets(char * buffer,int size,FILE * stream);
```

fgets函数从文件stream中读取数据(如果从键盘读取,则第三个参数设置为stdin),每次读取一行。读取的数据保存在buffer指向的字符数组中,每次最多读取size-1个字符(第size个字符赋'\0')。如果输入的一行内容不足size-1个字符,则读完该行就结束。如若该行(包括最后一个换行符)的字符数超过size-1,则fgets只返回一个不完整的行,但是,buffer中的内容总是以'\0'字符结尾。

使用方式如下:

```
int main()
{
    char s1[20], s2[20];
    printf("Please input:\n"); //cout<<"Please input:"<<endl;
    fgets(s1, 20, stdin);
    fgets(s2, 20, stdin);
    printf("%s\n%s", s1, s2); //cout<<s1<<endl<<s2;
    return 0;
}
```

以上程序显示,fges函数的第二个参数一般都设置为数组的大小,第三个参数是stdin,表示从键盘输入。

第1次运行,输入的字符串较短,运行结果如图8-4所示。

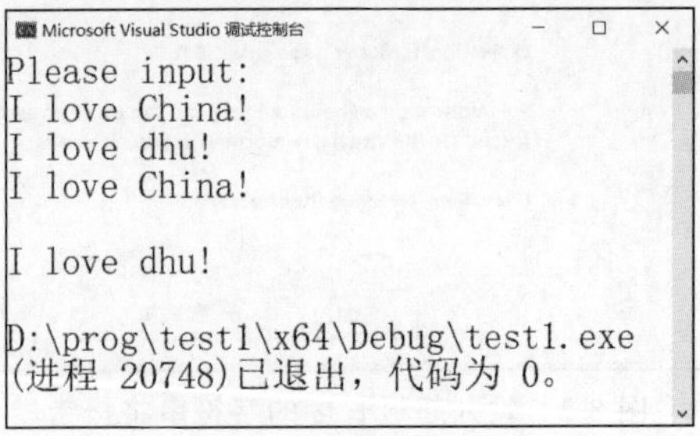

图 8-4 运行结果

从运行结果可以看出,输入的s1和s2中都包含换行符,所以在运行窗口中,输出的"I love China!"和"I love dhu!"后都有一个空行。

对比图8-2和图8-4可知,用fgets输入的字符串中包含换行符'\n',而gets_s输入的字符串中没有'\n'。这是它们的重要区别。

第 2 次运行,输入的字符串较长,超出了 fgets 第二个参数的大小,运行结果如图 8-5 所示。

从运行结果可知,输入 s1 中的字符数量为 20-1=19,并在最后添加一个'\0',放到 s1 数组中,其字符为"abcdefghijklmn12345\0",其中没有换行符。而输入 s2 时,输入缓冲区中还有字符"678901234\n",所以,s2 中存放的字符为"678901234\n\0",其中有换行符。

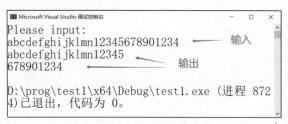

图 8-5　运行结果

从这个结果可以知道,fgets 并不是在后面自动添加换行符'\n',比如上面的 s1 中没有换行符,它只是不会将换行符丢弃掉,而 gets_s 会在读到换行符后将其丢弃。

请对比图 8-5 和图 8-3,理解在输入的字符串长度超过 gets_s、fgets 函数第 2 个参数的大小时,它们处理方式的差异。

8.3.5　字符串输入方式总结

字符串的输入方式还有很多种,包括 cin.get()、cin.getline()函数等,但这些函数使用起来都有可能导致后续的 cin 失效,从而造成编程上的不方便。所以建议如下:

(1) 在输入的字符串中不包含空白字符的情况下,可以使用 scanf("%s")和 cin>>方式输入;

(2) 在输入的字符串中可能包含空白字符的情况下,推荐使用 fgets()函数。

此外,需要注意:

如果 gets_s 或者 fgets 读入时,直接遇到回车符,则 gets_s 读到空字符串,fgets 读到的字符串仅包含"\n"。

8.4　调试程序

以下程序由用户输入 n 个字符串,输出每个字符串的单词的个数。其中单词的定义为:空格隔开的连续可见字符为一个单词。如"I love China!"为 3 个单词。

程序如下(代码见 ch8\countWords.cpp):

```
1:    #define _CRT_SECURE_NO_WARNINGS
2:    #include "stdio.h"
3:    int main()
4:    {
5:        char sentence[100], lastChar=' ';
```

```
 6:        int count=0,i=0,n;
 7:        printf("Please input n:");
 8:        scanf("%d", &n);
 9:        while(n--)
10:        {
11:            scanf("%s", sentence);
12:            while(sentence[i] !=0)   //字符串还未结束
13:            {
14:                //如果上一个字符是空格,而本字符不是空格,则总数加 1
15:                if (lastChar == ' ' && sentence[i] !=' ')
16:                    count++;
17:                lastChar =sentence[i];
18:                i++;
19:            }
20:            printf("total %d words\n", count);
21:        }
22:        return 0;
23:    }
```

运行结果：

```
Please input n:2
I love China!
total 1 words
total 1 words
```

以上的输入,期望输入两行字符串,程序却只读入了一行,然后输出了两行"total 1 words"。

从输出的内容看,while 循环执行了两遍,输出了两行"total 1 words",所以第 9 行的 while 循环控制条件没有问题,下面在 while 循环内部查找错误。

为了定位错误,将断点设在第 12 行,下面首先查看输入的 sentence 字符串是否正确,如果正确,再跟踪进入循环。

按 F5 键启动调试,按照以上执行程序时的内容输入,程序中断在第 12 行时,监视变量窗口显示 sentence 的内容为"I",如图 8-6 的圆圈中所示内容。单击 sentence 变量前的小三角形将其展开,查看字符数组中的内容,可以看到,sentence[0]的值为'I',sentence[1]的值为'\0'。所以计算出的单词数只有 1,第 11 行的输入语句存在错误。

分析：由于第 11 行的输入语句在读入字符串时,读到空格即结束,即字符串中不能包含空格。因此,将第 11 行语句修改成：

```
fgets(sentence,100,stdin);
```

修改后,按 Shift+F5 组合键停止调试,再次运行程序,结果如下：

```
Please input n:2
total 1 words
I love China!
total 3 words
```

从结果可知,输入 2 之后,立即输出"total 1 words",然后再输入"I love China!",输出的结果为"total 3 words"。从结果分析,"I love China!"字符串的单词数目计算正确,错误现象为：输入数字 2 之后立即输出"total 1 words"。

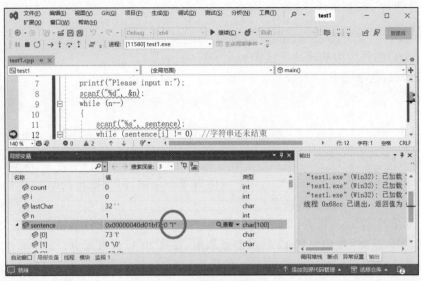

图 8-6　查看字符数组内容

为了找到原因,再次按 F5 键启动调试(断点仍然在第 12 行),首先输入 2,然后按回车键,程序此时中断在第 12 行,如图 8-7 所示。

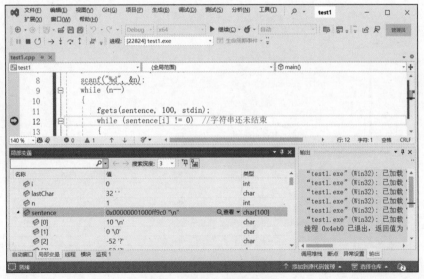

图 8-7　查看字符数组内容

从图 8-7 所示的监视变量窗口可以看出,此时 sentence 中已有字符串,内容为"\n\0",也就是读入的内容为一个换行符。

为什么输入数字 2 后,sentence 立即读到了一个换行符?

仔细分析可知,输入数字 2 后按回车键,第 8 行将 2 从缓冲区读掉,回车符仍然留在输入缓冲区中。第 11 行 fgets 时,遇到回车符,立即读入,使得 sentence 数组中只包含一个换行符"\n"。

原因找到后,需要解决:如何让数字2之后的回车符消失。可以将第8行修改成:

scanf("%d", &n); getchar();

getchar()的作用为从缓冲区读掉一个字符(回车符)。

再次运行,结果如下:

```
Please input n:2
abc
total 1 words
a b c d
total 2 words
```

从结果看,第二个字符串为"a b c d"应该有4个单词,但是输出的结果是2个单词。难道计算单词的while循环出错了?

由于对字符串"abc"计算出来的单词数为1,没有出错,因此我们输入第2个字符串后再调试循环,所以,我们将第12行的断点取消,在第11行设置断点。

再次按F5键启动调试,首先输入2,然后按回车键,程序中断在第11行。按F10键,让程序单步执行,此时程序等待输入,我们输入"abc"后,按F5键继续执行,程序输出了"total 1 words",然后又中断在第11行。此时,按F10键,然后输入"a b c d"回车,再查看监视变量,如图8-8所示。

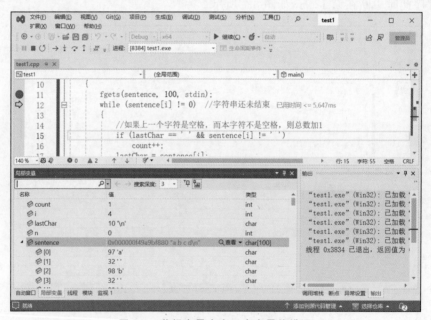

图8-8 监视变量中有三个变量值错误

从监视变量的值可知:

(1) sentence字符串的内容正确。

(2) lastChar为'\n',应该为空格,错误!

(3) count为1,应该为0,错误!

(4) i为4,应该为0,错误!

以上三个错误的原因是读入第 2 个字符串后需要对这三个变量重新初始化,需要将变量的初始化语句放在 while(n--)里面,修改后的代码为(阴影部分的三行代码为新增加的代码):

```c
int main()
{
    char sentence[100], lastChar = ' ';
    int count = 0, i = 0, n;
    printf("Please input n:");
    scanf("%d", &n); getchar();
    while (n--)
    {
        lastChar = ' ';
        count = 0;
        i = 0;
        fgets(sentence, 100, stdin);
        while (sentence[i] != 0)   //字符串还未结束
        {
            //如果上一个字符是空格,而本字符不是空格,则总数加 1
            if (lastChar == ' ' && sentence[i] != ' ')
                count++;
            lastChar = sentence[i];
            i++;
        }
        printf("total %d words\n", count);
    }
    return 0;
}
```

再次运行,结果如下:

```
Please input n:2
abc
total 1 words
a b c d
total 4 words
```

以上运行结果正确。但如果输入时在字符串的后面加两个空格,则运行结果如下:

```
Please input n:1
a b c d  
total 5 words
```

这里结果仍然出错,请读者接着调试、修改代码。

8.5　Copilot 实践：程序改错

我们对以上的错误代码,使用 Copilot 改错,检测一下它的改错能力。

我们打开最初的错误代码 ch8\countWords.cpp,选择全部代码,再在 Copilot 聊天窗口交互。

【提问 1】程序的功能是:由用户输入 n 个字符串,输出每个字符串的单词的个数。其中单词的定义为:空格隔开的连续可见字符为一个单词。如"I love China!"为 3 个单词。请改正其中的 bug。

【回复 1】在 C++ 中，scanf 函数的返回值表示成功读取的项数。如果你不检查这个返回值，可能会导致未定义的行为，如果输入不符合预期的格式。在你的代码中，你没有检查 scanf 的返回值，这可能是你遇到的问题。

以下是修复后的代码：

```
#define _CRT_SECURE_NO_WARNINGS
#include "stdio.h"
int main()
{
    char sentence[100], lastChar = ' ';
    int count = 0, i = 0, n;
    printf("Please input n:");
    if(scanf("%d", &n) != 1) {
        printf("Failed to read integer.\n");
        return 1;
    }
    while (n--)
    {
        i = 0; // Reset i for each new sentence
        count = 0; // Reset count for each new sentence
        lastChar = ' '; // Reset lastChar for each new sentence
        if(scanf("%s", sentence) != 1) {
            printf("Failed to read string.\n");
            continue;
        }
        while (sentence[i] != 0)   //字符串还未结束
        {
            //如果上一个字符是空格，而本字符不是空格，则总数加 1
            if (lastChar == ' ' && sentence[i] != ' ')
                count++;
            lastChar = sentence[i];
            i++;
        }
        printf("total %d words\n", count);
    }
    return 0;
}
```

在这个修复中，我添加了对 scanf 返回值的检查。如果 scanf 没有成功读取预期的项数，程序将打印错误消息并终止或跳过当前循环。此外，我还在每次新的句子开始时重置了 i、count 和 lastChar 的值，以确保每个句子的单词计数是独立的。

【说明】我们要求它修改 bug，它只发现了其中一个 bug，并给出了改正方案。其他 bug 没有找出来。经过测试，发现输入 2，然后输入"I love China!"，结果错误。根据测试结果继续提问。

【提问 2】输入 2，然后输入"I love China!"，然后就输出了两行结果。本来需要输入两个字符串，现在只让我输入了一个字符串。这是怎么回事？

【回复 2】对不起，我犯了一个错误。在 C++ 中，scanf("%s", sentence) 只会读取到空格为止的字符串。这意味着如果你输入"I love China!"，它只会读取"I"，然后停止。这就是为什么你只能输入一个字符串的原因。

为了解决这个问题，你可以使用 fgets 函数来代替 scanf。fgets 函数可以读取整行，包括空格。这是修复后的代码：

```
#define _CRT_SECURE_NO_WARNINGS
#include "stdio.h"
#include "string.h"
int main()
{
    char sentence[100], lastChar = ' ';
    int count = 0, i = 0, n;
    printf("Please input n:");
    if(scanf("%d", &n) !=1) {
        printf("Failed to read integer.\n");
        return 1;
    }
    getchar(); // consume newline after integer input
    while (n--)
    {
        i = 0; // Reset i for each new sentence
        count = 0; // Reset count for each new sentence
        lastChar = ' '; // Reset lastChar for each new sentence
        if(fgets(sentence, sizeof(sentence), stdin) ==NULL) {
            printf("Failed to read string.\n");
            continue;
        }
        sentence[strcspn(sentence, "\n")] = 0; // remove trailing newline
        while (sentence[i] !=0)   //字符串还未结束
        {
            //如果上一个字符是空格，而本字符不是空格，则总数加 1
            if (lastChar ==' ' && sentence[i] !=' ')
                count++;
            lastChar = sentence[i];
            i++;
        }
        printf("total %d words\n", count);
    }
    return 0;
}
```

在这个修复中，我使用 fgets 来读取整行输入，然后使用 strcspn 函数来移除字符串末尾的换行符。我还添加了一个 getchar 调用来消耗整数输入后的换行符，这样 fgets 就可以正确地读取第一个字符串。

【说明】经过测试，发现我们通过调试改掉的 bug 都已修正，并且调试中最后遗留的 bug 也已经修复。读者可以仔细读一下代码，找出 Copilot 如何修改以上的 bug。

【强调】

综合以上结果，如果我们泛泛地要求它修改 bug，它只能修改那些比较容易发现的 bug。而经过我们自己的测试发现 bug 后，将 bug 信息向它详细描述，它能改正大部分 bug。但是个别时候，即使我们提供了详细的描述信息，它也不能改掉相应的 bug，这时仍然需要我们自己去调试。

8.6 Copilot 实践：键盘打字游戏

8.6.1 需求描述

键盘打字游戏能很好地锻炼大家的打字速度，但是这类游戏很少，并且需要收费，我们可以自己设计一款游戏。以下是本游戏的需求描述：

键盘打字游戏分很多等级，第一个等级是基本字符的练习，其中可以设计这样的关卡：

第 1 关，从"asdfg"中随机抽取字符。
第 2 关，从"hjkl;"中随机抽取字符。
第 3 关，从"asdfgqwert"中随机抽取字符。
第 4 关，从"hjkl;yuiop"中随机抽取字符。
第 5 关，从"asdfgzxcvb"中随机抽取字符。
第 6 关，从"hjkl;nm,./"中随机抽取字符。

从第 7 关到第 12 关，是对第 1 关到第 6 关增加 Shift 键的使用，夹杂进大写字母等，比如：

第 7 关，从"asdfgASDFG"中随机抽取字符。

其中，每一关的设计如下：

系统从提供的字符中随机抽取，形成 60 个字符的字符串，输出在屏幕的第一行，第二行由用户输入，第三行显示正确与错误的信息，在正确的字符下面显示"－"，在错误的字符下面显示"＋"。

第四行显示错误了几个字符，以及花费的时间。

第五行提示用户是继续还是返回到主界面。用户选择 Y 或 N，Y 为继续本关的练习，N 为返回到主界面。

系统的主界面，显示一个菜单，输出第 1 关到第 12 关各有哪些字符提供给用户练习，让用户从第 1 关到第 12 关选择，选择之后，进入相应的关卡进行练习。如果用户输入 0，则退出游戏。

8.6.2 Copilot Chat 交互

【知识点】

提示词技巧：在向 Copilot 提问时，我们需要详细地描述任务，越详细越好。我们还可以指定它需要达到什么要求，比如要使用什么知识、不能使用什么知识等。

因此，我们的第一个提问如下：

1. 第 1 轮交互

【提问 1】请完成一个键盘打字练习游戏，要求使用字符数组完成任务，不要使用指针等技术。具体的任务为：[这里描述具体需求，可以复制 8.6.1 节中的需求描述]。

【回复1】这是一个相当复杂的项目,涉及多方面的知识,包括字符数组、随机数生成、用户输入、时间计算等。由于这个项目的复杂性,我将提供一个简化的版本,只包括关卡选择和字符生成的部分。这个简化的版本可以作为你的项目的起点。

首先,我们需要一个字符数组存储每个关卡的字符。然后,我们需要一个函数生成随机字符。

```c
#include <stdio.h>
#include <stdlib.h>
#include <time.h>
//定义每个关卡的字符
char levels[12][11] = {
    "asdfg",
    "hjkl;",
    "asdfgqwert",
    "hjkl;yuiop",
    "asdfgzxcvb",
    "hjkl;nm,./",
    "asdfgASDFG",
    //...其他关卡
};
//生成随机字符
void generate_chars(int level) {
    srand(time(NULL));
    for (int i = 0; i < 60; i++) {
        int index = rand() % strlen(levels[level]);
        printf("%c", levels[level][index]);
    }
    printf("\n");
}
int main() {
    int level;
    printf("请输入关卡(0-11):");
    scanf("%d", &level);
    if (level < 0 || level > 11) {
        printf("无效的关卡\n");
        return 1;
    }
    generate_chars(level);
    return 0;
}
```

这个程序首先让用户输入一个关卡,然后生成60个随机字符。这只是一个起点,你还需要添加用户输入、错误检查、时间计算等功能。

【说明】这个简化版本只是完成了一些基础功能,我们需要继续提问,增加需要的功能。

2. 第2轮交互

【提问2】请在以上程序的基础上,增加以下功能:
(1) 输出第1关到第12关各有哪些字符提供给用户练习,让用户从第1关到第12关选择,然后进入练习。

（2）在第 2 行接收用户的输入，然后对比生成的随机字符串和用户输入之间的差异，并在第三行对应位置输出正确与错误与否的信息。在正确的字符下面显示"－"，在错误的字符下面显示"＋"。

（3）第四行显示错误了几个字符，以及花费的时间。

（4）第五行提示用户是继续还是返回到主界面。用户选择 Y 或 N，Y 为继续，N 为返回。

【回复 2】这是一个相当复杂的项目，涉及多方面的知识，包括字符数组、随机数生成、用户输入、时间计算等。由于这个项目的复杂性，我将提供一个简化的版本，只包括关卡选择和字符生成的部分。这个简化的版本可以作为项目的起点。

首先，我们需要一个字符数组存储每个关卡的字符。然后，我们需要一个函数生成随机字符。

```c
#include <stdio.h>
#include <stdlib.h>
#include <string.h>
#include <time.h>
char levels[12][11] = {
    "asdfg",
    "hjkl;",
    "asdfgqwert",
    "hjkl;yuiop",
    "asdfgzxcvb",
    "hjkl;nm,./",
    "asdfgASDFG",
    // ...其他关卡
};
char * generate_chars(int level) {
    static char buffer[61];
    srand(time(NULL));
    for (int i = 0; i < 60; i++) {
        int index = rand() % strlen(levels[level]);
        buffer[i] = levels[level][index];
    }
    buffer[60] = '\0';
    return buffer;
}
int main() {
    while (1) {
        printf("以下是各关卡的字符:\n");
        for (int i = 0; i < 12; i++) {
            printf("关卡%d:%s\n", i + 1, levels[i]);
        }
        printf("请输入关卡(1-12),输入 0 退出:");
        int level;
        scanf("%d", &level);
        if (level == 0) {
            break;
        } else if (level < 1 || level > 12) {
            printf("无效的关卡\n");
            continue;
        }
```

```c
        char* chars = generate_chars(level - 1);
        printf("%s\n", chars);
        printf("请输入你的答案:");
        char input[61];
        scanf("%s", input);
        int errors = 0;
        for (int i = 0; i < 60; i++) {
            if (input[i] != chars[i]) {
                printf("+");
                errors++;
            } else {
                printf("-");
            }
        }
        printf("\n错误的字符数:%d\n", errors);
        printf("是否继续?(Y/N)");
        char choice;
        scanf(" %c", &choice);
        if (choice == 'N' || choice == 'n') {
            break;
        }
    }
    return 0;
}
```

这个程序首先让用户输入一个关卡,然后生成 60 个随机字符。这只是一个起点,你还需要添加用户输入、错误检查、时间计算等功能。

【说明】我们发现代码中使用了 char*,并且没有计时,因此继续提问。

3. 第 3 轮交互

【提问 3】程序中不要使用 char*。另外,请对用户的输入进行计时,并输出所花费的时间。

【回复 3】在 C 语言中,我们可以使用 time.h 库中的 clock() 函数来进行计时。以下是如何修改你的代码来实现这个功能:

```c
#include <stdio.h>
#include <stdlib.h>
#include <string.h>
#include <time.h>
char levels[12][11] = {
    "asdfg",
    "hjkl;",
    "asdfgqwert",
    "hjkl;yuiop",
    "asdfgzxcvb",
    "hjkl;nm,./",
    "asdfgASDFG",
    // ...其他关卡
};
void generate_chars(int level, char buffer[]) {
    srand(time(NULL));
    for (int i = 0; i < 60; i++) {
```

```c
            int index = rand() % strlen(levels[level]);
            buffer[i] = levels[level][index];
        }
        buffer[60] = '\0';
}
int main() {
    while (1) {
        printf("以下是各关卡的字符:\n");
        for (int i = 0; i < 12; i++) {
            printf("关卡%d:%s\n", i + 1, levels[i]);
        }
        printf("请输入关卡(1-12),输入 0 退出:");
        int level;
        scanf("%d", &level);
        if (level == 0) {
            break;
        } else if (level < 1 || level > 12) {
            printf("无效的关卡\n");
            continue;
        }
        char chars[61];
        generate_chars(level - 1, chars);
        printf("%s\n", chars);
        printf("请输入你的答案:");
        //开始计时
        clock_t start = clock();
        char input[61];
        scanf("%s", input);
        //结束计时
        clock_t end = clock();
        //计算所花费的时间(以秒为单位)
        double duration = ((double)(end - start)) / CLOCKS_PER_SEC;
        printf("你花费了%.2f 秒\n", duration);
        int errors = 0;
        for (int i = 0; i < 60; i++) {
            if (input[i] != chars[i]) {
                printf("+");
                errors++;
            } else {
                printf("-");
            }
        }
        printf("\n错误的字符数:%d\n", errors);
        printf("是否继续?(Y/N)");
        char choice;
        scanf(" %c", &choice);
        if (choice == 'N' || choice == 'n') {
            break;
        }
    }
    return 0;
}
```

在这个修改后的代码中,我们在用户开始输入之前开始计时,然后在用户完成输入之后结束计时。然后我们使用((double)(end - start)) / CLOCKS_PER_SEC 来将时间差转换为秒。

【说明】我们在第1行加上：

```
#define _CRT_SECURE_NO_WARNINGS
```

然后运行程序，发现在用户输入之前，多了一些提示文字"请输入你的答案:"（图8-9），这样使得用户的输入与上一行不能对齐。我们自己去掉这个提示文字。

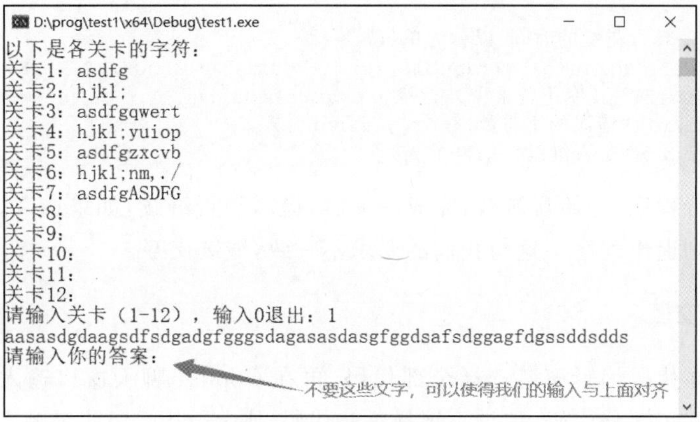

图 8-9　提示信息多余

然后再运行程序，并输入相应的字符。测试时，我们故意输错几个字符，其中有一个是大小写的错误，界面如图8-10所示。

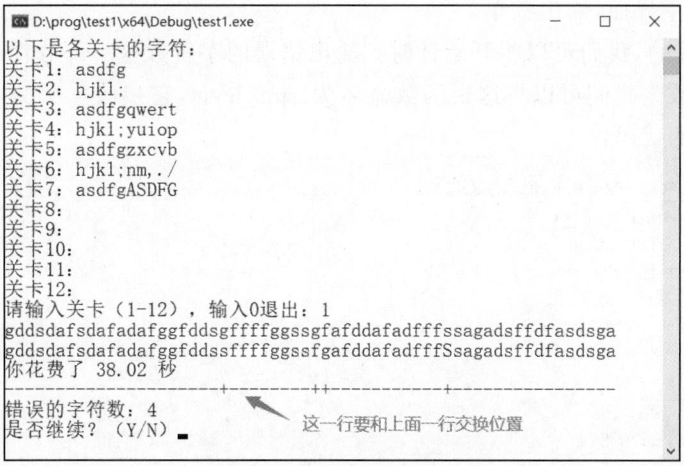

图 8-10　需要交换两行输出

我们发现，在输入完成之后，输出了耗费的时间以及正确与错误与否的信息。但是这两行输出，我们需要交换其位置，这样看起来更加方便。

这样，其中的一段代码修改为：

```
//结束计时
clock_t end = clock();
int errors = 0;
```

```c
        for (int i = 0; i < 60; i++) {
            if (input[i] != chars[i]) {
                printf("+");
                errors++;
            }
            else {
                printf("-");
            }
        }
        //计算所花费的时间(以秒为单位)
        double duration = ((double)(end - start)) / CLOCKS_PER_SEC;
        printf("\n你花费了 %.2f 秒\n", duration);
        printf("错误的字符数:%d\n", errors);
        printf("是否继续?(Y/N)");
```

【测试】运行程序,开始玩游戏,完成一关后,提示是否继续,如果选 Y,则返回到主界面,如果选 N,则退出程序。这与我们的要求不一致,继续交互。

4. 第 4 轮交互

【注意】先在代码编辑窗口选择全部代码,再在 Copilot 聊天窗口输入以下提问。因为我们自己修改了部分代码,如果不选择这些代码,则 Copilot 会针对聊天窗口的代码进行修改,而选择了代码后,它会针对我们指定的代码进行修改。

【提问 4】请将开始计时到输出错误的字符数这一部分功能独立成一个函数。并且,提示用户是否继续时,如果用户选择 Y,则重新随机抽取 60 个字符,继续本关的练习,选择 N 为返回到主界面,输出菜单。

【回复 4】好的,我们可以将开始计时到输出错误的字符数这一部分代码抽取出来,形成一个新的函数。我们可以将这个函数命名为 run_level,它接收一个关卡号作为参数。以下是修改后的代码:

```c
#define _CRT_SECURE_NO_WARNINGS
#include <stdio.h>
#include <stdlib.h>
#include <string.h>
#include <time.h>
char levels[12][11] = {
    "asdfg",
    "hjkl;",
    "asdfgqwert",
    "hjkl;yuiop",
    "asdfgzxcvb",
    "hjkl;nm,./",
    "asdfgASDFG",
    // ...其他关卡
};
void generate_chars(int level, char buffer[]) {
    srand(time(NULL));
    for (int i = 0; i < 60; i++) {
        int index = rand() % strlen(levels[level]);
        buffer[i] = levels[level][index];
    }
```

```c
        buffer[60] = '\0';
}
void run_level(int level) {
    char chars[61];
    generate_chars(level, chars);
    printf("%s\n", chars);
    while (1) {
        //开始计时
        clock_t start = clock();
        char input[61];
        scanf("%s", input);
        //结束计时
        clock_t end = clock();
        int errors = 0;
        for (int i = 0; i < 60; i++) {
            if (input[i] != chars[i]) {
                printf("+");
                errors++;
            }
            else {
                printf("-");
            }
        }
        //计算所花费的时间(以秒为单位)
        double duration = ((double)(end - start)) / CLOCKS_PER_SEC;
        printf("\n你花费了 %.2f 秒\n", duration);
        printf("错误的字符数:%d\n", errors);
        printf("是否继续？(Y/N)");
        char choice;
        scanf(" %c", &choice);
        if (choice == 'N' || choice == 'n') {
            break;
        }
        generate_chars(level, chars);
        printf("%s\n", chars);
    }
}
int main() {
    while (1) {
        printf("以下是各关卡的字符:\n");
        for (int i = 0; i < 12; i++) {
            printf("关卡%d:%s\n", i + 1, levels[i]);
        }
        printf("请输入关卡(1-12),输入 0 退出:");
        int level;
        scanf("%d", &level);
        if (level == 0) {
            break;
        }
        else if (level < 1 || level > 12) {
            printf("无效的关卡\n");
            continue;
        }
        run_level(level - 1);
    }
    return 0;
}
```

在这个修改后的代码中,我们创建了一个新的 run_level 函数,它接收一个关卡号作为参数,然后运行该关卡。在主循环中,我们使用一个嵌套的循环来运行关卡,直到用户选择不再继续。如果用户选择继续,则会重新生成 60 个字符。

【说明】程序运行结果如图 8-11 所示。

图 8-11 中,可以看到已经实现了输入 Y 继续本关的练习,输入 N 则返回到主菜单。

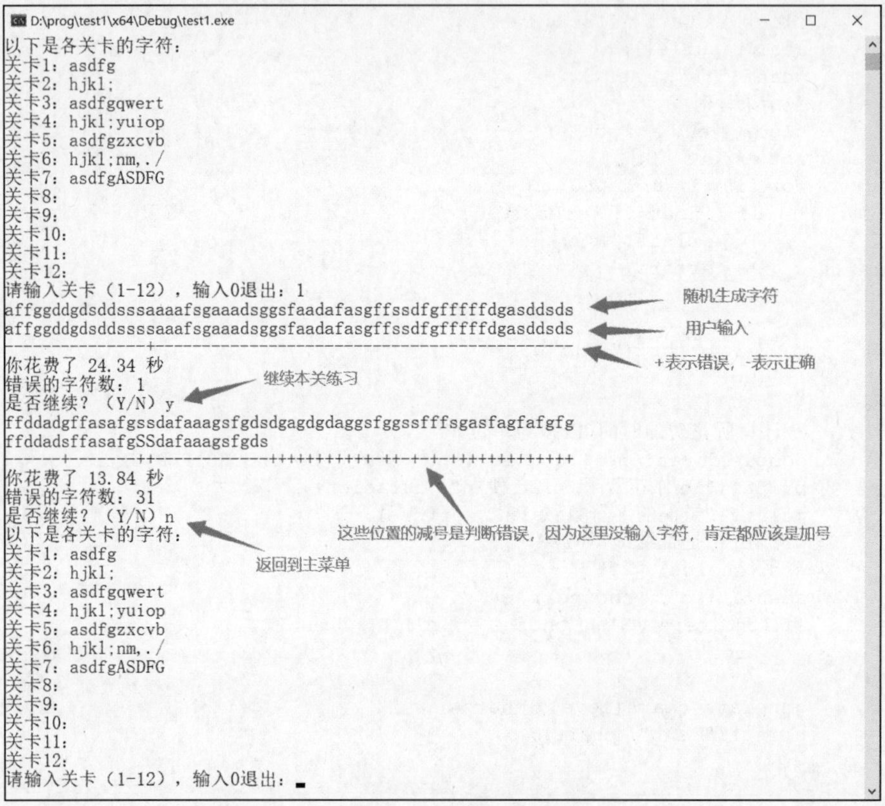

图 8-11 运行结果

但是,我们发现了一个 bug。第二次练习时,我们只输入前面一截字符,然后直接按了回车键,所以,程序在判断时,对于我们没有输入的后面一截字符,应该都认为输入的字符是错误的,也就是判断对错信息的那一行输出中,后面一截应该都输出加号。

我们观察输出,发现后面一截的判断中,输出了 4 个减号,也就是有 4 个字符判断出现了错误。

我们已经知道了错误所在,由于这个 bug 比较简单,读者通过检查代码应该能找到 bug 的原因。我们也可以请 Copilot 帮助我们查找 bug。

5. 第 5 轮交互

【注意】以下对于 bug 的描述越清楚越好,否则 Copilot 可能不能理解到底哪里发生了错误。

【提问 5】在关卡练习时,生成了 60 个字符,但是我只输入了 30 个字符,对于后面没有输入的 30 个字符，程序判断有误，有些位置的字符认为我输入正确。而因为我没有输入，应该都认为输入错误才行。

【回答】……你的观察是正确的。这是因为在 C 语言中，当你使用 scanf 读取字符串时，它会在遇到……………………止读取。因此，如果你只输入了 30 个字符，那么 scanf 就……………………………………分将保持未初始化的状态。

为…………………………………………输入之前，先将 input 数组初始化为一个特殊的字………………………………，如果遇到这个特殊的字符，就认为用户没有输入……

…………………………………………了节省篇幅，编者只列出了其中修改的地方）

…………………………………………两行代码）：

…………………………………………//初始化为空格
…………………………………………字符串以 null 字符结束

……………………………………"ch8\typeGame.cpp"）经过各种测试，部分测试内……………………………………择了无效的关卡。

…………………………………………。

…………………………………………个关卡还没实现（levels 数组中还没有字符串），所以…………………………………………相应的字符串。

…………………………………………或 y：继续本关的练习。
…………………………………………或 n：返回到主菜单。
…………………………………………第一个位置出错、最后一个位置出错、中间位置出错、最…………………………………………后几个连续出错、中间几个连续出错等：程序的判断都

…………………………………………继续练习则直接按回车键：程序的判断正确。
经过测试……………………功能，运行正确。但是，还有一些功能可继续完善，比如下面几种。

- 程序判断是否通关：输入完全正确，花费时间在 60 秒之内（平均一秒至少一个字符）则认为符合通关条件。
- 通关后则自动进入下一关，未通关则继续在本关练习。
- 当前关卡可保存到文件中，下次继续练习。本功能可在学完文件输入输出章节后再完成。
- 增加文章段落的练习，其中包含空格。则以上代码需要修改好几个地方。

……

这些功能可以由读者自己与 Copilot 交互完成。可以将"ch8\typeGame.cpp"代码在 VS 中打开,然后选择这些代码,再与 Copilot 聊天交互。

8.7 课堂练习

(1) 以下程序的功能是:不使用 strcpy 函数复制 str1 到 str2,观察输出的结果,改正其中的错误。

程序如下(代码见 ch8\strcopy.cpp):

```
int main()
{
    char src[20] ="I love China.";
    char dest[20];
    int i=0;
    while(src[i] !=0)
    {
        dest[i] =src[i];
        i++;
    }
    puts(dest);
    return 0;
}
```

(2) 以下程序的功能是:输入 N 个姓名拼音,找出按字母顺序排在最前面的拼音。

程序如下(代码见 ch8\getMinName.cpp):

```
#define N 5
int main()
{
    char cs[N][20],temp[20];
    int i,p, maxLen;
    printf("input names:\n");
    for(i=0;i<N;i++)
        gets(cs[i]);    //二维数组的每一行为一个字符串,可使用 gets 输入
    printf("\n");
    temp="";
    for(i=0;i<N;i++)
    { //对二维数组的行进行循环
            if (cs[i] <temp)
        temp=cs[i];
    }
    printf("The name is:%s\n", temp);
    return 0;
}
```

8.8 本章小结

字符数组作为编程语言中的基本数据结构,在编程学习中占据了举足轻重的地位。首先,字符数组的重要性体现在其强大的字符串处理能力上。字符数组可以存储一

系列字符,通过遍历和操作这些字符,我们可以实现字符串的拼接、查找、替换等功能。这些操作在文本编辑、文件处理、网络通信等领域都有广泛的应用。因此,掌握字符数组的使用技巧,对于提高编程能力和解决实际问题具有重要意义。

其次,字符数组的学习有助于培养我们的逻辑思维和算法设计能力。在处理字符数组时,我们需要考虑如何遍历数组、如何比较字符、如何处理边界条件等问题。这些问题的解决过程,实际上是对我们逻辑思维和算法设计能力的锻炼。

以下字符数组的典型程序,读者可以使用 Copilot 将其定义成函数,然后测试,最后弄懂其中的算法:

(1) 对字符数组实现 strcpy 功能。
(2) 对字符数组实现 strcat 功能。
(3) 对字符数组实现 strcmp 功能。
(4) 对字符数组实现 strlen 功能。
(5) 将字符串中的数字组装成一个整数。
(6) 在字符数组中删除指定字符。

第 9 章　指　针

9.1　本章目标

- 掌握使用指针编程。
- 理解指针作为函数参数传递时的特点。
- 使用 VS 调试指针编程，发现程序执行上的逻辑错误。

9.2　指针基础

问题描述：输入 a 和 b 两个整数，按先大后小的顺序输出 a 和 b。

程序如下（源代码见"ch9/sortTwo.cpp"）

```
1:    #define _CRT_SECURE_NO_WARNINGS
2:    #include "stdio.h"
3:    int main()
4:    {
5:        int *p1,*p2,*p,a,b;
6:        printf("input two numbers:");
7:        scanf("%d%d",&a,&b);
8:        p1=&a;
9:        p2=&b;
10:       if(a<b)
11:       {
12:           p=p1;
13:           p1=p2;
14:           p2=p;
15:       }
16:       printf("\na=%d,b=%d\n",a,b);
17:       printf("max=%d,min=%d\n",*p1,*p2);
18:       return 0;
19:   }
```

针对以上程序，下面使用 VS 的监视变量帮助理解指针的含义。

首先，从概念上解释。p1 和 p2 是指针，分别指向 a 和 b，p1(p2)作为一个变量，该变量有值，它的值是多少呢？按照图 9-1 的示意，我们知道 p1 中存放的是 a 的地址，通过 p1

可以找到 a，即 * p1 就是 a。由于 a 的地址是操作系统随机分配的，具体值我们一般不知道，图 9-1 的 p1 下方的框中，只是写了"&a"，而没有写具体的值。那么，p1 的值究竟是多少呢？

我们可以在程序的第 10 行设置一个断点，按 F5 键启动调试，输入 5 和 10，在断点处停下来后，在"监视 1"中输入 p1，p2，a，b，* p1，* p2，&a，&b，查看它们的值，如图 9-2 所示。

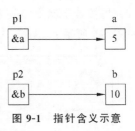

图 9-1 指针含义示意

根据图 9-2，我们可以将图 9-1 具体化，如图 9-3 所示。

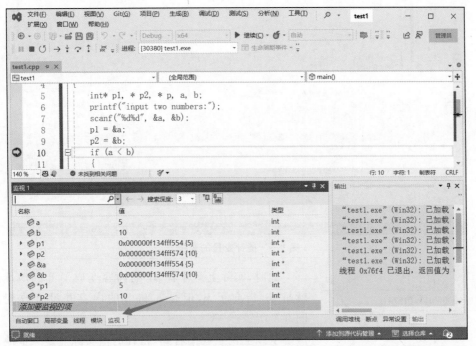

图 9-2 指针变量的监视

注意，以上 p1 的内容为 0x000000f134fff554，而读者运行程序时，可能看到 p1 的内容（即 a 的地址）和这里不一样，这是由于操作系统每次为变量分配内存时，都是随机分配，这个值可能每次运行时都不相同。

由于变量 p1 和 p2 的具体的值对程序员来说一般情况下没有意义，所以我们并不关心，因此图 9-3 可以简化为图 9-4(a)。图 9-4(a) 中，"p1"和"p2"下方的框中无任何内容，因此，可将该框也一并去掉，从而进一步简化为图 9-4(b) 所示。

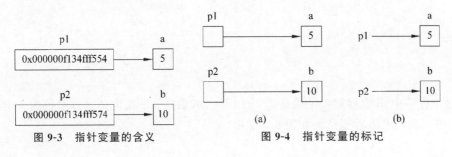

图 9-3 指针变量的含义　　　　　图 9-4 指针变量的标记

再按若干次 F10 键将程序单步执行到第 16 行,即可以看到执行 if 语句之后的结果,如图 9-5 所示。

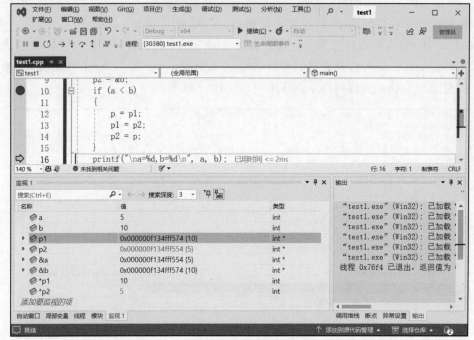

图 9-5 指针变量的监视

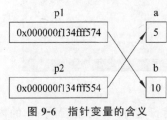

图 9-6 指针变量的含义

此时,实际上意味着 p1 的内容变成了 b 的地址,也就是 p1 指向了 b,但是 a 和 b 的内容并没有改变,如图 9-6 所示。

从以上例子我们看到,指针的值实际上是一个地址,比如 p1 的值是 a 的地址。我们大胆做一个实验,让指针直接赋值一个地址,而不是指向一个变量,查看得到什么结果。

程序代码如下:

```
#include "stdio.h"
int main()
{
    int *p;
    p=(int *)0x28ff00;
    *p=5;
    printf("%d\n",*p);
    printf("%d\n",*p);
    return 0;
}
```

这个程序中,p 直接赋值了地址值 0x28ff00,然后向 p 所指向的地方赋值为 5,再输出 *p 的值。我们可以看到结果如图 9-7 所示。

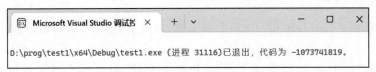

图 9-7　演示指针指向一个地址值

从这个结果我们可以知道：

（1）指针直接赋值为一个地址在技术上是可行的，因为指针的内部机制就是一个地址。

（2）但是，采取这种方式使用指针非常危险，从图 9-7 可以看到，连续两次输出 *p 的值，都无法得到想要的输出。

所以，以上程序仅是为了做一个实验，读者千万不能让指针直接等于一个具体的地址值，而应该等于一个变量的地址。

9.3　深入理解数组的指针

1. 在 VS 中查看监视变量理解数组与指针的区别

有以下声明：

```
int a[10]={7,3,1,5,2,9,12,8,11,4};
int * p=a;
```

则以下访问数组元素的方式等价：

```
a[i],        p[i],         *(a+i),          *(p+i)
```

从访问方式来看，数组名和指针没什么区别，下面通过在 VS 中设置断点，查看 a 和 p 两个变量及相关变量的值，来进一步理解它们的区别。

程序代码如下：

```
#include <stdio.h>
int main()
{
    int a[10]={7,3,1,5,2,9,12,8,11,4};
    int * p=a;
    printf("p[3] is:%d, a[3] is:%d\n",p[3], a[3]);
}
```

程序中仅仅输出 a[3] 和 p[3] 的值，因为程序对数组做什么操作在这里并不重要，我们的主要目的是在程序中设置一个断点，然后查看变量的值。

断点设在 printf 语句那一行，然后按 F5 键启动调试。在断点处停下来后，可以看到在监视变量窗口有 a 和 p 两个变量（图 9-8）。从监视变量窗口里看到 a 和 p 前都有小三角形，单击小三角形展开，可以看到，对于数组 a，显示了数组的第 0 到第 9 个元素的值。而对于指针 p，只显示了它指向的一个值。

从以上查看到的值可以了解，VS 知道 a 是一个数组，而 p 仅仅是一个指针，它指向的地方是 a[0]。

而我们使用 *(p+i) 和 p[i] 访问数组元素，仅仅是因为 C 语言信任程序员，程序员需要访问 *(p+i)，C 语言即访问地址为 p+i 处的内存。如果不幸 p+i 超出了数组的范围，下标越界的责任由程序员自己承担，可能会导致运行结果出错，也可能导致程序崩溃。

比如，在"监视 1"窗口中输入"p[10]"" *(p+11)"，可以看到，VS 都将显示一个值，而不是报错。

下面再通过一个案例说明：采用指针访问数组时，下标可以不位于 0 到 n−1 之间的区间（而访问数组的下标必须在 0 到 n−1 之间，否则越界出错），它可以大于 n−1，也可以是负数。

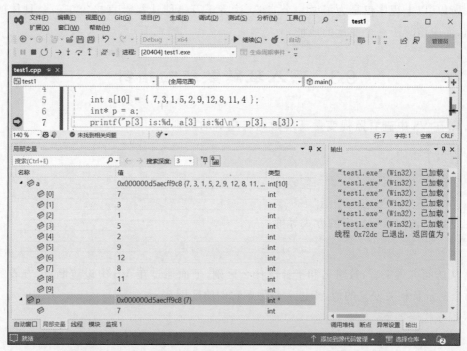

图 9-8 在 Visual Studio 中监视数组的值和指向数组的指针变量

2. 使用指针访问数组元素

使用指针指向数组时，指针通常指向数组的第 0 个元素，因此，使用指针访问数组，如果采用下标方式，下标的范围是从 0 到 n−1。但如果指针指向数组中的其他元素，此时，还使用下标访问数组的元素，其下标的范围要根据指针的实际指向才能确定。

如以下程序（见"ch9\arrayPointer.cpp"）：

```
#include <stdio.h>
void sum(int p[]){
    p[0]=p[-1]+p[1];
}
int main()
```

```
{
    int a[10]={1,2,3,4,5,6,7,8,9,10};
    sum(&a[2]);
    printf("%d\n", a[2]);
    return 0;
}
```

可以看到,在 sum 函数中,出现了 p[-1],下标为-1,却没有越界,它还在数组范围内。

函数参数的传递可以用图 9-9 来示意。

图 9-9 中,p 指针指向 a[2],但是,如果把 p 解释成一个数组,它指向的位置下标是 0,该元素是 p[0],因此,a[2]和 p[0]是同一个元素。

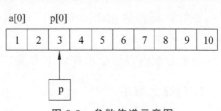

图 9-9 参数传递示意图

为了深入理解下标的含义,我们在 sum 函数中(第 3 行)设置断点,然后按 F5 键启动调试,在断点处停下来后,在"监视 1"中输入 p[-3]、p[-2]、p[-1]、p[0]、p[1]、p[6]、p[7]和 p[8],结果如图 9-10 所示。

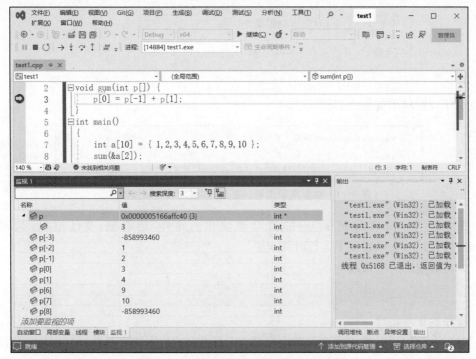

图 9-10 使用指针和下标访问数组元素

虽然在函数的声明中,形参为 int p[],p 看起来是一个数组,但从图 9-10 的监视窗口可以看到,p 指向的仅仅是一个值(而不像数组一样,展开后可以看到整个数组的内容),所以可知 p 是一个指针。而由于在 main 函数中,将 a[2]的地址作为实参传给了 p,所以,p[0]就是 a[2]。基于此,p[-2]是 a[0],p[7]是 a[9],当然,p[-3]和 p[8]的下标超出了数组的范围,从而在图 9-10 中看到奇怪的值。

9.4 动态内存分配

9.4.1 动态内存分配的应用

使用 C 语言的 malloc 和 C++ 的 new 进行动态分配得到的内存在堆区,和栈区的局部变量有很大不同。

动态分配内存可应用在以下方面。

1. 创建大数组

函数的数组局部变量放在栈区,有大小限制,大数组将引起栈溢出,导致程序发生运行时错误。

比如以下程序:

```c
int main()
{
    int a[510 * 1024]; //数组大小超过 50 万
    a[0]=1;
    printf("%d\n", a[0]);//cout<<a[0];
    return 0;
}
```

程序运行结果如图 9-11 所示。

图 9-11 数组声明为局部变量,数组太大导致栈溢出

图 9-11 中,可以看到 a[0] 的值没被输出。此外,还看到:"已退出,代码为 -1073741571",表示发生了运行时错误。

如将数组的声明修改为:

```c
int a[500 * 1024];
```

程序能正常运行。

对于 int 型数组,数组作为局部变量最大只能为 500K 个元素左右,而 double 型的数组最大只能为 250K 个元素左右。具体的数值是多少,不需要记忆,只要知道,一旦数组的元素数目达到了几十万,这个时候不能声明为局部变量。

解决方法为:①声明为全局变量;②使用动态内存分配,代码如下:

```c
//C语言
#include <stdlib.h>
#include <stdio.h>
int main()
{
```

```
    int i;
    int * a;
    a=(int *)malloc(1024*1024*sizeof(int));    //数组大小为100万
    printf("please input 5 elements:\n");
    for(i=0; i<5; i++)
        scanf("%d", &a[i]);
    for(i=0; i<5; i++)
        printf("%d ", a[i]);
    return 0;
}
//C++
#include<iostream>
using namespace std;
int main()
{
    int i;
    int * a;
    a=new int[1024*1024];    //数组大小为100万
    cout<<"please input 5 elements:\n";
    for(i=0; i<5; i++)
        cin>>a[i];
    for(i=0; i<5; i++)
        cout<<a[i]<<" ";
    return 0;
}
```

2. 从函数中返回数组

问题描述：以下函数 ltrim 接收一个字符串，返回删除前导空格后的字符串。
源代码见"ch9\ltrimError.cpp"：

```
char * ltrim(const char * str)
{
    char temp[100];
    int i=0,j=0;
    while(str[i]==' ')
        i++;
    while(str[i]!='\0')
        temp[j++] =str[i++];
    temp[j]='\0';
    return temp;
}
int main()
{
    char * str;
    str =ltrim("   How are you!   ");
    printf("%s\n", str);
    return 0;
}
```

以上 ltrim 函数返回局部数组 temp 的首地址，而该数组内存在 ltrim 执行完后即被释放，导致程序运行结果错误。我们期望输出字符串"How are you!   "，但运行后屏幕上未输出任何信息，并且出现了报错提示窗。

程序在编译时即可看到"警告"信息：

warning C4172:返回局部变量或临时变量的地址：temp

表示程序返回局部变量 temp 的地址，可能会产生错误，因此提出了"警告"。

我们将 temp 数组改为动态创建的数组以解决上述问题，修改后的代码如下：

```c
char * ltrim(const char * str)
{
    char * temp = (char *)malloc(100);
    int i = 0, j = 0;
    while (str[i] == ' ')
        i++;
    while (str[i] != '\0')
        temp[j++] = str[i++];
    temp[j] = '\0';
    return temp;
}
int main()
{
    char * str;
    str = ltrim("   How are you!   ");
    printf("%s\n", str);
    return 0;
}
```

现在可运行得到正确结果。

9.4.2 动态内存分配的注意事项

动态分配得到的内存不会自动被操作系统回收，因此，需要程序员使用 C 语言的 free 或 C++ 的 delete 回收。如果忘记了回收，则可能引起内存泄漏。

比如，9.4.1 节中修改后的 ltrim 函数，每次调用该函数时都会动态分配一个数组，我们可以用以下实验观察内存泄漏的问题。

源代码（见"ch9\ltrimMemoryLeak.cpp"）如下：

```cpp
#include <stdlib.h>
#include <stdio.h>
char * ltrim(const char * str)
{
    char * temp;
    temp = (char *)malloc(100);
    int i=0, j=0;
    while(str[i]==' ')
        i++;
    while(str[i]!='\0')
        temp[j++] = str[i++];
    temp[j]='\0';
    return temp;
}
int main()
{
    char * string;
    int i, j;
    for(j=0; j<3; j++)
```

```
    {
        printf("press Enter to start %d round", j+1);
        getchar();
        for(i=0; i<500000; i++)
        {
            string =ltrim("   How are you!   ");
            printf("%s\n", string);
            //free(string);
        }
    }
    puts("press Enter to finish");
    getchar();
    return 0;
}
```

程序运行开始后,查看任务管理器,如图 9-12 所示,可以看到程序"test1.exe"占用内存 0.3MB(图中椭圆内)。

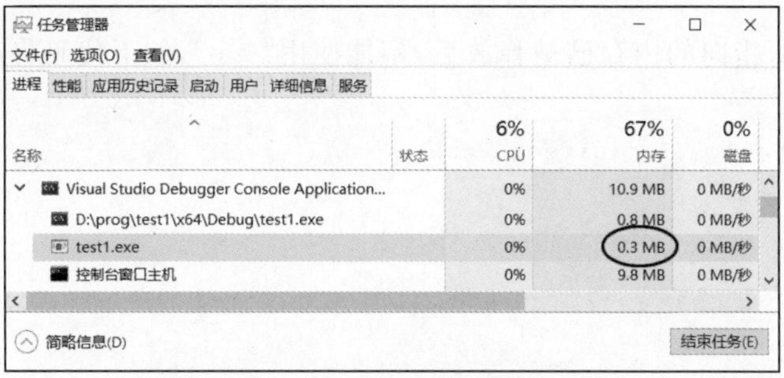

图 9-12　使用任务管理器查看占用内存

此时,在程序运行的控制台窗口按回车键启动第一轮循环。随着程序的输出,可以看到程序占用的内存逐渐上升,第一轮结束时,程序占用内存达到 76.9MB。

按回车键继续第二轮循环,第二轮结束时,程序占用内存达到 153.4MB。

按回车键继续第三轮循环,第三轮结束时,程序占用内存达到 229.9MB。

以上测试可以看到明显的内存泄漏。

如果在内层 for 循环中增加释放存的语句,即将代码中:

```
//free(string);
```

语句前的"//"删除。

则程序运行时,占用内存量不发生变化。

从以上实验可以看出,使用动态内存分配时务必小心,一定要注意释放不再需要的内存。

9.5　使用指针引起崩溃的情况

以下 4 种情况要避免使用指针所指向的值,否则将引起程序崩溃,也即得到运行时错误。

（1）指针 p 声明后但是未指向一个变量，不能使用 *p，如下代码将产生错误：

```
int *p;
*p=3;
```

再比如：

```
char *str;
strcpy(str, "hello");
```

程序中，str 未指向一个字符数组，此时不能将字符串复制到 str 所指向的内存。

初学者很容易以为字符串指针就是字符串，从而在指针未指向一个字符数组时就使用指针所指向的字符串，这种错误很常见，切记！

（2）指针 p 指向 NULL 时，不能使用"*p"，如下代码将产生错误：

```
int a, *p=&a;
p=NULL;
*p=3;
```

（3）指针 p 所指向的内存已被释放后，不能使用"*p"，如下代码将产生错误：

```
//C 语言
int *p=(int *)malloc(sizeof(int));
*p=3;
free(p);
printf("%d", *p);
//C++语言
int *p=new int;
*p=3;
deletep;
cout<<*p;
```

（4）指针指向函数内部的局部变量，在程序执行退出函数后，不能使用该指针，如下代码将产生错误：

```
int *getMax(int a, int b)
{
    int max=a;
    if (b>a) max=b;
    return &max;
}
int main()
{
    int a=2,b=3, *p;
    p=getMax(a,b);
    printf("%d", *p); //cout<<*p;
    return 0;
}
```

以上程序中，main 函数中的 p 指向 getMax 函数中的局部变量 max，而在程序从 getMax 函数返回到 main 函数时，max 变量已被释放，所以，main 函数中的 p 指向一个无效内存区域，因此，输出 *p 的值时，程序也将崩溃。

9.6 课堂练习

(1) 以下程序的功能是使用函数 swap 交换两个变量 a 和 b 的值,请改正错误。
程序如下(源代码见"ch9/ swapError.cpp")

```
void swap(int * p1,int * p2)
{
    int * p;
    * p= * p1;
    * p1= * p2;
    * p2= * p;
}
int main()
{
    int * p1, * p2,a,b;
    printf("input a and b:");
    scanf("%d%d",&a,&b);
    p1=&a;
    p2=&b;
    swap(p1,p2);
    printf("after swap:a=%d,b=%d\n",a,b);
    return 0;
}
```

(2) 以下程序的功能是使得数组每个元素的值均增 1,请改正错误。
程序如下(源代码见"ch9/ addOneError.cpp")

```
void addOne(int   * q)
{
    int i=0;
    for( ; i<5;i++)   ( * q)++;
}
int main()
{
    int a[5]={1,2,3,4,5},i;
    addOne(a);
    for(i=0;i<5;i++)
        printf("%d,",a[i]);
    return 0;
}
```

9.7 本章小结

指针是一柄双刃剑,用得好可以杀敌,用得不好也可以杀己。

使用指针可以提高程序运行效率,还可以比较容易地实现一些比较难,甚至不可能实现的功能。但由于指针可以指向任何地方,甚至系统内存区,这样,访问指针所指向的内存,就可能导致程序崩溃。

但也不要过于害怕,从而不敢使用指针,始终注意一点即可:如果不知道一个指针的具体指向,就不要对它解引用! 需要确保知道指针的指向。

第10章 结构体与类

10.1 本章目标

- 掌握结构体编程。
- 掌握类编程。

10.2 结构体编程

10.2.1 结构体作函数参数

1. 结构体变量作函数参数

变量作为函数的参数,了解它是值传递还是地址传递非常重要。因为这关系到形参在函数体内的修改是否会影响到实参。

不同于数组,结构体将按值传递,即整个结构体的内容都从实参复制给形参,即使某些成员数据是数组,也将复制整个结构体。

下面的代码证明以上结论。

源代码(见"ch10\structureAsParam.cpp"):

```
#include <stdio.h>
struct student
{
    int idNumber;
    char name[15];
    int age;
    char department[20];
    float gpa;
};
void display(struct student arg);//结构体作为参数
int main()
{
    struct student s1={428004, "Tomato",20, "ComputerScience",84.5};
    //声明 s1,并对 s1 初始化
    printf("s1.name 的地址:%x\n",(int)s1.name);
```

```
        display(s1);
        printf("形参被修改后……:\n");
        display(s1);
        return 0;
}
void display(struct student arg)
{
        int i;
        printf("学号:%d 姓名:%s 年龄:%d 院系:%s 成绩:%f \n",arg.idNumber,arg.name,
                arg.age,arg.department,arg.gpa);
        printf("arg.name的地址:%x\n",(int)arg.name);
        for (i=0;i<6;i++)//企图修改参数的成员数据
        {
                arg.name[i]='A';
        }
        arg.age++;
        arg.gpa=99.9f;
}
```

运行结果：

```
s1.name的地址:b270f74c
学号:428004 姓名:Tomato 年龄:20 院系:ComputerScience 成绩:84.500000
arg.name的地址:b270f864
形参被修改后……:
学号:428004 姓名:Tomato 年龄:20 院系:ComputerScience 成绩:84.500000
arg.name的地址:b270f8b4
```

从结果可以看出，display 函数中的 arg 值做了修改，但是不影响 main 函数中的 s1 变量。并且，可以看到 main 函数 s1.name 的地址为：b270f74c，而 display 函数中 arg.name 的地址为：b270f864。即两个 name 数组地址不同，是两个数组，参数传递时结构体中的数组也被全部复制，两个结构体变量中各有一个数组。

从以上的讨论可以看出，如果结构体中有大量的数据，使用结构体变量作函数参数开销很大，因此，我们一般使用结构体指针作函数参数，或者传引用。

2. 结构体引用作函数参数

引用是 C++ 中的概念，源代码见"ch10\structureRefAsParam.cpp"。

由于与上一个程序相比改动量非常小，这里不贴完整代码。我们只需将代码中函数头部修改成如下：

```
void display(student &arg)
```

在形参名 arg 前面加一个引用符号"&"，传值即被修改成传引用。

运行结果：

```
s1.name的地址:403bf87c
学号:428004 姓名:Tomato 年龄:20 院系:ComputerScience 成绩:84.500000
arg.name的地址:403bf87c
形参被修改后……:
学号:428004 姓名:AAAAAA 年龄:21 院系:ComputerScience 成绩:99.900002
arg.name的地址:403bf87c
```

从运行结果可以看出,display 中对形参 arg 所做的修改,也改变了 main 函数中实参 s1 变量的值。所以,使用引用作为函数参数,虽然提高了程序运行效率,但存在风险,使得在被调用函数中意外地修改了结构体变量的值。

3. 结构体常引用作函数参数

如果不希望在函数内部修改传入参数的值,一般将函数头部声明成如下:

```
void display(const student &arg)
```

以上代码将 arg 声明成一个常引用,在函数体内部不能修改 arg 的值。

结构体变量或 10.3 节中的对象作为函数参数时,为了兼顾效率与安全,通常使用常引用作为函数参数。

10.2.2　在 VS 中使用结构体

1. 智能提示

在 VS 中编程时,能得到"智能提示"。

打开源程序"ch10\structureAsParam.cpp",在 main 函数中输入"s1.",即可在 VS 窗口中看到智能提示,如图 10-1 中箭头所指位置(图中"s1."后的"age=20"为 Copilot 的建议代码)。弹出框将结构体变量的成员以列表形式列出,用户可用键盘的上下箭头或者鼠标选择其中一项,也可输入结构体成员变量开头的几个字母后再选择,此时,列表框中列出的是以这几个字母开头的所有成员变量,因此,可缩小选择的范围。

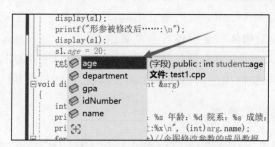

图 10-1　Visual Studio 的智能提示

如果使用指向结构体的指针,同样有此智能提示功能。

2. 监视结构体变量

调试程序时,需要能查看结构体变量的各成员的值。图 10-2 中,左下角的监视窗口中显示了变量 s1 各成员的值。

10.2.3　结构体数组的多条件排序

结构体类型变量不像整型或浮点型变量,结构体变量之间没有内置的比较大小的机制,比如,要对两个学生比较大小,我们需要指明根据什么数据(成员)比大小,比如根据

图 10-2 监视结构体变量的值

年龄,或者根据姓名等。

如果仅仅根据结构体的一个数据成员比较大小,并且依此进行排序,我们称为单条件排序,这种排序相对简单。

以下代码中,学生结构体类型包含学号、数学成绩、编程成绩和两门课总分,用户输入学生的信息,计算出总分后,根据总分从大到小排序。代码如下:

源代码(见"ch10\structureSort1.cpp"):

```
#define _CRT_SECURE_NO_WARNINGS
#include <stdio.h>
struct Student{
    int number;
    double math, program, total;
};
void bubbleSort(Student arr[], int n){
    int i, j;
    Student t;
    for (j = 0; j < n - 1; j++)
        for (i = 0; i < n - 1 - j; i++)
            if (arr[i].total < arr[i + 1].total) //对结构体中的 total 比较大小,并
                                                 //以此进行排序
            {
                t = arr[i]; arr[i] = arr[i + 1]; arr[i + 1] = t;
            }
}
int main(void){
    Student s[5];
    for (int i = 0; i < 5; i++) {
        scanf("%d%lf%lf", &s[i].number, &s[i].math, &s[i].program);
        s[i].total = s[i].math + s[i].program;
    }
    bubbleSort(s, 5);
```

```
    printf("排序后:\n");
    for (int i =0; i <5; i++)
        printf("%d %.2f %.2f %.2f\n", s[i].number, s[i].total, s[i].math,
            s[i].program);
    return 0;
}
```

上述程序中,排序算法为 bubbleSort,在冒泡排序中,需要比较大小,代码为:

```
if (arr[i].total<arr[i+1].total)
```

表示排序的依据是结构体类型中的 total 成员,按照 total 成员从高到低排序。

由于两个学生的总分可能相同,总分相同情况下的排序,需要根据其他条件进行判断。比如,排序依据修改为:先根据总分降序排列,如果总分相同,根据编程成绩降序排列。

这时,bubbleSort 函数中的 if 语句会比较复杂,下面使用一个函数来比较大小。

我们定义函数 isLess 如下:

```
bool isLess(Student s1, Student s2){
    if (s1.total<s2.total)
        return true;
    else if (s1.total==s2.total)      //总分相同的情况
    {
        if(s1.program<s2.program)     //program 小的返回 true
            return true;
        else
            return false;
    }
    else
        return false;
}
```

在 isLess 中,先判断 s1.total<s2.total 是否成立,如果为 false,则在 total 相等的情况下,继续判断 s1.program<s2.program 是否成立。

如果需要根据三个甚至更多个条件排序,可以扩展上面的 if 判断,完成需要的工作。

以上代码为了逻辑清晰,使用了多个 if 语句,也可以简化如下:

```
bool isLess(Student s1, Student s2){
    if (s1.total<s2.total)
        return true;
    else if (s1.total==s2.total && s1.program<s2.program)
        return true;
    else
        return false;
}
```

然后在 bubbleSort 函数中调用 isLess 函数,当 isLess(arr[i],arr[i+1])返回 true 时,交换两个元素:

```
void bubbleSort(Student arr[], int n){
    int i,j;
    Student t;
    for(j=0; j<n-1; j++)
```

```
            for(i=0; i<n-1-j; i++)
                if ( isLess(arr[i],arr[i+1]) ){
                    t=arr[i]; arr[i]=arr[i+1]; arr[i+1]=t;
                }
}
```

完整的代码如下：

源代码（见"ch10\structureSort2.cpp"）：

```
#define _CRT_SECURE_NO_WARNINGS
#include <stdio.h>
struct Student{
    int number;
    double math, program, total;
};
bool isLess(Student s1, Student s2){
    if (s1.total <s2.total)
        return true;
    else if (s1.total ==s2.total && s1.program <s2.program)
        return true;
    else
        return false;
}
void bubbleSort(Student arr[], int n){
    int i, j;
    Student t;
    for (j =0; j <n -1; j++)
        for (i =0; i <n -1 -j; i++)
            if (isLess(arr[i], arr[i +1])){
                t =arr[i];   arr[i] =arr[i +1];   arr[i +1] =t;
            }
}
int main(void){
    Student s[5];
    for (int i =0; i <5; i++)    {
        scanf("%d%lf%lf", &s[i].number, &s[i].math, &s[i].program);
        s[i].total =s[i].math +s[i].program;
    }
    bubbleSort(s, 5);
    printf("排序后:\n");
    for (int i =0; i <5; i++)
        printf("%d %.2f %.2f %.2f\n", s[i].number, s[i].total, s[i].math,
            s[i].program);
    return 0;
}
```

程序运行结果如下：

```
1 90 91
2 95 86
3 82 93
4 96 92
5 92 89
```

排序后：

```
4 188.00 96.00 92.00
1 181.00 90.00 91.00
5 181.00 92.00 89.00
2 181.00 95.00 86.00
3 175.00 82.00 93.00
```

其中,前 5 行带下画线的部分为输入,其他内容为输出。可以看到,总分为 181 的三个学生,根据 program 成员降序排列。

10.3 类的编程

10.3.1 基本概念

C++ 中的 struct 对 C 中的 struct 进行了扩充,它已经不再只是一个包含不同数据类型的数据结构了,具有更多功能:可以包含成员函数,能继承,还能实现多态。

既然这些它都能实现,那它和 class 还有什么区别呢?

最本质的一个区别是默认的访问控制和默认的继承访问权限:

struct 是 public 的,而 class 是 private 的。

到底是用 struct 还是 class,完全看个人的喜好。建议是:当您仅仅需要一个存储数据的变量时,用 struct,如果需要将数据和操作封装到一起,就用 class。

当然,对于访问控制,应该在程序中明确指出,而不依靠默认,代码更具可读性。

10.3.2 为什么需要析构函数

编写类的代码时,如果没有析构函数,系统会自动提供一个默认的析构函数。但是这个析构函数不能释放动态分配的内存。

如果在构造函数中给数据成员指针动态分配了内存,则需要自己编写析构函数,释放该内存,否则会造成内存泄漏。

比如有以下 String 类:

```cpp
#define _CRT_SECURE_NO_WARNINGS
#include<iostream>
using namespace std;
#include <cstring>
class String{
private:
    char * Str;
    int len;
public:
    void ShowStr();
    String(const char * p=NULL);
    //~String();
};
void String::ShowStr(){
    cout<<"string:"<<Str<<",length:"<<len<<endl;
}
```

```
String::String(const char * p){
    if (p){
        len=strlen(p);
        Str=new char[len+1];
        strcpy(Str,p);
    }
    else {
        len=0;
        Str=NULL;
    }
}
/*******首先不要析构函数
String::~String(){
    if (Str!=NULL)
        delete [] Str;
}
********/
int main(void){
    for(int j=0; j<3; j++)    {
        cout<<"press Enter to start "<<j+1<<" round"<<j+1;
        cin.get();
        for(int i=0; i<500000; i++){
            String S1("0123456789012345678");
            cout<<'.';
        }
    }
    cout<<"press Enter to finish";
    cin.get();
    return 0;
}
```

其中main函数阴影部分的代码每一遍for循环都创建一个S1对象,在创建对象时,构造函数会根据传入的字符串长度分配20字节内存。然而,for循环之后,动态分配的内存没有释放,所以造成内存泄漏。测试结果如下:

程序运行开始后,查看任务管理器,如图10-3所示。可以看到程序"test.exe"占用内存388KB(图中椭圆内)。

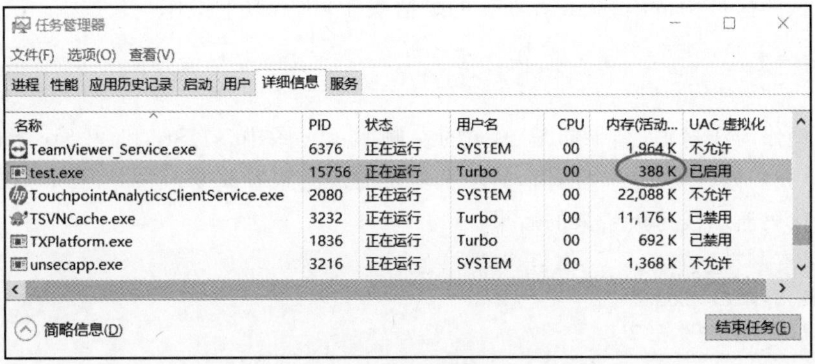

图10-3 使用任务管理器查看占用内存

此时,在输入控制台按回车键启动第一轮循环。随着程序的输出,可以看到程序占用的内存逐渐上升,第一轮循环结束时,程序占用内存达到16116KB。

按回车键继续第二轮循环,第二轮循环结束时,程序占用内存达到 31832KB。
按回车键继续第三轮循环,第三轮循环结束时,程序占用内存达到 47544KB。
以上测试观察到明显的内存泄漏。
如果为 String 类增加析构函数(即将上面代码中的析构函数相关的以下代码恢复):

```
String::~String(){
    if (Str!=NULL)
        delete [] Str;
}
```

则程序运行时,占用内存量不发生变化。
这是由于以下的 for 循环中:

```
for(int i=0; i<500000; i++)
{
    String S1("01234567890123456718");
    cout<<'.';
}
```

S1 对象在 for 循环体中声明,生存期只到循环体结尾的花括号。当遇到"}"时,S1 对象被释放,此时将调用析构函数,从而释放内存。

从以上程序可以看出,C++ 的类将数据和操作进行了封装,可以在构造函数中分配内存,在析构函数中释放内存,能够较好地进行内存管理,避免内存泄漏。

9.4.2 节提到了内存泄漏的问题,但在那里无法完美地解决这个问题。在本章,通过类的封装较好地解决了这个问题。

10.3.3 为什么需要拷贝构造函数及重载赋值操作

在以上的 String 类中,数据成员 Str 是一个指针。在拷贝或赋值时,存在深拷贝和浅拷贝的问题。比如,已经存在以上的 String 类,如果 main 函数中有语句:

```
String s1="123456";
String s2=s1;
```

则默认的拷贝构造函数(或者默认的赋值操作)执行以下操作:

```
s2.Str=s1.Str;
s2.len=s1.len;
```

以上操作为浅拷贝,结果如图 10-4 的左侧所示。图中,s1.Str 和 s2.Str 指向同一段内存,如果我们修改其中一个的值,另一个变量的值会跟着改变。

以下代码演示浅拷贝带来的后果:

```
#define _CRT_SECURE_NO_WARNINGS
#include<iostream>
using namespace std;
#include <cstring>
class String
{
private:
    char * Str;
```

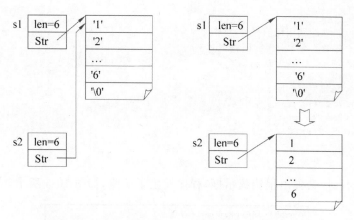

执行 String s2=s1;进行浅拷贝　　执行 String s2=s1; 进行深拷贝

图 10-4　浅拷贝与深拷贝图示

```
    int len;
public:
    void ShowStr();
    String(const char * p=NULL);
    ~ String();
    char& operator[](int n)
    {
        return * (Str+n);
    }
};
void String::ShowStr()
{
    cout<<"string:"<<Str<<",length:"<<len<<endl;
}
String::String(const char * p)
{
    if (p)
    {
        len=strlen(p);
        Str=new char[len+1];
        strcpy(Str,p);
    }
    else
    {
        len=0;
        Str=NULL;
    }
}
String::~ String()
{
    if (Str!=NULL)
        delete [] Str;
}
int main(void)
{
    String s1("123456");
    String s2=s1;   //调用拷贝构造函数
```

```
    String s3;
    s3=s1;      //调用赋值操作
    s1[0]='a';//修改 s1 的内容
    cout<<"s1:"<<endl;
    s1.ShowStr();
    cout<<"s2:"<<endl;
    s2.ShowStr();
    cout<<"s3:"<<endl;
    s3.ShowStr();
    return 0;
}
```

程序在运行时,会弹出报错提示框,程序发生了崩溃,如图 10-5 所示。

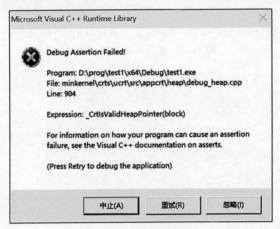

图 10-5　错误提示框

程序的输出结果如图 10-6 所示。

图 10-6　运行结果

之所以出现图 10-5 所示的运行时错误,是因为在 main 函数中,执行了以下语句:

```
String s2=s1;    //调用拷贝构造函数
String s3;
s3=s1;           //调用赋值操作
```

使得 s1.Str、s2.Str 以及 s3.Str 都指向同一段内存,在析构的时候,同一段内存被 delete 三次,所以发生错误。

此外,这三个 Str 成员,修改其中一个的值,另外两个跟着修改。所以,执行 s1[0]= 'a'之后,s1.Str、s2.Str 以及 s3.Str 的内容都是"a23456",所以得到了图 10-6 所示的输出结果。

为了解决以上问题,我们需要执行深拷贝,如图 10-4 右侧所示,因此,需要增加拷贝构造函数、重载赋值操作。

为此,我们在 String 类中增加以下两个函数:

```
String(const String & r){
    if (Str!=NULL) delete [] Str;
    len=r.len;
    Str=new char[len+1];
    strcpy(Str,r.Str);
}
String operator =(const String s){
    if (Str!=NULL) delete [] Str;
    len=s.len;
    Str=new char[len+1];
    strcpy(Str,s.Str);
    return *this;
}
```

再运行程序,结果如图 10-7 所示。可以看出,s1 的内容修改后,s2 和 s3 不受影响。

图 10-7 运行结果

综合上述内容,我们强烈建议:

如果类中有一个数据成员是指针,该指针需要在构造函数中进行动态内存分配,则需要为该类声明拷贝构造函数、析构函数,并重载赋值操作。

10.3.4 小于号和函数调用符的重载

1. 重载小于号

我们对一个类重载了小于号"<"后,可以直接用"<"比较大小,从而可以使用 sort 函数对数组排序,比如,我们在 String 类中增加以下函数:

```
bool operator<(const String s){
    return strcmp(Str, s.Str)<0;
}
```

则可以使用以下代码的 sort 对 string 数组进行排序:

```
int main(){
    string sArray[]={"China","Russia","Japan","England","India"};
    sort(sArray,sArray+5);    //需要#include<algorithm>
    for(int i=0; i<5; i++)
```

```
        cout<<sArray[i]<<endl;
    return 0;
}
```

2. 重载函数调用符"()"

如果为一个类重载了函数调用符"()",则它的对象使用起来类似于一个函数,称为仿函数。

比如以下 Fact 类:

```
class Fact{
public:
    int operator()(int n){
        int result=1;
        for(int i=1; i<=n; i++)
            result*=i;
        return result;
    }
};
int main(void){
    Fact f;
    cout<<f(5);
    return 0;
}
```

Fact 类中重载了"()",因此,我们声明 Fact f 后,f 可以当作函数使用,执行代码 cout<<f(5);将输出 5!,即 120。

10.4 本章小结

本章重点讲解了结构体和类的区别,并说明了何时需要定义析构函数、拷贝构造函数以及重载赋值操作。此外,还针对运算符"<"和"()"的重载操作进行了示例,方便在 STL 中的使用。

第11章

递 归

11.1 本章目标

- 理解递归的思想。
- 通过单步执行理解递归程序的执行流程。

11.2 递归的计算思维

函数的递归调用采取"大事化小,小事化了"的手段,即对某一个大问题,分解为(几个)小问题进行解决,解决小问题的方法和解决大问题的方法完全一样。其中,小问题可以再分解为更小的问题,如此反复,最终的小问题小到可以轻而易举地解决。

下面以计算斐波那契数列为例逐步理解递归的基本概念和思维方式。斐波那契数列为:0,1,1,2,3,5,8,13,…,其中每个数字是其前两个数字的和。

先考虑以下两种情况。

(1) 递归的基本情况。

递归的基本情况指当递归函数在某一特定条件下不再需要进一步的递归调用,而是可以直接返回一个结果的情况。这个条件通常是递归问题的最小规模或最简单形式。斐波那契数列中,基本情况为当 n 等于 0 或 1 时,函数可以直接返回对应的斐波那契数,而不需要进行任何递归调用。

基本情况在递归函数中扮演着至关重要的角色,因为它定义了递归的终止条件。没有基本情况,递归函数将无限地调用自身,直到耗尽系统资源并导致程序崩溃。因此,设计递归函数时,确保有一个或多个基本情况非常重要。具体需要几个基本情况,取决于递归情况的设计。

(2) 递归情况。

递归情况指当递归函数不能通过基本情况直接返回结果时,函数将问题分解为更小规模的子问题,并递归地调用自身来解决这些子问题的情况。斐波那契数列中,递归情况为当 n 大于 1 时,函数通过递归调用 fib(n−1) 和 fib(n−2) 来计算前两个斐波那契数的和。

递归情况体现了分而治之的思想,即将一个复杂问题分解为若干个相对简单的子问题,然后逐个解决这些子问题。通过这种方式,递归可以将一个大规模问题逐步分解为更小规模的问题,直到达到基本情况为止。一旦所有子问题都得到解决,递归函数可以逐步将结果合并起来,最终得到原始问题的解。

其中,n 大于 1 时,需要递归调用 fib(n−1) 和 fib(n−2),由此可知,需要考虑两种基本情况。

在理解和设计递归函数时,关键需要学会将问题分解为更小的子问题,并找到递归终止的条件。这通常需要对问题进行深入的分析和思考。包括以下步骤。

(1) 明确问题定义。

首先,明确要解决的问题是什么。上述例子中,问题为计算斐波那契数列的第 n 个数。

(2) 识别基本情况。

接下来,识别出递归的基本情况。上述例子中,基本情况为当 n 等于 0 或 1 时,斐波那契数列的值分别是 0 和 1。这是递归的终止条件。

(3) 定义递归情况。

然后,定义递归情况。上述例子中,递归情况为当 n 大于 1 时,通过递归调用 fib(n−1) 和 fib(n−2) 计算斐波那契数列的第 n 个数。这是将问题分解为更小规模的子问题的过程。

(4) 设计递归函数。

最后,根据基本情况和递归情况设计递归函数。上述例子中,需要定义一个名为 fib 的函数,接收一个整数 n 作为参数,并根据基本情况和递归情况返回相应的斐波那契数,代码如下:

```
int fib(int n)
{
    if (n==0) return 0;
    else if (n==1) return 1;
    else
        return fib(n-1) +fib(n-2);
}
```

通过以上过程,可以逐步理解和设计出递归函数,从而培养递归编程的计算思维。下面再分析一个案例。

问题描述:有一个养鸭专业户,赶了一大群鸭子出去卖。他每经过一个村庄,卖出当时所有赶的鸭子的一半再多一只(他没有劈开过鸭子……),这样他经过七个村庄后,还剩下两只鸭子,请计算他经过第 N 个村庄时还有多少只鸭子。

下面是思考过程。

(1) 明确问题定义。

① 养鸭专业户开始时有一大群鸭子。

② 每经过一个村庄,他会卖出当前鸭子数量的一半再多一只。

③ 经过七个村庄后,他剩下两只鸭子。

④ 需要找出经过第 N 个村庄时的卖出数量和剩余数量。

(2) 识别基本情况。

① 经过七个村庄后,剩下两只鸭子。这是递归的终止条件。

② 可以从第七个村庄开始反向推算,找出每个村庄结束时的鸭子数量。

(3) 定义递归情况。

① 对于第 N 个村庄(N 为 1 到 7),卖出的鸭子数量为当前鸭子数量的一半再加一只。

② 剩下的鸭子数量为当前鸭子数量的一半再减一只。

③ 需要递归地计算每个村庄结束时的鸭子数量。假设经过第 N+1 个村庄后剩余的鸭子数量为 a,那么经过第 N 个村庄后剩余的鸭子数量为(a+1)*2。

(4) 设计递归函数。

最后,根据基本情况和递归情况设计递归函数。本例中,定义一个名为 ducks 的函数,接收一个整数 n 作为参数,并根据基本情况和递归情况返回经过第 n 个村庄后还剩下的鸭子数,代码如下:

```
int ducks(int n) {
    if (n ==7) {
        return 2;
    }
    else {
        return (ducks(n+1)+1) * 2;
    }
}
```

通过以上过程可以看到,递归思维是一种将问题分解为更小规模(更接近基本情况)子问题的思维方式,它可以帮助我们解决一些看似复杂,但实际上可以分解为更小规模子问题的问题。

11.3 理解递归执行流程

递归的执行流程理解起来有一定困难,但是借助 VS 单步执行程序,观察 VS 中包括调用堆栈在内的一些监视信息,理解起来相对容易。

11.3.1 查看调用堆栈

为方便观察,我们将 fib 递归函数稍作修改,完整代码如下(源代码见:ch11\fib.cpp):

```
1:    #define _CRT_SECURE_NO_WARNINGS
2:    #include<stdio.h>
3:    int fib(int n)
4:    {
5:        if (n ==0)
6:            return 0;
7:        else  if (n ==1)
```

```
 8:            return 1;
 9:        else
10:        {
11:            int n1 = fib(n - 1);
12:            int n2 = fib(n - 2);
13:            return (n1 + n2);
14:        }
15: }
16: int main()
17: {
18:     int n = 5;
19:     int y;
20:     y = fib(n);
21:     printf("fib(%d)=%d\n", n, y);
22:     return 0;
23: }
```

整个递归调用过程如图 11-1 所示。其中，F5 表示 fib(5) 的函数调用，F5 下面连着 F4 和 F3，表示在 fib(5) 中，需要调用 fib(4) 和 fib(3)。

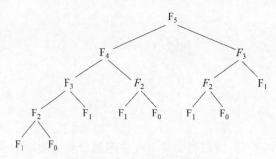

图 11-1　fib 函数递归调用图

以上是调用结构图，但是程序具体是如何执行的，函数之间的调用顺序怎样？下面通过单步执行的方式来帮助理解。

在第 20 行设置断点，按 F5 键启动调试。

程序在断点处停下来后，按 F11 键跟踪进入 fib 函数，再按 F11 键（此时也可以按 F10 键），程序执行到第 5 行，界面如图 11-2 所示。图中，单击箭头所指位置，可显示调用堆栈，通过调用堆栈和监视变量，可以知道程序执行到了图 11-1 中的何处，从而理解递归程序的执行流程。

调用堆栈中显示：

```
>test1.exe!fib(int n=5) 行 5
 test1.exe!main() 行 20
```

查看堆栈信息时，需要从下往上看，最下面一行是：

```
test1.exe! main()行 20
```

表示程序在执行 test1 的 main 函数的第 20 行时，执行函数调用。然后往上看第二行：

```
test1.exe!fib(int n=5)行 5
```

表示 main 函数调用了 fib(5)函数,目前执行到了第 5 行。

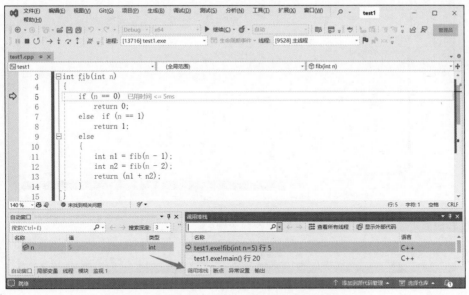

图 11-2 进入 fib(5)函数后的调用堆栈和局部变量

注意:调用堆栈中,"test1.exe! fib(int n=5)"中的"=5"默认不显示,进行以下操作才可显示:在调用堆栈的表格中(图 11-3 箭头所指处)右击,在弹出菜单中单击"显示参数值"。

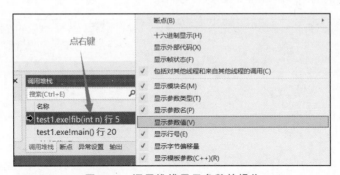

图 11-3 调用堆栈显示参数的操作

继续按若干次 F11 键,到第 11 行时,将执行 fib(n−1)即 fib(4)的调用,再按 F11 键,将进入函数 fib(4),对应到图 11-1 中,将从 F5 往左侧的分支走,进入 F4。

此时的调用堆栈为(图 11-4):

```
>test1.exe!fib(int n=4) 行 5
 test1.exe!fib(int n=5) 行 11
 test1.exe!main() 行 20
```

表示程序在执行 test1 的 main 函数的第 20 行时,调用 fib(5)函数,在 fib(5)内,执行到第 11 行时,又调用 fib(4)函数,目前在 fib(4)函数内,执行到了第 5 行。

我们发现,如果是在第 11 行调用 fib 函数,对于图 11-1 来说,就是从某一个节点进入

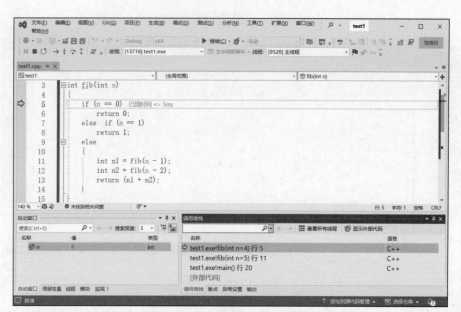

图 11-4　进入 fib(4)函数后的调用堆栈和局部变量

了它的左分支。比如，图 11-4 表示从 F5 进入它的左分支 F4。而如果是在第 12 行调用 fib 函数，对于图 11-1 来说，就是从某一个节点进入了它的右分支。

在第 8 行设置一个断点，然后按 F5 键继续执行（从当前位置开始执行，直到再次遇到断点才停下），将停在第 8 行，如图 11-5 所示。

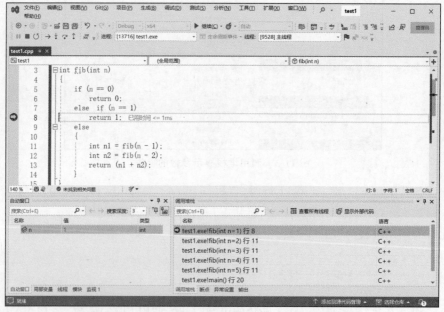

图 11-5　进入 fib(1)函数后的调用堆栈和局部变量

图 11-5 的调用堆栈为：

```
>test1.exe!fib(int n=1) 行 8
 test1.exe!fib(int n=2) 行 11
 test1.exe!fib(int n=3) 行 11
 test1.exe!fib(int n=4) 行 11
 test1.exe!fib(int n=5) 行 11
 test1.exe!main() 行 20
```

可以看到,fib(5)函数执行到第 11 行时调用下一个 fib,调用 fib(n−1)即 fib(4),其他几次递归调用都是在第 11 行调用了下一个 fib,即调用 fib(n−1)。从调用过程可以发现,调用顺序是 fib(5)→fib(4)→fib(3)→fib(2)→fib(1)。对应的调用流程如图 11-6 所示。

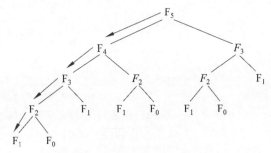

图 11-6　fib 函数递归调用图

图 11-5 中,按两次 F11 键,程序执行到第 11 行,如图 11-7 所示。

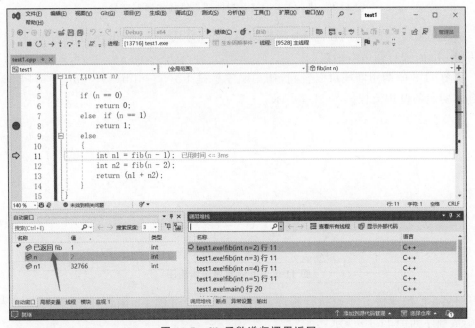

图 11-7　fib 函数递归调用返回

从图的"自动窗口"可以看到,此时 n=2,即正在执行函数 fib(2)。另外,需要注意箭头所指的"已返回 fib",其含义为:刚刚从 fib 函数返回,返回值为 1。从该信息可理解到,当前位于的第 11 行,已从 fib(n-1)调用返回来,而非将要调用 fib(n-1)。

再按 F11 键,fib 的返回值将赋值给 n1,然后准备调用 fib(n-2),即调用 fib(0)。再按若干次 F11 键,将执行到第 6 行,如图 11-8 所示。

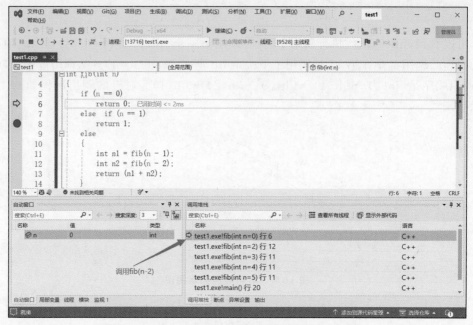

图 11-8　进入 fib(0)函数后的调用堆栈和局部变量

从调用堆栈可知,此时位于 fib 函数的第 6 行,为从上一个 fib 函数的第 12 行(即执行调用 fib(n-2))调用本函数。

从图 11-8 的调用堆栈可以看到,调用顺序就是 fib(5)→fib(4)→fib(3)→fib(2)→fib(0),对应的调用流程如图 11-9 所示。

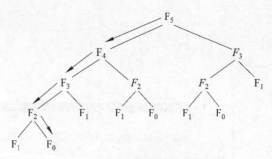

图 11-9　fib 函数递归调用图

如果我们继续按 F11 键执行程序,仔细观察所经过的 fib 函数,将看到跟踪进入的 fib 函数顺序如图 11-10 所示。

图 11-10 中,可以了解到,在 F_4 中(即 fib(4)函数中),首先要调用 F_3,经过一系列的操作,最后从 F_3 返回,再去调用 F_2,从 F_2 返回后,结束 F_4 的执行,返回 F_5。

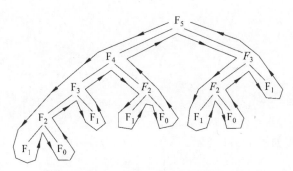

图 11-10 fib 函数递归的完整调用过程

11.3.2 Hanoi 塔

Hanoi 塔问题：一块板上有三根针：A,B,C。A 针上套有 64 个大小不等的圆盘，大的在下，小的在上。要把这 64 个圆盘从 A 针移动到 C 针上，每次只能移动一个圆盘，移动可以借助 B 针进行。但在任何时候，任何针上的圆盘都必须保持大盘在下，小盘在上。求移动的步骤。

当 n 大于或等于 2 时，移动的过程可分解为以下三个步骤。

(1) 把 A 上的 n−1 个圆盘移到 B 上。

(2) 把 A 上的一个圆盘移到 C 上。

(3) 把 B 上的 n−1 个圆盘移到 C 上；其中第(1)步和第(3)步是类同的。

程序如下(源代码见"ch6\Hanoi.cpp")：

```
1:    #define _CRT_SECURE_NO_WARNINGS
2:    #include "stdio.h"
3:    void move(int n,char x,char y,char z)
4:    {
5:        if(n==1)
6:            printf("%c-->%c\n",x,z);
7:        else
8:        {
9:            move(n-1,x,z,y);
10:           printf("%c-->%c\n",x,z);
11:           move(n-1,y,x,z);
12:       }
13:   }
14:   int main()
15:   {
16:       int h;
17:       printf("input number:");
18:       scanf("%d",&h);
19:       printf("the step to moving %2d diskes:\n",h);
20:       move(h,'a','b','c');
21:       return 0;
22:   }
```

运行结果如下：

```
input number:3
```

```
the step to moving 3 diskes:
a-->c
a-->b
c-->b
a-->c
b-->a
b-->c
a-->c
```

程序的总体调用如图 11-11 所示。

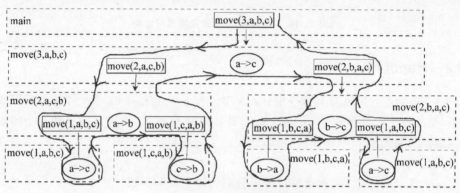

图 11-11　Hanoi 塔函数调用图

首先，在 main 函数中执行 move(h,'a','b','c')，因为 h 的值为 3，实际执行的是 move(3,'a','b','c')，在图 11-11 中，我们省略了单引号，写成了 move(3,a,b,c)，为图中第一层。该层被包围在一个虚线框中，并在左侧写了"main"，表示这部分代码在 main 函数中。

图 11-11 中的第二层，是 move(3,a,b,c) 函数调用后执行的语句，需要调用 move(2,a,c,b) 函数，输出"a->c"、调用 move(2,b,a,c) 函数。其中的两个 move 函数调用，均将递归调用 move 函数，并跳转到图中的第三层。调用 move(2,a,c,b) 函数跳转到第三层左侧、调用 move(2,b,a,c) 函数跳转到第三层右侧。

程序的函数调用与语句执行的流程与上面所述顺序不同，而将如图中的手绘箭头所示。例如，从第一层转移到第二层时，首先执行 move(2,a,c,b) 函数，将跳转到第三层左侧，执行 move(1,a,b,c) 函数，导致跳转到第四层第一个框。

为了理解递归函数的执行流程，了解其中的 move 函数调用时实参的值如何获取到，下面使用单步执行进行跟踪，并使用调用堆栈、监视变量帮助理解其中的参数传递过程。

我们将断点设置在 move 函数的第一行语句即程序的第 5 行，然后按 F5 键启动单步执行，在控制台输入 3。当程序在断点处停下来时，可以查看调用堆栈以及变量 n,x,y,z 的值，如图 11-12 所示。

调用堆栈显示，当前执行流程为：main 函数执行到第 20 行代码时，调用 move 函数，目前即将执行 move 函数的第 5 行。

从 main 函数到 move 函数的参数传递示意图如图 11-13 所示。

图 11-13 中画了两个函数的框，move 函数所在的框叠在 main 函数所在的框上，表示目前执行流程已转到 move 函数。main 函数框用深色背景显示，表示它现在处于后台。

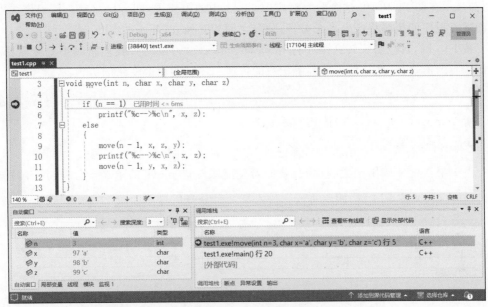

图 11-12　执行 move(3,a,b,c),进入第 1 个 move 分身

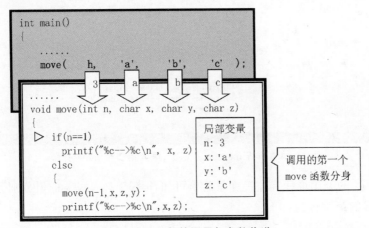

图 11-13　函数的调用与参数传递

main 函数执行第 20 行的 move(h,'a','b','c')语句时,流程跳转到 move 函数。

图 11-13 中,三个宽箭头从 main 函数框出发到 move 函数框,表示实参到形参的参数传递,箭头内部显示的内容表示传递参数的值。由于在 main 函数中 h=3,可看到从 main 函数向 move 函数传递的实参的值分别为 3,'a','b','c'(也可以从图 11-12 的调用堆栈看到这些值)。

move 函数框中的黄色箭头对应 Visual Studio 中的黄色箭头,表示单步跟踪时的当前执行语句。图 11-13 的 move 函数框中有一个小框,用于显示局部变量的值。

由于递归调用过程中,调用的函数都是 move 函数,为了将不同的 move 函数进行区分,我们想象它们是 move 函数的分身,每一个分身都有自己的思想(局部变量)和自己的动作(执行的指令)。这里第 1 个被调用的 move 函数分身,其局部变量和执行的操作(语句行)显示在图 11-13 中,这个分身对应图 11-11 中的第二层,即 move(3,a,b,c)虚线框。下面随着程序的执行将产生多个分身,分身之间相互独立,互不冲突。

按 F10 键,黄色箭头转到第 9 行 move(n−1,x,z,y)语句。我们将其中的变量都用它们相应的值代替,这样更容易理解参数的传递。当前的局部变量的值为:

n=3;x='a';y='b';z='c'

所以 move(n−1,x,z,y)语句实际上是:

move(2,'a','c','b')

由于第 9 行是调用函数的语句,我们希望能跟踪进 move 的第 2 个分身,这时,我们单击 ↓ 按钮(或按 F11 键)跟踪进入。进入第 2 个分身后界面如图 11-14 所示。

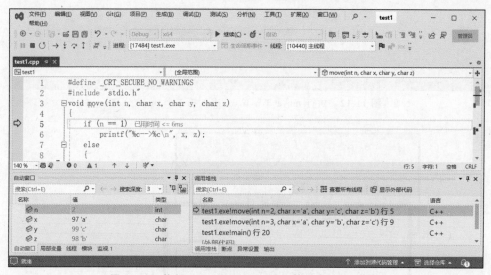

图 11-14　执行 move(2,a,c,b),进入第 2 个 move 分身

从图 11-14 的调用堆栈和监视变量的值可知,n 等于 2,x、y、z 的值分别为'a','c','b'。
调用堆栈的第一行为:

>test1.exe!move(int n=2, char x='a', char y='c', char z='b') 行 5

显示出 4 个形参接收到的值分别为 2,'a','c','b'。

为了帮助理解参数的传递,仿照图 11-13,可以在纸上画出函数的调用关系,见图 11-15。

图中,为了方便理解,我们将函数调用 move(n−1,x,z,y)中的变量都改写成其具体的值,因此,这个语句实际执行:move(2,'a','c','b')。

函数调用时,move(2,'a','c','b')中的实参顺着管道(图中的宽箭头)传递到了 move(int n, char x, char y, char z)函数的形参。

理解了实参与形参的对应传递,还理解了 move 函数在多次调用的过程中具有多个分身,它们各自有自己的局部变量与当前执行的指令,这样,就能理解 Hanoi 塔的递归执行过程。

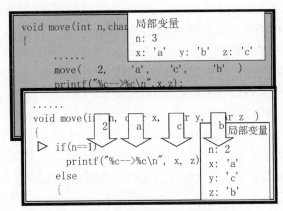

图 11-15　move 函数调用的参数传递

图 11-14 中的第 2 个 move 分身对应图 11-11 的第三层的左半部分 move(2,a,c,b) 虚线框。当前将要执行的指令为第 5 行代码,由于 n 的值为 2,不等于 1,可以预期继续执行后将转到第 9 行 move(n−1,x,z,y) 语句。按 F10 键,黄色箭头确实转到了第 9 行,证实了我们的判断。

到了第 9 行,再按 F11 键,跟踪进入 move 函数的第 3 个分身,界面如图 11-16 所示。我们从图中的调用堆栈可清晰地看到 4 个形参的值:n 等于 1、x、y、z 的值分别等于'a','b','c'。

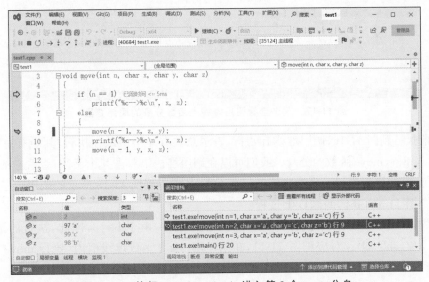

图 11-16　执行 move(1,a,b,c),进入第 3 个 move 分身

图 11-16 的第 3 个分身对应图 11-11 左下角 move(1,a,b,c) 虚线框,此时,move 函数已经有了 3 个分身。图 11-16 的调用堆栈信息如下:

```
>test1.exe!move(int n=1, char x='a', char y='b', char z='c') 行 5
 test1.exe!move(int n=2, char x='a', char y='c', char z='b') 行 9
 test1.exe!move(int n=3, char x='a', char y='b', char z='c') 行 9
```

从以上信息可知,第 1 个分身(调用堆栈信息的第三行)是 move(int n=3, char x='a',

char y='b',char z='c'),它执行到了第 9 行,然后调用 move 函数,开始执行第 2 个分身。

第 2 个分身(调用堆栈信息的第 2 行)是 move(int n=2,char x='a',char y='c',char z='b'),它也执行到了第 9 行,然后调用 move 函数,开始执行第 3 个分身。

当前正在执行第 3 个分身(调用堆栈信息的第 1 行),是 move(int n=1,char x='a',char y='b',char z='c'),当前将要执行第 5 行。

图 11-16 中,只能看到调用堆栈的各个 move 函数分身的形参获得了什么值,以及当前分身的局部变量。如何查看其他分身的局部变量呢?可以在调用堆栈对应的行上双击,比如在第 2 行双击,结果如图 11-17 所示。图左部用一个绿色箭头指示该分身当前执行的语句行,表示从该语句调用了下一个分身,从下一个分身返回时,也会返回到该语句继续执行。

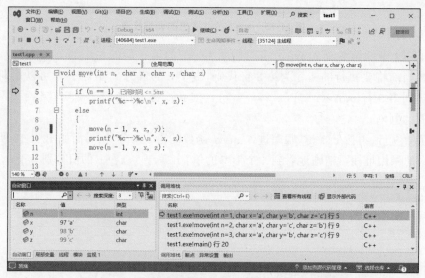

图 11-17 双击查看调用堆栈上函数分身的局部变量

当前执行到图 11-16,调用堆栈有 4 行,表示总共有 4 个函数在执行,其中有一个 main 函数,以及 3 个 move 函数的分身。我们可以在调用堆栈中双击某个函数,查看它的局部变量,以及当前的执行语句。将这些信息记录下来,从而得到图 11-18 所示的调用顺序。

结合图 11-11,我们回顾以上过程:

首先,在 main 函数中,执行 move(h, 'a', 'b', 'c'),由于 h=3,因此,执行的语句为:move(3, 'a', 'b', 'c')。对应到图 11-11,在第一层 main 函数虚线框内,执行 move 函数调用后,进入第二层。

第二层虚线框是 move(3,a,b,c)函数的分身,由于 n 的值为 3,n==1 的条件为 false,所以这个分身实际执行的语句将是:

```
move(n-1,x,z,y);
printf("%c-->%c\n",x,z);
move(n-1,y,x,z);
```

我们将这些语句中的变量用具体的值代替,真实执行的语句为:

```
move(2,'a','c','b');
```

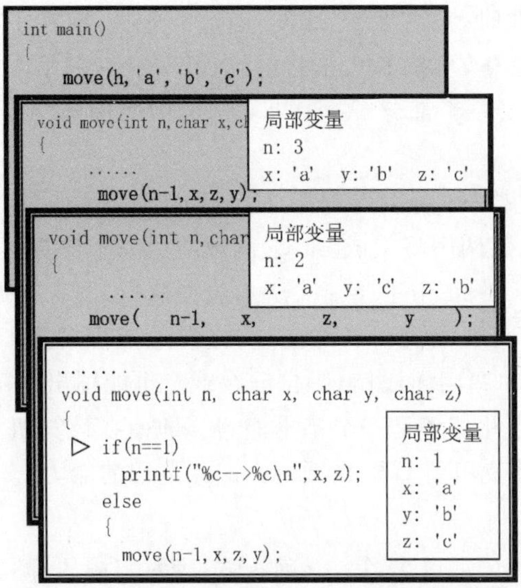

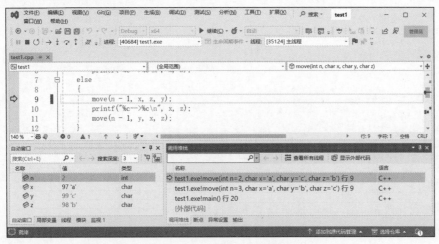

图 11-18　递归调用到第 3 个 move 函数分身

```
printf("%c-->%c\n",'a', 'c');
move(2,'b','a','c');
```

以上三个语句对应图 11-11 中第二层虚线框中显示的语句。

执行语句 move(2,'a','c','b')时，将进入图 11-11 的第三层的左半部分虚线框，即第 2 个 move 函数的分身。

在第 2 个分身中，执行 move(1,'a','b','c')时，将进入图 11-11 的左下角，即第 3 个 move 函数的分身。

按照图 11-11，第 3 个 move 的分身执行完后，将返回到第 2 个分身。返回到哪一行？从图 11-17 的调用堆栈可知，将返回到第 9 行。

图 11-16 中，我们当前的执行语句是第 5 行，按若干次 F11 键，当前函数执行完毕，然后返回，可以看到返回到图 11-19 所示位置。

图 11-19　从第 3 个 move 分身返回到第 2 个 move 分身

从图中可以看出，此时，只有2个 move 函数的分身，现在正在第2个分身的第9行语句，该语句已经执行完毕，再按 F11 键将继续往下执行，到第10行执行输出语句，该语句对应图11-11的第三层左半部分 move(2,a,c,b)中的椭圆"a->b"，将在屏幕上输出椭圆内的信息。

如果继续按 F11 键执行，可以看到第11行的语句 move(n-1, y, x, z)实际执行 move(1,'c','a','b')，该函数调用将生成 move 函数的另一个分身。

整个程序将按照图11-11中手绘箭头所示流程执行，读者根据这个图，再结合自己在单步执行过程中看到的调用堆栈和局部变量，慢慢地能理解递归的执行过程。以后，即使不看 VS 的局部变量和调用堆栈信息，自己在纸上也能画出图11-11的执行流程图。

请注意，在纸上完成此任务是一个基本能力。即使在计算机上单步执行时能理解程序的执行流程，还需具备离开计算机在纸上完成此过程的能力。

11.4 调试程序

我们使用以下代码演示调试过程：

以下程序的功能是计算1!+2!+…+n!，请改正其中的错误。

程序如下（源代码见 ch11\factorSum.cpp）

```
1:    #define _CRT_SECURE_NO_WARNINGS
2:    #include <stdio.h>
3:    int sum=0;
4:    int fact(int n)
5:    {
6:        if (n=1) return 1;
7:        else return n * fact(n-1);
8:    }
9:    void calcSum(int n)
10:   {
11:       int i,sum=0;
12:       for(i=1; i<=n; i++)
13:       {
14:           sum+=fact(i);
15:       }
16:   }
17:   int main()
18:   {
19:       int n;
20:       printf("Please input n:");
21:       scanf("%d", &n);
22:       calcSum(n);     //计算出来的结果放在全局变量 sum 中
23:       printf("sum is:%d", sum);
24:       return 0;
25:   }
```

为发现并改正错误，我们依照以下步骤进行。

第1步：运行程序、查看结果。

为了便于手工计算运行结果，下面输入3，即 n 的值为3。按 Ctrl+F5 组合键运行：

```
Please input n:3
sum is:0
```

以上结果显然错误。

第 2 步：判断设置断点位置。

为了找到错误，可以直接将断点设在 calcSum 函数中，把断点设在第 12 行即可。理由如下：由于程序在第 12 行之前，仅仅在 main 函数中执行了 scanf 语句，没有更多执行逻辑。紧接着就调用 calcSum 函数执行第 12 行。

第 3 步：启动调试、分析错误位置。

按 F5 键启动调试，在断点处停下后，按 F10 键跟踪 for 循环的执行，第一遍循环结果正确，第二遍循环时，我们发现，执行完循环后 sum 的值为 2（图 11-20），而实际值应该为 3。此外，从图中"自动窗口"也可以看到，"已返回 fact"的值为 1，表示执行的 fact(i) 函数返回的是 1，而这里的 i 值为 2，即 fact(2) 的返回值为 1，实际应该返回 2，初步判断 fact 函数内部计算错误。

图 11-20　第二遍 for 循环执行之后

第 4 步：进一步跟踪、发现错误。

取消原有断点，在第 14 行设置新断点。

按 Shift+F5 组合键停止执行，再按 F5 键启动调试，在断点处停下来后（此时是第一遍循环），再按 F5 键继续执行，程序再次在第 14 行的断点停下来（此时是第二遍循环），按 F11 键进入 fact 函数。

在 fact 函数中，由于 n 值为 2，我们预想应该递归调用一次，但按 F10 键单步执行时发现，即使 n 等于 2，if 判断的结果也为 true，从第 6 行即退出了 fact 函数，并返回函数值 1。

为什么 n 等于 2 而 if 语句判断结果为 true 呢？仔细察看，发现本来应该写成"if

(n==1)",而这里写成了"if (n=1)"。

第5步:修改程序、测试。

下面改正该错误,将第6行代码:

```
if (n=1) return 1;
```

修改成:

```
if (n==1) return 1;
```

按 Shift+F5 组合键停止执行,再按 Ctrl+F5 组合键生成并运行程序。
运行结果为:

```
Please input n:3
sum is:0
```

从以上结果可知,最后的输出结果 sum 值仍然错误。

第6步:启动调试、分析错误。

不改变断点的位置,再按 F5 键启动调试,跟踪 for 循环的执行。

第一遍循环结果正确,第二遍循环结果正确,第三遍循环结果仍然正确。黄色箭头指向第15行时(图11-21),从图中左下角的"自动窗口"可以看到 sum 变量的值为9。

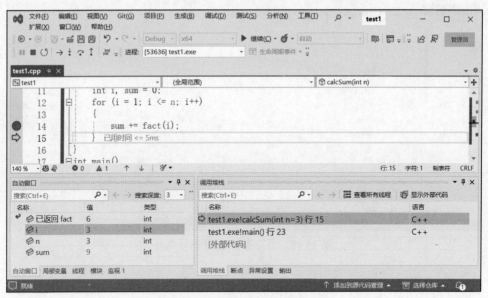

图 11-21 查看监视变量 sum 的值

因为图 11-21 中 n=3,计算 fact(1)+fact(2)+fact(3),结果为 1+2+6=9,由此可知,图中显示 sum 的值为9,结果正确。

再按若干次 F10 键,此时从 calcSum 函数退出,黄色箭头转到 main 函数的第 23 行,如图 11-22 所示。

此时再看监视窗口中 sum 的值,发现它的值神奇地变为了 0。(注意,如果查看的是"局部变量"监视窗口,将看不到 sum 变量,图 11-22 中显示了"自动窗口"的变量)

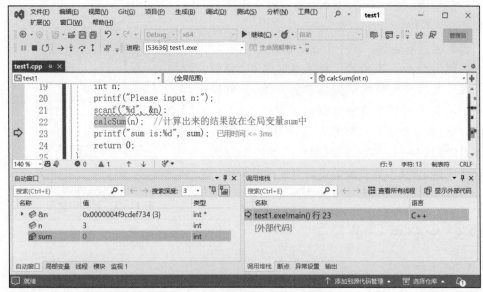

图 11-22　查看监视变量 sum 的值

仔细思考问题所在，由于从图 11-21 到图 11-22，其间没有对 sum 赋过值，所以很可能以上两个 sum 不是同一个变量。

仔细检查程序，可以发现：main 函数中的 sum 是全局变量，而 calcSum 函数中，由于定义了一个局部变量 sum，因此在该处的变量 sum 是 calcSum 中的局部变量。

按照程序的设想，希望通过一个全局变量返回结果，不应该在 calcSum 函数中再定义一个 sum 变量，其 sum 变量的定义需要删除。

第 7 步：修改程序、测试。

将第 11 行修改为（删除其中关于 sum 变量的定义）：

```
int i;
```

按 Shift+F5 组合键停止执行，再按 Ctrl+F5 组合键生成并运行程序。可看到运行结果为：

```
Please input n:3
sum is:9
```

以上结果已经正确。如果不确认，可以用其他的 n 值再进行测试。

11.5　Copilot 实践：迷宫问题

11.5.1　问题介绍

假设一个迷宫的示意图如图 11-23 所示，其中的每个方块用空白表示通道，用阴影表示障碍物。入口在左上角，出口在右下角。

为了表示迷宫，设置一个 M×N 的二维数组，其中每个元素表示一个方块的状态，为

1 时表示对应方块是通道,为 0 时表示对应方块是障碍物(不可走)。

求解迷宫问题为:在一个指定的迷宫中求出从入口到出口的一条路径。在求解时采用"穷举法",即从入口出发依次试探相邻的方块,一旦找到一个可走的相邻方块就继续走下去,并记下所走的方位;若某个方块没有相邻的可走方块,则沿原路退回到前一个方块(即回溯),换下一个方位再继续试探,直到所有可能的通路都试探完为止。

下面通过与 Copilot 交互解决迷宫问题。

图 11-23 迷宫示意图

11.5.2 Copilot Chat 交互

1. 第 1 轮交互

【提问 1】使用 C 语言的递归解决迷宫问题,要求在二维数组中规定迷宫的哪些地方是墙,哪些地方是通道,从左上角进入迷宫,从右下角走出迷宫,要求输出路径。

【回复 1】以下是一个使用 C 语言编写的解决迷宫问题的递归算法:

```c
#include <stdio.h>
#define N 4
int maze[N][N] = {
    {1, 0, 0, 0},
    {1, 1, 0, 1},
    {0, 1, 0, 0},
    {1, 1, 1, 1}
};
int solution[N][N];
void printSolution() {
    for (int i = 0; i < N; i++) {
        for (int j = 0; j < N; j++)
            printf(" %d ", solution[i][j]);
        printf("\n");
    }
}
int solveMaze(int x, int y) {
    if(x == N-1 && y == N-1) {
        solution[x][y] = 1;
        return 1;
    }
    if(x >= 0 && y >= 0 && x < N && y < N && maze[x][y] == 1) {
        solution[x][y] = 1;
        if (solveMaze(x+1, y))
            return 1;
        if (solveMaze(x, y+1))
            return 1;
        solution[x][y] = 0;
        return 0;
    }
```

```
        return 0;
    }
    int main() {
        for (int i =0; i <N; i++)
            for (int j =0; j <N; j++)
                solution[i][j] =0;
        if (solveMaze(0,0))
            printSolution();
        else
            printf("No solution\n");
        return 0;
    }
```

在这段代码中，我们首先定义了一个二维数组 maze 来表示迷宫，其中 1 表示通道，0 表示墙。然后我们定义了一个同样大小的二维数组 solution 来存储解决方案。我们从左上角开始，尝试向右和向下移动，如果这些移动不能带我们到出口，我们就回溯并尝试其他可能的路径。

【说明】这个迷宫用 1 表示通道，0 表示墙，二维数组的部分是迷宫，数组之外的部分都认为是墙。如果看不懂算法，可以要求它解释。

2. 第 2 轮交互

将以上代码复制到代码编辑窗口，然后在代码窗口选择 **solveMaze** 函数，之后再提问。

【提问 2】/explain

【回复 2】这段 C++ 代码是一个名为 solveMaze 的递归函数，它试图找到从迷宫的左上角(0,0)到右下角(N−1,N−1)的路径。这个函数接收两个参数：x 和 y，表示当前的位置。

(1) 首先，函数检查当前位置是否是迷宫的出口（即右下角）。如果是，那么将当前位置标记为解决方案的一部分(solution[x][y] = 1;)，并返回 1 表示找到了一条路径。

(2) 然后，函数检查当前位置是否有效。有效的位置需要满足以下条件：位置在迷宫内，且该位置不是墙（在迷宫数组中值为 1）。

(3) 如果当前位置有效，那么将当前位置标记为解决方案的一部分，然后尝试向下(x+1)和向右(y+1)移动。

(4) 如果向右或向下移动都没有找到出口，那么函数将当前位置从解决方案中移除(solution[x][y] = 0;)，并返回 0，表示从当前位置开始没有找到路径。这将导致递归回溯到上一位置，尝试其他可能的移动方向。

这个函数使用了回溯的策略：先选择一条可能的路径前进，如果遇到死路就回退，然后选择另一条路径。通过这种方式，函数能够找到从迷宫入口到出口的路径。

【说明】这样的解释，基本能理解算法的逻辑，如果还是不能理解，可以使用单步执行配合调用堆栈理解执行流程。

此外，这里的输出也是一个二维数组，不是我们想要的路径，因此继续提问。

3. 第 3 轮交互

【提问 3】我需要打印出路径,也就是每一步的坐标,比如路径为(0,0)—(1,0)这种,路径从左上开始,一直到右下结束。

【回复 3】为了打印出路径,我们需要在递归函数中添加一个参数,用于存储路径。以下是修改后的 C 语言代码:

```c
#include <stdio.h>
#define N 4
#define MAX_PATH_LENGTH N * N

int maze[N][N] = {
    {1, 0, 0, 0},
    {1, 1, 0, 1},
    {0, 1, 0, 0},
    {1, 1, 1, 1}
};
int path[MAX_PATH_LENGTH][2];

void printPath(int pathLength) {
    for (int i = 0; i < pathLength; i++) {
        printf("(%d, %d) ", path[i][0], path[i][1]);
    }
    printf("\n");
}
int solveMaze(int x, int y, int pathLength) {
    if(x == N-1 && y == N-1) {
        path[pathLength][0] = x;
        path[pathLength][1] = y;
        printPath(pathLength + 1);
        return 1;
    }
    if(x >= 0 && y >= 0 && x < N && y < N && maze[x][y] == 1) {
        path[pathLength][0] = x;
        path[pathLength][1] = y;
        if (solveMaze(x+1, y, pathLength + 1))
            return 1;
        if (solveMaze(x, y+1, pathLength + 1))
            return 1;
    }
    return 0;
}
int main() {
    if (!solveMaze(0, 0, 0))
        printf("No solution\n");
    return 0;
}
```

【说明】以上程序相比前一个版本,改动比较大,比如代码中没有 solution[x][y] = 1;和 solution[x][y] = 0;。前面已经介绍过,这两个语句的功能是将当前位置(x,y)标记为解决方案的一部分以及将当前位置从解决方案中去除(实现回溯)。那么,以上程序怎么实现回溯呢?读者可以自己使用"/explain"指令生成注释,试着理解这个回溯的过程。

我们运行程序,输出结果如图 11-24 所示。

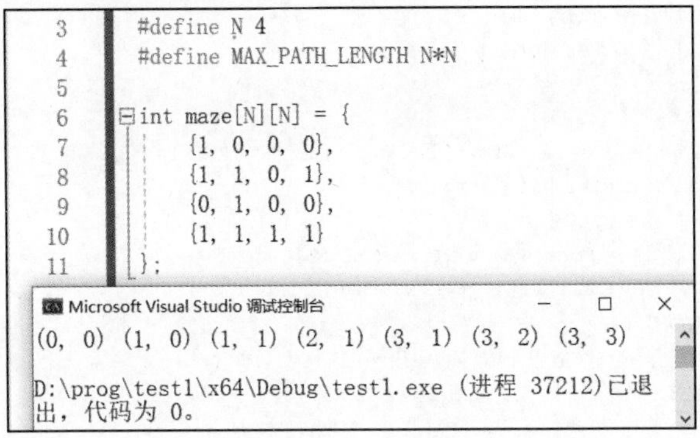

```
3    #define N 4
4    #define MAX_PATH_LENGTH N*N
5
6    int maze[N][N] = {
7        {1, 0, 0, 0},
8        {1, 1, 0, 1},
9        {0, 1, 0, 0},
10       {1, 1, 1, 1}
11   };
```

```
Microsoft Visual Studio 调试控制台
(0, 0) (1, 0) (1, 1) (2, 1) (3, 1) (3, 2) (3, 3)
D:\prog\test1\x64\Debug\test1.exe (进程 37212)已退
出,代码为 0。
```

图 11-24 运行结果

可以看到,输出的结果正确。

【测试】我们发现迷宫的递归算法中,只能往下和往右前进,那如果要往左或往上才能找到路径呢?以上程序是否能成功?我们将二维数组的初始化语句修改如下(其他代码都不变):

```
#define N 5
#define MAX_PATH_LENGTH N * N
int maze[N][N] ={
    {1, 1, 1, 1, 0},
    {0, 0, 0, 1, 0},
    {1, 1, 1, 1, 0},
    {1, 0, 0, 0, 0},
    {1, 1, 1, 1, 1}
};
```

以上迷宫的路径非常简单,只有一条路径,中间没有分叉,但是在第三行需要向左前进。我们运行程序,结果如图 11-25 所示。

图 11-25 运行结果

显然,以上运行结果错误,所以我们继续提问修改程序。

4. 第 4 轮交互

【提问 4】算法前进的方向,除了向下和向右,还需要向左和向上,请修改代码。

【回复 4】当然,我们可以修改算法以包括向左和向上的移动。以下是修改后的 C 语言代码:

(为节省篇幅,下面只贴上递归函数的代码,其他代码都未修改,所以这里不贴)

```
int solveMaze(int x, int y, int pathLength) {
    if(x ==N-1 && y ==N-1) {
        path[pathLength][0] =x;
        path[pathLength][1] =y;
        printPath(pathLength +1);
        return 1;
    }
    if(x >=0 && y >=0 && x <N && y <N && maze[x][y] ==1) {
        path[pathLength][0] =x;
        path[pathLength][1] =y;
        maze[x][y] =0; // mark as visited
        if (solveMaze(x+1, y, pathLength +1))
            return 1;
        if (solveMaze(x, y+1, pathLength +1))
            return 1;
        if (solveMaze(x-1, y, pathLength +1))
            return 1;
        if (solveMaze(x, y-1, pathLength +1))
            return 1;
        maze[x][y] =1; // unmark if no path is found
    }
    return 0;
}
```

在这段代码中,我们添加了向左和向上的移动。为了避免在同一位置上无限循环,我们在访问一个位置时将其标记为已访问(maze[x][y] = 0;),如果从该位置开始找不到路径,我们就将其标记为未访问(maze[x][y] = 1;)。

【说明】代码中,有语句 maze[x][y] = 0,它将迷宫的二维数组进行了修改,其含义为:将当前位置修改为墙,这样,继续往前探索的时候,如果第二次来探索该位置,会发现这个位置已经是墙,不会再回到该位置,从而避免在同一位置上无限循环。

【测试】运行程序,结果如图 11-26 所示。

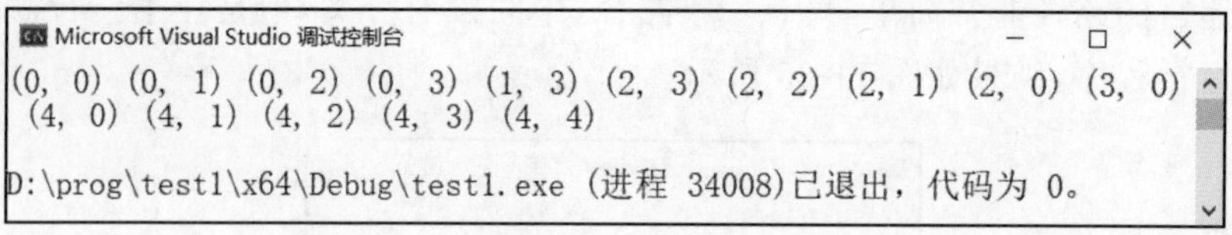
Microsoft Visual Studio 调试控制台
(0, 0) (0, 1) (0, 2) (0, 3) (1, 3) (2, 3) (2, 2) (2, 1) (2, 0) (3, 0)
(4, 0) (4, 1) (4, 2) (4, 3) (4, 4)
D:\prog\test1\x64\Debug\test1.exe (进程 34008)已退出,代码为 0。

图 11-26　运行结果

【测试】我们使用更复杂的迷宫,包括多个分叉、有环路的情况进行测试。

我们将二维数组修改如下:

```
#define N 12
#define MAX_PATH_LENGTH N * N
int maze[N][N] ={
    1, 1, 1, 1, 1, 1, 0, 0, 0, 1, 1, 1,
    1, 0, 1, 0, 1, 0, 0, 0, 0, 0, 0, 1,
    1, 0, 1, 1, 1, 0, 0, 0, 1, 1, 1, 1,
    0, 0, 1, 0, 1, 1, 0, 0, 1, 0, 0, 1,
    1, 0, 1, 0, 0, 1, 0, 1, 1, 0, 0, 1,
    1, 0, 1, 0, 0, 1, 0, 1, 1, 0, 0, 1,
    1, 1, 1, 1, 0, 1, 0, 1, 0, 0, 0, 1,
```

```
    1, 0, 0, 1, 0, 0, 0, 1, 0, 1, 1, 1,
    1, 0, 0, 1, 0, 0, 0, 1, 0, 1, 1, 1,
    1, 0, 1, 1, 0, 1, 0, 1, 0, 0, 0, 1,
    1, 0, 0, 0, 0, 1, 0, 1, 1, 0, 0, 1,
    1, 1, 1, 1, 1, 1, 1, 0, 1, 1, 1 };
```

运行结果如图 11-27 所示,结果正确:

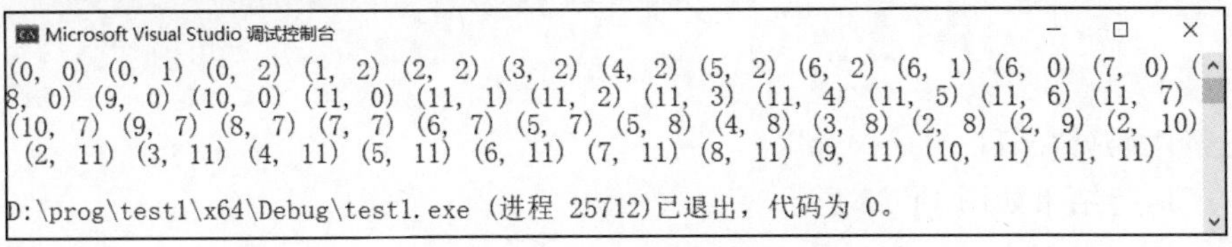

```
Microsoft Visual Studio 调试控制台                              —    □    ×
(0, 0) (0, 1) (0, 2) (1, 2) (2, 2) (3, 2) (4, 2) (5, 2) (6, 2) (6, 1) (6, 0) (7, 0)
(8, 0) (9, 0) (10, 0) (11, 0) (11, 1) (11, 2) (11, 3) (11, 4) (11, 5) (11, 6) (11, 7)
(10, 7) (9, 7) (8, 7) (7, 7) (6, 7) (5, 7) (5, 8) (4, 8) (3, 8) (2, 8) (2, 9) (2, 10)
(2, 11) (3, 11) (4, 11) (5, 11) (6, 11) (7, 11) (8, 11) (9, 11) (10, 11) (11, 11)

D:\prog\test1\x64\Debug\test1.exe (进程 25712)已退出,代码为 0。
```

图 11-27 运行结果

【测试】我们测试有环路但是没有路径到达出口的情况,检查程序是否会在环路中循环,从而导致不能结束。将二维数组修改成如下:

```
#define N 5
#define MAX_PATH_LENGTH N * N
int maze[N][N] = {
    {1, 1, 1, 1, 0},
    {0, 1, 1, 1, 0},
    {1, 1, 1, 1, 0},
    {1, 0, 1, 0, 0},
    {1, 1, 1, 0, 1}
};
```

运行结果正确,输出"No solution"。

【测试】我们测试有环路但是没有路径到达出口的大迷宫情况,检查程序运行效率是否足够。将二维数组修改成如下:

```
#define N 12
#define MAX_PATH_LENGTH N * N
int maze[N][N] = {
    1, 1, 1, 1, 1, 1, 0, 0, 0, 1, 1, 1,
    1, 0, 1, 0, 1, 0, 0, 0, 0, 0, 0, 1,
    1, 1, 1, 1, 1, 1, 1, 1, 0, 1, 0, 1,
    1, 1, 1, 1, 1, 1, 1, 1, 0, 0, 0, 1,
    1, 1, 1, 1, 1, 1, 1, 1, 0, 0, 0, 1,
    1, 1, 1, 1, 1, 1, 1, 1, 0, 0, 0, 1,
    1, 1, 1, 1, 1, 1, 1, 1, 0, 0, 0, 0,
    0, 0, 0, 0, 0, 0, 1, 1, 0, 1, 1, 1,
    0, 0, 0, 0, 0, 0, 1, 0, 1, 1, 1,
    0, 0, 0, 0, 0, 0, 1, 0, 0, 0, 1,
    0, 0, 0, 0, 1, 1, 1, 0, 0, 0, 0,
    0, 0, 0, 0, 0, 1, 1, 0, 1, 1, 1 };
```

这个数组中,左边有一大块都是 1,形成了很多的环路,算法在探索时,需要探索非常多的路径,因此需要花费很长时间。

我们在 main 函数中增加了计时的代码,修改成如下:

```
int main() {
```

```
            clock_t start, end;
            double cpu_time_used;
            start = clock();
            if (!solveMaze(0, 0, 0))
                printf("No solution\n");
            end = clock();
            cpu_time_used = ((double)(end - start)) / CLOCKS_PER_SEC;
            printf("Time to solve maze: %f seconds\n", cpu_time_used);
            return 0;
        }
```

完整代码见"ch11\maze.cpp"。

程序运行结果如图 11-28 所示。

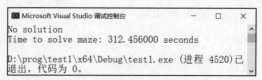

图 11-28 有环路没路径的大迷宫运行结果

可以看到,以上程序花了 312 秒才结束,告诉我们没有解。

为了加快搜索速度,可以使用更高效的图搜索算法,如广度优先搜索(BFS)或 A * 搜索。这些算法可以更快地找到路径,或者确定不存在路径,将在后续课程中学习。

【总结】以上迷宫算法还可以做以下修改,读者可自行尝试:
- 找到最短的路径。以上算法只能按照既定的搜索方向,找到一条可能的路径。
- 输出所有可能的路径。
- 增加途经点:需要找到途经该点的路径。
- 有多个出口,找到路径最短的一个出口。

11.6 课堂练习

(1) 单步执行跟踪以下递归程序的执行流程,理解程序的输出结果。

程序如下(源代码见 ch11\dg.cpp)

```c
#include <stdio.h>
int f(int x){
    int y;
    if(x==0||x==1)
        return(3);
    y=x*x-f(x-2);
    return y;
}
int main(){
    int z;
    z=f(3);
    printf("%d\n",z);
    return 0;
}
```

（2）以下程序的功能是计算1!＋2!＋…＋n!，请改正其中的错误。

程序如下（源代码见 ch11\factorSum3.cpp）

```c
#define _CRT_SECURE_NO_WARNINGS
#include "stdio.h"
int main(){
    int n, sum;
    printf("Please input n:");
    scanf("%d", &n);
    sum = calcSum(n);
    printf("sum is:%d", sum);
    return 0;
}
fact(int n){
    if (n ==1) return 1;
    else return n * fact(n -1);
}
calcSum(int n){
    int i, sum = 0;
    for (i =1; i <=n; i++)
        sum += fact(i);
}
```

（3）使用递归函数计算数组各元素的和。递归方法为：数组 n 个元素的和等于前 n−1 个元素的和加上第 n 个元素。

11.7 本章小结

本章重点需要掌握递归程序的设计思想，以及跟踪程序的执行，查看调用堆栈与监视变量的值，了解程序的执行流程，在此基础上，自己编写递归程序。

第 12 章 文件操作

12.1 本章目标

- 掌握文本文件的读写。
- 掌握二进制文件的读写。
- 使用文件存储数据。

12.2 文件编程基础

12.2.1 文件的基础知识

文件有以下两种类型。

(1) 文本文件：文本文件包含以 ASCII 字符形式表示的数据，通常用于存储一系列字符流。每行文本文件以换行字符('\n')结束。可以由任何文本编辑器读取或写入。

文本文件通常以 .txt 文件扩展名存储。C 语言源程序文件 test1.cpp 也是文本文件。

(2) 二进制文件：二进制文件以二进制形式(即 0 和 1)而不是 ASCII 字符的形式包含数据。它们的存储方式类似于内存中存储的数据。常用的 pdf、jpg、mp3 等文件都是二进制文件。

12.2.2 文件操作的步骤

不论是文本文件，还是二进制文件，进行读写操作都需要如下三个步骤。

(1) 打开文件。
(2) 文件读写。据实际问题的需要，可能只读文件，也可能只写文件，还可能既读又写。
(3) 关闭文件。在文件操作完之后，一定要关闭文件，否则可能会引起一些错误。

12.2.3 C 语言文件操作

在 C 语言中用一个指针变量指向一个文件，这个指针称为文件指针。通过文件指针可对它所指的文件进行各种操作。

定义说明文件指针的一般形式为：

```
FILE *指针变量标识符；
```

整体文件操作流程如下：

```
FILE * fp;
fp = fopen("filea.txt", "r");
if (fp ==NULL) {
    printf("打开文件失败\n");
    return 1;
}
//在这里处理文件...
fclose(fp);   // 记得在完成后关闭文件
```

以上包含了 fopen 打开文件、fclose 关闭文件，处理文件的读写操作没有显示出来。其中的 if 语句用来判断是否成功打开，如果 filea.txt 文件不存在，以上的 fopen 会返回 NULL，因此，判断 fp 是否等于 NULL，防止文件打开失败时对 fp 进行读写操作。

下面分三个步骤介绍读写文件的基本操作。

1. 打开文件

可以使用 fopen 函数打开一个文件，将文件指针和磁盘上的一个文件关联起来。fopen 函数调用的一般形式为：

```
文件指针名=fopen(文件名,打开模式);
```

例如：fp＝fopen("filea.txt","r")；其意义是在当前目录下打开文件 filea.txt，只允许进行"读"操作，并使得 fp 指向该文件，以后可使用 fp 对该文件进行读写。

文件名字符串可以只包括一个文件名，如"example.bin"，则在当前目录下查找（或创建）该文件。文件名还可以包括文件路径，如"D:\\example.bin"或"D:/example.bin"，表示程序将到 D 盘的根目录下查找（或创建）该文件。一定要注意：路径分隔符号为"\\"或"/"，不能写成"D:\example.bin"。

2. 文件读写

文件的读写操作需要调用函数完成，函数如表 12-1 所示。

表 12-1 文件读写函数

	读函数	写函数	说明
文本文件	fgets(字符数组名,n,文件指针);	fputs(字符串,文件指针);	文本文件可先用任意写函数写入内容,然后用任意读函数读出。比如,用 fputs 写入的文件,用 fgets 读出；也可随意搭配使用。比如,可用 fputs 写到文件中,用 fscanf 读出
	字符变量＝fgetc(文件指针);	fputc(字符,文件指针);	
	fscanf(文件指针,格式字符串,输入表列);	fprintf(文件指针,格式字符串,输出表列);	

续表

	读函数	写函数	说明
二进制文件	fread(buffer,size,count,fp);	fwrite(buffer,size,count,fp);	二进制文件只能用 fwrite 写入，用 fread 读出。每次 fwrite 时数据是什么结构，fread 时需以同样的结构读出

3. 关闭文件

当文件读写操作完成之后，我们必须将文件关闭。关闭文件需要调用函数 fclose()，它负责将缓存中还未及时写入文件的数据写到文件中并关闭文件。它的格式很简单：

```
voidfclose(文件指针);
```

不及时关闭文件可能造成一些不好的后果，比如：
- 不及时关闭文件，其他地方的代码（或其他程序）无法打开该文件。
- 未关闭文件，可能造成缓存中还未及时写入文件的数据丢失，从而造成文件内容不正确。

因此，初学者必须养成在使用完文件后及时关闭的习惯。

12.2.4　C++ 文件操作

下面分三个步骤介绍读写文件的基本操作。

1. 打开文件

C++ 通过以下几个类（需要 #include<fstream>）支持文件的输入输出。
ofstream:写操作（输出）的文件类（由 ostream 引申而来）。
ifstream:读操作（输入）的文件类（由 istream 引申而来）。
fstream:可同时读写操作的文件类（由 iostream 引申而来）。

对这些类的一个对象所做的第一个操作通常就是将它和一个真正的文件联系起来，也就是说打开一个文件。被打开的文件在程序中由一个流对象来表示，而对这个流对象所做的任何输入输出操作实际就是对该文件所做的操作。

要通过一个流对象打开一个文件，我们使用它的成员函数 open()：

```
void open(const char * filename, openmode mode);
```

文件名字符串可以只包括一个文件名，如"example.bin"，则在当前目录下查找（或创建）该文件。文件名还可以包括文件路径，如"D:\\example.bin"或"D:/example.bin"，表示程序将到 D 盘的根目录下查找（或创建）该文件。注意：路径分隔符号为"\\"或"/"，不能写成"D:\example.bin"。

open 函数的第二个参数 mode 是表 12-2 标识符的组合。

这些标识符可以被组合使用，中间以"或"操作符(|)间隔，组合的先后顺序对结果没有影响。例如，想要以二进制方式打开文件"example.bin"写入一些数据，可以通过以下

表 12-2　文件打开模式标识符

模　式	含　义
ios::in	为输入（读）而打开文件
ios::out	为输出（写）而打开文件
ios::ate	初始读写位置为文件尾，但可以通过函数改变读写位置
ios::app	所有输出附加在文件末尾，不能改变输出位置
ios::trunc	如果文件已存在则先删除该文件
ios::binary	二进制方式

方式实现：

```
ofstream fs;
fs.open ("example.bin", ios::out | ios::binary);
```

ofstream，ifstream 和 fstream 三个类的成员函数 open 都包含了一个默认打开文件的方式，它们的默认方式各不相同，如表 12-3 所示。

表 12-3　文件流的默认打开模式

类	参数的默认方式
ofstream	ios::out | ios::trunc
ifstream	ios::in
fstream	ios::in | ios::out

只有当函数被调用时没有声明 mode 参数的情况下，默认值才会被采用。如果函数被调用时声明了任何打开模式，默认值将不被使用，也不会与调用参数进行组合。

三个类都有一个构造函数可以直接调用 open 函数，并拥有同样的参数。以下代码可以定义对象并打开文件：

```
ofstream fs ("example.bin", ios::out | ios::binary);
```

我们可以通过调用成员函数 is_open()检查一个文件是否已经被顺利打开：

```
bool is_open();
```

它返回一个布尔（bool）值，为真（true）代表文件已经被顺利打开，为假（false）则相反。

也可以根据对象是否为 true 来判断文件是否已经被顺利打开。

以下两种方式都可以判断文件是否被成功打开：

```
if(!fs){cout<<"open failure"<<endl;}
if(!fs.is_open()){cout<<"open failure"<<endl;}
```

2. 文件读写

文本文件的读写操作与 cin 和 cout 的使用方式完全一样。对于写文件，读者可将文件当成屏幕,对于想要输出到文件中的内容,可以想象成使用 cout 将内容输出到屏幕,编程时将 cout 替换成文件对象即可。对于读文件,可以想象成从键盘输入的字符就是文件中的内容,如何使用 cin 从键盘读入,则可使用相同的语句针对文件对象从文件读入(将 cin 替换成文件对象即可)。

要读写二进制文件,一般使用成员函数 read()和 write()函数,它们的原型如下:

```
read(char * buf,int num);
write(char * buf,int num);
```

read()从文件中读取 num 字节到 buf 指向的缓存中,如果文件内容不足 num 字节,可以用成员函数 gcount()获取实际读取的字节数;而 write()从 buf 指向的缓存写 num 字节到文件中。

需要注意:read 和 write 函数形参缓存的类型为 char *,而通常情况下实参为结构体变量或对象,此时,需要使用强制类型转换。

3. 关闭文件

关闭文件需要调用成员函数 close(),它负责将缓存中还未及时写入文件的数据写到文件中并关闭文件。其格式很简单:

```
void close ();
```

这个函数一旦被调用,相应的流对象可以被用来打开其他的文件,被关闭的文件也就可以再被其他的程序访问。

以下为一个简单的写文件的示例(源代码见"ch12\ simpleOutput.cpp"):

```cpp
#include<iostream>
#include<fstream>
using namespace std;
int main()
{
    int n, i;
    char ch;
    ofstream fs("example.txt",ios::out);
    if (!fs)   return -1;
    fs<<"abcd";
    fs<<"1234";
    fs.close();
    return 0;
}
```

程序运行后,在当前目录下生成一个"example.txt"文件,内容如图 12-1 所示。

从图 12-2 可知,文件包含 8 个字符"abcd1234"。在资源管理器中选中该文件,右击查看文件属性,可以看到大小为 8 字节,对应文件内的 8 个字符。

12.2.5 文件读写位置指针

文件读写的当前位置,称为位置指针,它会随着读写的操作自动改变。比如,每读或写一个字符,位置指针往后移动一个字符。

图 12-1　生成文件的内容　　　　图 12-2　生成文件的属性

为了操作的灵活性，我们有时要将位置指针移到一个指定的位置，然后再进行读写操作。对于位置指针的操作，可如下进行。

1. C 语言

C 语言使用 fseek 函数移动文件读写位置指针，使用 ftell 函数获取读写指针的当前位置。两个函数的原型如下：

```
int fseek(FILE * stream, long offset, int where);
long ftell(FILE * stream);
```

fseek 函数的第一个参数为文件指针，第二个参数为偏移量，第三个参数为起始位置。起始位置有以下三个选项。

- SEEK_SET：从文件开头开始。offset 等于 0 即代表文件开头（从文件起始位置往后移动 0 字节）。在此情况下，offset 只能是非负数。
- SEEK_CUR：从当前位置开始，offset 为负数则表示将读写指针从当前位置朝文件开头方向移动 |offset|（offset 的绝对值）字节，为正数则表示将读写指针从当前位置朝文件尾部移动 offset 字节，为 0 则不移动。
- SEEK_END：从文件末尾开始。在此情况下，offset 只能是 0 或者负数。

ftell 函数返回读写指针的当前位置，即从文件开头到读写指针的字节数。如果出错，返回 −1。

要获取文件长度，可以用 fseek 函数将读写指针定位到文件尾部，再用 ftell 函数获取读写指针的位置，此位置即为文件长度。

2. C++

ifstream 类和 fstream 类有 seekg 成员函数，可以设置文件读指针的位置；
ofstream 类和 fstream 类有 seekp 成员函数，可以设置文件写指针的位置。
两个函数的原型如下：

```
ostream & seekp (int offset, int mode);
istream & seekg (int offset, int mode);
```

其中的参数 mode 代表文件读写指针的设置模式,有以下三个选项:
- ios::beg:让文件读写指针指向从文件起始位置向后的 offset 字节处。offset 等于 0 即代表文件开头(从文件起始位置往后移动 0 字节)。在此情况下,offset 只能是非负数。
- ios::cur:从当前位置开始,offset 为负数则表示将读写指针朝文件开头方向移动 |offset|(offset 的绝对值)字节,为正数则表示将读写指针朝文件尾部移动 offset 字节,为 0 则不移动。
- ios::end:让文件读写指针指向从文件末尾往前的 |offset| 字节处。在此情况下,offset 只能是 0 或者负数。

此外,我们还可以得到当前读写指针的具体位置:
ifstream 类和 fstream 类有 tellg 成员函数,能够返回文件读指针的位置;
ofstream 类和 fstream 类有 tellp 成员函数,能够返回文件写指针的位置。
两个函数的原型如下:

```
int tellg();
int tellp();
```

要获取文件长度,可以用 seekg 函数将文件读指针定位到文件尾部,再用 tellg 函数获取文件读指针的位置,此位置即为文件长度。

3. 说明

在文件中移动位置指针,移动的距离为 |offset| 字节。一般这个功能用在二进制文件中。由于文本文件按行组织文件,且其中包含一些不可见字符,除非非常熟悉文本文件的处理,否则不要针对文本文件移动读写位置指针。

12.2.6 文件打开模式详解

1. C 语言文件打开模式

文件打开模式共有 12 种,不同的模式有不同的含义,见表 12-4。

表 12-4 文件打开模式

打开方式	意义	磁盘上是否需要存在指定的文件	文件当前读写位置
以下是对文本文件的操作			
"r"	只读,不能写	文件必须已经存在(不存在则出错)	最前面(从第 1 个字符开始读)
"w"	只写,不能读	不存在则新建文件,存在则先删除再新建(用这种方式打开,将得到一个空的新文件)	最前面(现在是空文件,写入的内容从文件的第 1 个字节开始存放)
"a"	追加写,不能读	不存在则新建文件,文件存在则追加到最后	最后面(位于最后一个字符之后)

续表

打开方式	意义	磁盘上是否需要存在指定的文件	文件当前读写位置
"r+"	读写	同"r"	最前面(如果这时写字符进去,将从第1个字符开始覆盖。因为文件打开是准备用来读的,所以当前位置在最前面)
"w+"	读写	同"w"	最前面(现在是空文件,如果现在马上读文件,将遇到文件尾,如果此时调用 feof 函数,将返回 true)
"a+"	读写	同"a"	最后面(位于最后一个字符之后,如果现在马上读文件,将遇到文件尾)
以下是对二进制文件的操作			
"rb"			
"wb"		打开方式去掉"b"之后,这三栏内容和上面的文本文件所列内容对应	
"ab"			
"rb+"			
"wb+"			
"ab+"			

由于 r+、w+、a+ 都可以既读又写,需要弄清楚它们之间的区别。它们本质的意义分别是 r、w、a,在此基础上,最主要的区别是打开文件后文件的初始读写位置不同。

2. C++文件打开模式

通常,用到的打开模式是标识符的组合,比如:

```
ofstream fs("example.bin", ios::out | ios::binary);
```

其中的模式为:ios::out | ios::binary,表示为了输出(ios::out)打开一个二进制(ios::binary)文件。如果没有 ios::binary 标识符,则表示打开一个文本文件。

说明:打开文本文件和二进制文件时,它们的区别是"ios::binary"标识符,有该标识符,表示针对二进制文件操作,否则针对文本文件。

为了方便起见,以下在讲解打开模式的区别时,一律省略"ios::binary"标识符,表示对文本文件的操作。以下模式对二进制文件的含义与对文本文件的含义完全相同。

下面按照几种用途分别解释所用到的模式。

(1) 只读,不能写(ios::in)。

使用 ifstream 类进行读操作时,它的默认打开模式是 ios::in。

因此,以下两行代码等价:

```
ifstream fs("example.txt", ios::in);
ifstream fs("example.txt");
```

也可使用 fstream 类对文件进行读取,需要使用打开模式 ios::in,写法如下:

```
fstream fs("example.txt", ios::in);
```

该打开模式的特性如下。

【磁盘文件】

如果 example.txt 存在,则成功打开,否则打开失败,fs.is_open()返回 false。

【读取位置】

打开后,从第一个字符(字节)开始读,每读一个字符(字节),读取位置往后移动一个字符(字节)。读取位置或写入位置都按照以上原则移动,后面不再特别说明。

可以使用 seekg()函数改变读取位置。

(2) 只写,不能读:创建新文件或清空原文件(ios::out)。

使用 ofstream 类进行写操作时,它的默认打开模式是 ios::out。

因此,以下两行代码等价:

```
ofstream fs("example.txt",ios::out);
ofstream fs("example.txt");
```

也可使用 fstream 类写文件,需要使用打开模式 ios::out,写法如下:

```
fstream fs("example.txt", ios::out);
```

该打开模式的特性如下:

【磁盘文件】

如果文件不存在,则创建新文件;如果文件存在,则清空文件原内容。

【写入位置】

文件刚打开时,由于是空文件,写入位置为文件起始处。当文件中已经写入部分内容,可以使用 seekp()函数改变写入位置,则将从那个指定的位置开始覆盖(不是插入)。

例如以下在当前目录下生成文件 example.txt,文件内容为"12a4":

```
#include<iostream>
#include<fstream>
using namespace std;
int main(void){
    ofstream fs("example.txt",ios::out);
    if (!fs)   return -1;
    fs<<"1234";      //写入 4 个字符"1234"到文件中
    fs.seekp(2);     //位置从 0 开始计数,因此本语句将写入位置移到第 3 个字符处
    fs<<'a';         //覆盖第 3 个字符
    return 0;
}
```

(3) 追加写,不能读(ios::app|ios::out)。

使用 ofstream 类进行写操作时,打开模式如下:

```
ofstream fs("example.txt",ios::app|ios::out);
```

这一类打开模式的特性如下。

【磁盘文件】

如果文件不存在,则创建新文件;如果文件存在,则每次输出都是添加到末尾。

【写入位置】

所有写入位置都为文件的末尾,即添加到已有文件内容的后面。即使使用 seekp()

函数企图改变写入位置,写入位置仍然是文件末尾。

例如:"example.txt"中已有内容"abcd1234",运行以下代码:

```
#include<iostream>
#include<fstream>
using namespace std;
int main(void){
    ofstream fs("example.txt",ios::app|ios::out);
    if (!fs)  return -1;
    fs<<"ABCD";      //在文件尾部添加"ABCD";
    fs.seekp(0);     //企图将写入位置移到第1个字符处
    fs<<"9";         //实际上还是添加到文件的最后
    return 0;
}
```

程序运行后,文件中内容为"abcd1234ABCD9"。可知,fs.seekp(0)语句没有起到期望的作用。

(4) 可写可读:创建新文件或清空原文件(ios::trunc|ios::out|ios::in)。

使用 fstream 类进行读写操作时,打开模式如下:

```
fstream fs("example.txt",ios::trunc|ios::out|ios::in);
```

这一类打开模式的特性如下。

【磁盘文件】

如果文件不存在,则创建新文件;如果文件存在,则清空文件原内容。

【写入位置】

文件刚打开时,由于是空文件,写入位置为文件起始处。当文件中已写入部分内容,可以使用 seekp()函数改变写入位置,则将从那个指定的位置开始覆盖(不是插入)。

【读取位置】

文件打开后默认读取位置为文件起始处。文件刚打开时,由于是空文件,所以不能读取。当向文件中写入内容时,读取位置随着写入位置往后移,此时可以使用 seekg()函数改变读取位置,则将从那个指定的位置开始读取。注意:在读取时,写入位置也跟随移动。如下示例:

```
#include<iostream>
#include<fstream>
using namespace std;
int main(void){
    char ch;
    fstream fs("example.txt",ios::trunc|ios::out|ios::in);//创建新文件
    if (!fs)  return -1;
    fs<<"abcd";      //将"abcd"写入文件中
    fs.seekg(0);     //将读取位置移到文件起始位置
    fs>>ch;          // 执行本语句后,读取位置和写入位置都指向字符'b'
    cout<<ch;        //输出字符 a 到屏幕
    fs<<"1";         //用字符'1'覆盖字符'b',文件内容变为"a1cd"
    return 0;
}
```

注意,读取位置和写入位置同步移动,所以,在执行 fs<<"abcd"语句后,读取位置

和写入位置都在字符'd'的后面,如果此时读取字符,将导致流失效,如下例:

```
#include<iostream>
#include<fstream>
using namespace std;
int main(void){
    char ch;
    fstream fs("example.txt",ios::trunc|ios::out|ios::in);
    if (!fs)   return -1;
    fs<<"abcd";
    fs>>ch;   //导致流失效,本语句以及后面的所有对流的操作语句均不起作用
    cout<<ch;
    fs.seekg(0);
    fs>>ch;
    cout<<ch;
    fs<<"1";
    return 0;
}
```

上述程序在创建新文件后,将"abcd"写入文件中,然后执行 fs>>ch,这将导致流失效,本语句读不到字符(因此 cout<<ch 也不能输出任何字符到屏幕上),而且后面的移动读取位置再读取字符,以及输出字符'1'等都不会执行,所以,文件中的内容为"abcd",屏幕上也没有任何输出。

(5) 追加写,可以读(ios::app|ios::out|ios::in)。

使用 fstream 类进行读写操作时,打开模式如下:

```
fstream fs("example.txt",ios::app|ios::out|ios::in);
```

这一类打开模式的特性如下。

【磁盘文件】

如果文件不存在,则创建新文件;如果文件存在,则保留文件原有内容,每次输出都添加到末尾,不可使用 seekp() 函数修改写入位置。

【写入位置】

所有写入位置都为文件的末尾,即添加到已有内容的后面。即使使用 seekp() 函数企图改变写入位置,写入位置仍然是文件末尾。

【读取位置】

按此模式打开后,如果在读取操作前未进行过任何写入操作,将默认从文件起始位置(第一个字符)开始读取。

如果对文件进行写入操作,写入的字符将添加到末尾,读取位置也相应地移到文件末尾。此时如果要读取字符,则需要先使用 seekg() 函数修改读取位置,则将从指定位置开始读取。如果不使用 seekg() 函数修改读取位置而进行读取操作,则由于读取位置在文件末尾,导致读取失败,如下示例:

```
#include<iostream>
#include<fstream>
using namespace std;
int main(void){
    char ch;
```

```
        fstream fs("example.txt",ios::app|ios::out|ios::in);
        if (!fs)   return -1;
        fs<<'a';                        //在文件尾部添加字符
        fs.seekg(0,ios::beg);           //读取位置指针移到文件起始位置
        fs>>ch;                         //从文件的起始位置开始读,读取文件第一个字符
        cout<<ch;
        return 0;
    }
```

(6) 添加写,可以读(ios::ate|ios::out|ios::in)。

使用 fstream 类进行读写操作时,打开模式如下:

```
    fstream fs("example.txt", ios::ate|ios::out|ios::in);
```

这一类打开模式的特性如下。

【磁盘文件】

如果文件不存在,则创建新文件;如果文件存在,则保留文件原有内容,默认读写位置为文件末尾,可使用 seekg()及 seekp()函数改变读写位置。

【写入位置】

文件打开后,默认写入位置为文件末尾。可以使用 seekp()函数改变写入位置,则将从那个指定的位置开始覆盖(不是插入)。

【读取位置】

文件打开后,默认读取位置为文件末尾。此时读取,由于读取位置在文件末尾,将导致读取失败。可以使用 seekg()函数修改读取位置,则将从指定位置开始读取。

(7) 可写可读:要求文件存在(|ios::out|ios::in)。

使用 fstream 类进行读写操作时,打开模式如下:

```
    fstream fs("example.txt",ios::out|ios::in);
```

这一类打开模式的特性如下。

【磁盘文件】

如果文件不存在,则打开失败。如果文件存在,则保留原有内容,读写位置位于文件起始位置。

【写入位置】

文件打开后,默认写入位置为文件起始位置。可以使用 seekp()函数改变写入位置,则将从那个指定的位置开始覆盖(不是插入)。

【读取位置】

文件打开后,默认读取位置为文件起始位置,读取时将从第一个字符(字节)开始读。可以使用 seekg()函数改变读取位置,则将从那个指定的位置开始读取。

如下示例:

```
#include<iostream>
#include<fstream>
using namespace std;
int main(void){
    char ch;
```

```
    fstream fs("example.txt",ios::out|ios::in);
    if (!fs)   return -1;
    fs<<"abcd";
    fs.seekg(0,ios::beg);
    fs>>ch;
    cout<<ch;
    return 0;
}
```

如果文件"example.txt"本来不存在,则直接退出程序。如果文件"example.txt"本来存在,且内容为"123456",则运行后,文件内容为"abcd56",并在屏幕上输出字符'a'。

流失效问题及解决方案如下:当以可写可读方式打开文件时,读取文件时可能遇到流失效的问题,原因是读取位置已位于文件的末尾(最后一个字符之后),此时已经不能再读取,如果仍然执行读操作,将导致流失效。在上面已经演示过这个问题。

下面再看一个常见的流失效的错误:下面代码使用循环对文件读取,直到文件全部读完。读取过程中判断流 fs,如果为 false(表示流已读完)则退出循环。退出循环后如果再对流进行操作,比如写入字符到文件(期望追加到文件的末尾),写入操作会失败。此时需要使用 clear() 函数对流重置,才能再写入。代码如下:

```
#include<iostream>
#include<fstream>
using namespace std;
int main(void){
    char ch;
    fstream fs("example.txt",ios::out|ios::in);
    if (!fs)   return -1;
    while(fs>>ch)
         cout<<ch;
    fs.clear();  //如果没有这个语句,则下面的字符'b'不能成功写入文件中
    fs<<'b';
    return 0;
}
```

(8) 打开模式简单总结。

以上的文件打开模式中,如果以可写可读方式打开,模式有点难以理解,其中尤以 ios::app 、ios::ate 和 ios::trunc 的三种标识符的区别为甚。以上模式的特点难以记忆,因此以表 12-5 做个简单总结,帮助读者理解和记忆。

表 12-5 几种输出模式的区别

模 式	含 义
ios::app	模式的含义为 append,即附加到尾部。如果文件本来不存在,则创建新文件,如果文件存在,则保留文件原有内容,所有写入均附加在文件末尾,并且不能改变写入位置到别的地方。如果以可读方式打开(模式中包含"ios::in"),读取的位置可以使用 seekg() 函数改变
ios::ate	模式的含义为 at the end,即将初始读写位置定位到文件尾部。文件的初始读取和写入位置为文件末尾,但可使用 seekg() 和 seekp() 函数改变读写位置
ios::trunc	模式的含义为清空内容。如果文件不存在,则创建新文件;如果文件存在,则清空文件原内容

续表

模式	含义
ios::out	如果文件不存在,则创建新文件;如果文件存在,则清空文件原内容
ios::out|ios::in	如果文件不存在,则打开失败。如果文件存在,则保留原有内容,初始读写位置位于文件起始位置

对于流的读写位置,一般都可以通过 seekg() 和 seekp() 函数改变。但是如果打开模式中包含 ios::app,则写入位置永远在文件末尾。

一般情况下,执行文件的读写操作时,读取和写入位置将同步移动,即读取内容时,移动读取位置的同时也将移动写入位置,写入内容时,也将同时移动两个位置指针。但在编程时,不要依赖这个联动模式去计算当前的读写位置。在读取之后再写入时,最好使用 seekp() 函数移动位置指针到期望的位置。同理,在写入之后再读取时,也最好使用 seekg() 函数移动位置指针到期望的位置。

12.3 文本文件的读写

上节中所列举的文件读写函数都可对文本文件进行操作。并且,读写函数之间没有配对关系。比如,使用 fputs 写入的一个文本文件,可以使用 fsanf 或者 fgetc 等方式读出。所以,我们在考虑文本文件的读写时,应着眼于文件的内容本身,而不需要考虑读写函数如何搭配。

本节的内容都针对以下文本文件 student.txt 来操作。

student.txt 文件的内容为:

```
name   num score
zhangsan 101  95
lisi   102  87
john   201  90
```

12.3.1 写入文本文件

如果从创建一个新文件开始,写入内容直到得到以上文件,我们可以逐字符地写入,也可以逐行地写入,甚至可以若干个字符为一组写入。

为了理解这个过程,我们首先考虑向屏幕输出以下内容:

```
name   num score
zhangsan 101  95
lisi   102  87
john   201  90
```

如果要输出以上 4 行字符串,我们可以使用任何输出函数将以上所有字符当作普通字符输出,也可以将其中的 101 当作一个整数输出,比如使用 printf("%d",101),将输出 "101" 到屏幕上。

同理，可以使用同样的方式将这些内容输出到文件。

下面以 C 语言的 fprintf 为例，代码（见"ch12\fprintfWrite.cpp"）如下：

```c
#include<stdio.h>
#include <stdlib.h>
int main(){
    FILE *fp;
    int i;
    char name[3][10]={"zhangsan","lisi","john"};
    int num[3] ={101,102,201};
    int score[3] ={95,87,90};
    if((fp=fopen("student.txt","w"))==NULL) {
        printf("Cannot open file, press enter to exit!");
        getchar();
        exit(1);
    }
    fprintf(fp,"name   num score\n");
    for(i=0; i<3; i++)
        fprintf(fp,"%s   %d   %d\n",name[i],num[i],score[i]);
    fclose(fp);
}
```

以上代码需要将字符串和整数写入文件中，所以用了 fprintf 的格式化输出。如果不会使用该函数，可以借助 Copilot 的帮助，比如在 for 循环内部，撰写注释：

```
//将 name[i], num[i], score[i]写入 fp 文件中
```

Copilot 将生成和上述代码 for 循环中相同的 fprintf 语句。

如果使用 C++，代码（见"ch12\CPPopWrite.cpp"）如下：

```cpp
#include <fstream>
#include <iostream>
#include <string>
using namespace std;
int main() {
    char name[3][10] ={ "zhangsan","lisi","john" };
    int num[3] ={ 101,102,201 };
    int score[3] ={ 95,87,90 };
    ofstream fp("student.txt");
    if (!fp) {
        cout << "Cannot open file, press enter to exit!";
        cin.get();
        exit(1);
    }
    fp << "name   num score\n";
    for (int i =0; i <3; i++)
        fp <<name[i] <<"   " <<num[i] <<"   " <<score[i] <<"\n";
    fp.close();
    return 0;
}
```

同样，可以借助 Copilot 的帮助，在 for 循环内部，撰写以下注释帮助生成需要的代码：

```
//将 name[i], num[i], score[i]写入 fp 文件中
```

运行以上程序,将在当前目录下生成一个 student.txt 文件,内容如图 12-3 所示。

如果需要写入文件的内容是字符串,则可以使用 C 语言的 fputc 和 fputs 写入文件,当然,也可以使用 C++ 的 "fp<<" 写入文件。

以下是 fputc 的实现:

源代码(见"ch12\fputcWrite.cpp"):

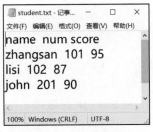

图 12-3 文件内容

```
#include<stdio.h>
#include <stdlib.h>
int main(){
    int i,j;
    char studentInfo[4][20] ={"name num score","zhangsan 101 95","lisi 102 87","john 201 90"};
    FILE * fp;
    if((fp=fopen("student.txt","w"))==NULL)    {
      printf("Cannot open file, press enter to exit!");
      getchar();
      exit(1);
    }
    for(i=0; i<4; i++)    {
       for(j=0; studentInfo[i][j]!='\0'; j++)
          fputc(studentInfo[i][j],fp);
       fputc('\n',fp);
    }
    fclose(fp);
}
```

使用 C 语言的 fputs 或者 C++ 的"fp<<",这里不再贴出代码,读者可以自己尝试写一下,有困难可以找 Copilot 帮忙。

12.3.2 读文本文件

student.txt 文件的内容同前,如果要将其读出并输出到屏幕上,使用任何读文件方式都可以实现。

我们使用 C 语言的 fgets 从文件读取字符,程序如下:

源代码(见"ch12\fgetsRead.cpp"):

```
#include<stdio.h>
#include <stdlib.h>
int main(){
    char str[10][20];
    int i=0,j=0,totalLine;
    FILE * fp;
    if((fp=fopen("student.txt","r"))==NULL){
       printf("Cannot open file, press enter to exit!");
       getchar();
       exit(1);
    }
    while(fgets(str[i],20,fp))    i++;
```

```
    fclose(fp);
    totalLine =i;
    for(;j<totalLine; j++)  puts(str[j]);
}
```

说明：
- fgets 函数遇到文件尾时将返回 NULL，可以使用 fgets 的返回值作为循环的控制条件。

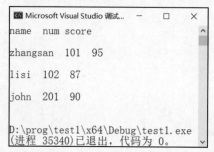

图 12-4 使用 fgets 和 puts 的程序输出的内容

- fgets 自动在读到的字符串后加一个 '\n'，以上代码中，读入的字符串存到 str[i]时，末尾已经有'\n'字符，而使用 puts 输出到屏幕时，又会自动加一个换行，所以，以上程序运行时，将看到两行字符之间存在一个空行，运行结果如图 12-4 所示。

如果需要将文件中的内容读入结构体数组中，可使用 fscanf 从文件读取数据，程序如下：

源代码（见"ch12\fscanfRead.c"）：

```
#include<stdio.h>
#include <stdlib.h>
struct student{
  char name[10];
  int num;
  int score;
}stu[3];
int main(){
  int i;
  char str[40];
  FILE * fp;
  if((fp=fopen("student.txt","r"))==NULL){
      printf("Cannot open file, press enter to exit!");
      getchar();
      exit(1);
  }
  fgets(str,40,fp); //第一行不是具体数据
  for(i=0;i<3;i++)
  fscanf(fp,"%s%d%d",stu[i].name,&(stu[i].num),&(stu[i].score));
  fclose(fp);
  for(i=0;i<3;i++)
      printf("%s  %d  %d\n",stu[i].name,stu[i].num,stu[i].score);
}
```

如果要将以上 fscanf 程序改为 C++ 代码，可以在 VS 代码编辑窗口中选择全部代码，然后在 Copilot 聊天窗口发布指令"将程序代码翻译为 C++，不要使用 string"，我们将得到以下代码，使用"fp>>"代替 fscanf 函数：

```
#include <fstream>
```

```cpp
#include <iostream>
struct student {
    char name[10];
    int num;
    int score;
} stu[3];
int main() {
    std::ifstream fp("student.txt");
    if (!fp) {
        std::cout <<"Cannot open file, press enter to exit!";
        std::cin.get();
        exit(1);
    }
    char str[40];
    fp.getline(str, 40);
    for (int i =0; i <3; i++)
        fp >>stu[i].name >>stu[i].num >>stu[i].score;
    fp.close();
    for (int i =0; i <3; i++)
        std::cout <<stu[i].name <<"  " <<stu[i].num <<"  " <<stu[i].score <<"\n";
    return 0;
}
```

12.4 二进制文件的读写

二进制文件只能使用 C 语言的 fwrite 或者 C++ 的 write 成员函数写入，使用 C 语言的 fread 或者 C++ 的 read 成员函数读出。

读出数据时，必须遵循写入时的格式。例如，某程序员将一个 int 型数组写入二进制文件中，而其他程序员按照结构体的格式读出，则得到的数据将无法解读。如果写入时是结构体数组，但是读出时使用的结构体类型定义不相同，得到的数据仍然无法解读。

下面我们以具体代码示例如何读写二进制文件。

以下文件操作将针对以下结构体类型进行：

```cpp
struct student
{
  char name[10];
  int num;
  int score;
}
```

因为 sizeof(struct student) 为 20，在文件中存储的内容将是 20 字节为一块，一块一块地存储。

12.4.1 写二进制文件

以下的代码为了清晰地显示出文件操作的几个步骤，以及 C 和 C++ 代码的对比，将结构体的声明放到了最前面，并且没有判断打开文件是否成功。

源程序（代码见"ch12\fwriteB.cpp"和"fstreamWriteB.cpp"）

```
struct student
{
    char name[10];
    int num;
    int score;
}stu[3] = { "zhangsan",101,95,"lisi",102,87,"john",201,90 };
```

```c
#define _CRT_SECURE_NO_WARNINGS
#include<stdio.h>
int main()
{
    FILE* fp;
    fp = fopen("student.dat", "wb");
    fwrite(stu, sizeof(struct student),
        3, fp);
    fclose(fp);
    printf("successfully written\n");
}
```

```cpp
#include <fstream>
#include <iostream>
using namespace std;
int main()
{
    ofstream fp("student.dat", ios::
    binary);
    fp.write((char*)stu,
    sizeof(student) * 3);
    fp.close();
    cout << "successfully written\n";
}
```

以上代码中,关键语句如下。

C 语言:fwrite(stu,sizeof(struct student),3,fp),将 stu 结构体数组的 3 个元素写入文件。

C++:fp.write((char*)stu,sizeof(student) * 3),将 stu 转换成 char* 类型,再将 3 个元素写入文件。

写入之后,用记事本等软件打开 student.dat 文件无法查看其内容,所以也无法确定结构体数组的内容是否已经写入文件中。

要确认文件写入成功,必须将文件内容读出来,输出到屏幕上,才能看到文件内容。

不过可以先确认,以上代码运行后,在当前目录下可以找到一个 student.dat 文件,其大小为 60 字节,如图 12-5 所示。

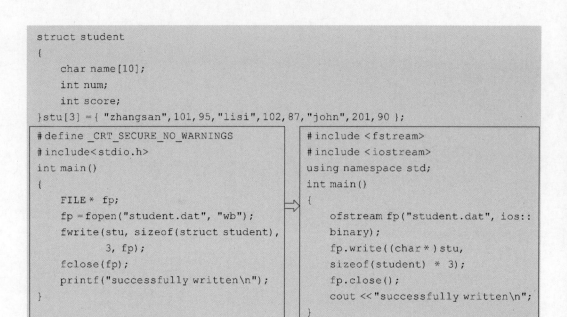

图 12-5 二进制文件大小

12.4.2 读二进制文件

下面针对 12.4.1 节写入的二进制文件读取,在读文件前,需要清楚以下内容。

- 结构体的类型声明。
- 文件内数据的最大数目是多少。从而可以声明一个相应大小的结构体数组。

结构体类型按照 12.4.1 节中的声明，假设数组不超过 100 个元素，则程序代码如下：

源程序（代码见"ch12\freadB.cpp"）

```
struct student{
    char name[10];
    int num;
    int score;
}stu[100];    //最多存放 100 个元素
#include<stdio.h>
int main(){
    FILE* fp;
    int count =0, i;
    fp = fopen("student.dat", "rb");
    count = fread(stu, sizeof(struct student), 100, fp);
    printf("%d records are read:\n", count);
    for (i =0; i <count; i++)
        printf("%s  %d  %d\n", stu[i].name, stu[i].num, stu[i].score);
    fclose(fp);
}
```

其中最关键的一行代码为：

```
count = fread(stu, sizeof(struct student), 100, fp);
```

以上语句的含义为：程序将从 fp 所指向的文件中读取数据，数据块的大小为 sizeof (struct student)，最多读 100 块数据，读入后放到 stu 数组中，从下标 0 开始存放。实际读入的数据块的数目由 count 指示。

以上假设文件最多只有 100 个结构体数据，所以使用一个语句即可全部读出。如果数据量较大，不宜用一个语句读出（会造成一些性能方面的问题），而需要用一个 for 循环，读者可将 fread 语句注释掉，替换成一个 for 循环，代码修改成如下：

```
//count = fread(stu, sizeof(struct student), 100, fp);
for(i=0; i<100; i++){
    rs = fread(&stu[i], sizeof(struct student), 1, fp);
    if (feof(fp))   break;
    count ++;
}
```

以上程序的运行结果如图 12-6 所示。

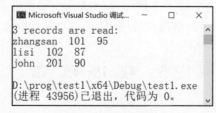

图 12-6　文件中的内容

以上为 C 语言代码，如果希望使用 C++ 的 fstream 类编写代码，则修改成如下：

源程序（代码见"ch12\fstreamReadB.cpp"）

```cpp
struct student{
    char name[10];
    int num;
    int score;
} stu[100];      //最多存放 100 个元素
#include <fstream>
#include <iostream>
using namespace std;
int main(){
    ifstream fp("student.dat", std::ios::binary);
    int count =0;
    while (fp.read((char*)&stu[count], sizeof(student)))
        count++;
    cout <<count <<" records are read:\n";
    for (int i =0; i <count; i++)
        cout <<stu[i].name <<" " <<stu[i].num <<"  " <<stu[i].score <<"\n";
    fp.close();
}
```

如果在读取文件时声明的结构体类型有错误，写入文件时的结构体声明不一致，则读到的内容将出错。例如，将以上 C 和 C++ 代码的结构体声明修改成：

```cpp
struct student
{
    char name[14];    //name 数组本应为 10 个元素，错误地声明成了 14
    int num;
    int score;
}
```

则运行结果将如图 12-7 所示。

图 12-7　读出时结构体类型声明错误

从结果可以看出：程序按照新的结构体大小读文件，因为文件大小为 60，而 60/sizeof(struct student)=2，则认为文件只有两个元素，并且，读进来的值也发生错误。

所以，在读二进制文件时，对于文件保存的格式一定要非常清楚。如果是其他人保存的二进制文件，则需要他提供结构体的声明，我们才可读取文件的内容。

12.5　程序改错

12.5.1　调试改错

下面以一个简单的程序说明文件编程时的调试技巧。

程序功能：从键盘读入一个字符串，写入文件中，然后从文件中读出，输出到屏幕。请改正程序中的错误，使得运行结果正确。

源程序（代码见"ch12\fileManipError.cpp"）

```
1:  #define _CRT_SECURE_NO_WARNINGS
2:  #include <stdio.h>
3:  #include <stdlib.h>
4:  int main()
5:  {
6:      FILE * fp;
7:      char ch,str[50];
8:      if((fp=fopen("temp.txt","w+"))==NULL)
9:      {
10:         printf("Cannot open file, press enter to exit!");
11:         getchar();
12:         exit(1);
13:     }
14:     printf("input string:");
15:     fgets(str,50,stdin);
16:     fputs(str,fp);
17:     while(ch=fgetc(fp)!=EOF)
18:     {
19:         putchar(ch);
20:     }
21:     printf("\n");
22:     fclose(fp);
23:     return 0;
24: }
```

为发现并改正错误，我们依照以下步骤进行。

第1步：生成并运行程序。

按 Ctrl＋F5 组合键运行程序，在控制台输入"How are you!"，运行结果如图 12-8 所示。程序读入"How are you!"之后，仅仅输出了乱码字符，而没输出"How are you!"。

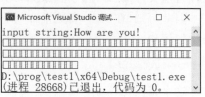

图 12-8 程序运行结果

此时，我们使用 Word 查看输出文件 temp.txt 的内容，可看到在正常的内容"How are you!"之后多了很多 *，如图 12-9 所示。

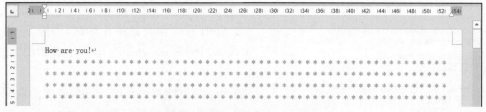

图 12-9 输出文件 temp.txt 的内容

在资源管理器中查看文件的属性，可看到其大小为 4097 字节，如图 12-10 所示。按照我们的理解，文件中只有"How are you!"字符串，只有 12 字节。

文件内容显然发生了错误，但无论如何检查程序，也无法发现哪个语句造成了文件

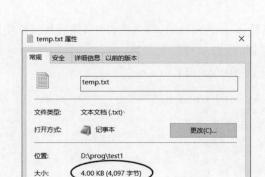

图 12-10　输出文件 temp.txt 的属性(大小)

额外写入这么多内容。并且,图 12-8 中的程序运行结果,"How are you!"也没有输出。

第 2 步:设置断点、启动调试。

由于无法判断出何处存在错误,我们将断点设在第 16 行 fputs(str,fp);语句处,在这里,可查看读进来的字符串 str 是否正确,然后再单步跟踪程序的执行。

设好断点后,按 F5 键启动调试,在控制台输入"How are you!",紧接着程序在断点处停下,此时查看 str 变量的值,可知读进来的字符串正确。

按 F10 键单步执行,此时黄色箭头指向第 17 行 while 语句。到目前为止,程序已经将字符串输出到文件中,下面准备从文件中读取。

但是,此时文件操作的当前位置在文件最后一个字符之后,而第 17 行开始的 while 循环将从文件(缓冲区)中读数据,此时读到的数据肯定不正确。

因此可知,在第 17 行之前需要将文件读取的当前位置移到文件的开始位置,所以需要增加语句:

```
rewind(fp);
```

这个错误比较难看出来,需要读者对文件操作有一定基础,或者使用 Copilot 帮忙,也可解决。

第 3 步:修改程序、测试。

为不改变程序代码的行号,我们将第 16 行修改为:

```
fputs(str,fp); rewind(fp);
```

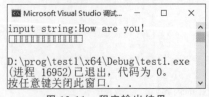

图 12-11　程序输出结果

按 Shift+F5 组合键停止调试,再按 F5 键运行,并输入"How are you!",运行结果如图 12-11 所示。

输出结果仍然都是乱码,不过,这次的乱码少了很多。我们如果打开文件查看内容,可发现文件中的内容已经正确。

经过分析可知,错误出在从文件读取的 while 循环中。

第 4 步:设置断点、启动调试。

取消第 16 行的断点,在第 17 行设置一个断点。

按 Shift+F5 组合键停止调试，再按 F5 键运行，输入"How are you!"，在断点处停下来时，按 F10 键单步执行，界面如图 12-12 所示。

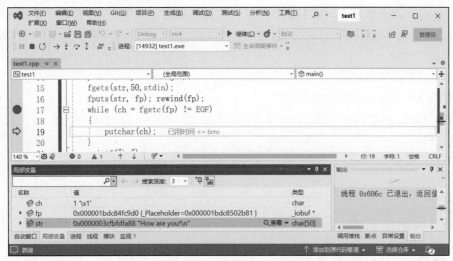

图 12-12　从文件中读取一个字符后的界面

监视变量显示 ch 的值为 1。注意，ch 的值是 1，不是'1'，即它的 ASCII 码为 1。由此看出，ch 的值不正确，所以，错误在于第 17 行。仔细检查第 17 行的语句：

```
while(ch=fgetc(fp)!=EOF)
```

可以发现，赋值符号"＝"的优先级比关系运算符"！＝"的优先级低，所以，ch 得到的是关系运算的结果，该值为"true"，也就是 1。

分析出了原因，下面修改代码。

第 5 步：修改程序、测试。

将赋值运算加一个括号，第 17 行被改成如下：

```
while((ch=fgetc(fp))!=EOF)
```

改好后，先按 Shift+F5 组合键停止调试，再按 Ctrl+F5 组合键执行程序，此时可以看到执行结果正确，如图 12-13 所示。

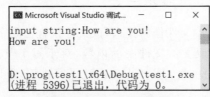

图 12-13　程序执行结果

也可以输入其他字符串测试，可发现结果都正确。

至此，程序修改完毕。

12.5.2 Copilot 改错

以上程序调试有难度,特别是对于 fp 当前读写位置的理解,初学者难以理解,下面使用 Copilot 帮助改正 bug。首先将代码恢复到原始状态,在代码编辑窗口选择第 15～22 行代码,交互如下:

【提问】在提问窗口输入"\fix"。

【回复】以下是修复后的代码:

```
fgets(str, 50, stdin);
fputs(str, fp);
rewind(fp); //添加这一行来将文件指针重新定位到文件的开始
while ((ch = fgetc(fp)) != EOF) //修改这一行来修复赋值和比较的优先级问题
{
    putchar(ch);
}
printf("\n");
fclose(fp);
```

在你的原始代码中,有两个问题:

在写入文件后,你没有将文件指针重新定位到文件的开始。这意味着 fgetc 将从文件的当前位置(也就是文件的末尾)开始读取,这将立即返回 EOF。我添加了 rewind(fp);来将文件指针重新定位到文件的开始。

在 while 循环的条件中,你使用了 ch = fgetc(fp) != EOF。由于不等号(!=)的优先级高于赋值(=),所以这个表达式实际上等价于 ch = (fgetc(fp) != EOF)。这意味着 ch 将被赋值为 fgetc(fp) != EOF 的结果,也就是 0 或 1,而不是读取到的字符。我修改了这一行,将表达式改为(ch = fgetc(fp)) != EOF,这样 ch 就会被赋值为读取到的字符。

【说明】我们调试改正的两个错误,Copilot 都找到了,并且也分析了错误产生的原因。

12.6 项目实践

12.6.1 文本文件读写:字母频率

问题描述:指定一个文本文件作为输入,该文件包含任意字符,包括英文字母、数字、标点符号、空格等。要求读取文本文件中的内容,对于每个英文字母字符(不区分大小写),统计其在文件中出现的次数。按照出现次数降序排列,最后将统计结果写入一个新的文本文件中。

下面我们使用 Copilot 帮助编写代码。

为了逐步理清思路,下面首先弄清楚需要多少功能模块,然后再编写各模块的代码。

通过"视图"菜单打开 Copilot 聊天窗口,下面开始交互。

【提问 1】要求使用 C 语言编程,完成以下任务:

指定一个文本文件作为输入,该文件包含任意字符,包括英文字母、数字、标点符号、空格等。要求读取文本文件中的内容,对于每个英文字母字符(不区分大小写),统计其在文件中出现的次数。按照出现次数降序排列,最后将统计结果写入一个新的文本文件中。

请分析该项目总共需要几个模块,每个模块分别完成什么功能,各模块之间如何调用。

【回复1】这个项目可以分为4个主要模块:

(1) 文件读取模块:这个模块负责打开指定的输入文件,并读取文件中的所有内容。在C语言中,可以使用fopen函数打开文件,然后使用fgetc函数逐个读取文件中的字符。

(2) 字符统计模块:这个模块负责统计每个英文字母字符在文件中出现的次数。可以使用一个大小为26的数组来存储每个字母的出现次数。在处理每个字符时,首先检查它是否是英文字母(可以使用isalpha函数),如果是,就将其转换为小写(可以使用tolower函数),然后更新对应的计数。

(3) 排序模块:这个模块负责将统计结果按照出现次数降序排列。可以使用任何排序算法来实现这个功能,例如快速排序或冒泡排序。在排序过程中,需要同时保持字母和对应的计数的关联。

(4) 文件写入模块:这个模块负责将排序后的统计结果写入一个新的文本文件中。在C语言中,可以使用fopen函数创建或打开文件,然后使用fprintf函数将统计结果写入文件。

各模块之间的调用关系如下。主函数首先调用文件读取模块读取输入文件的内容。然后,主函数调用字符统计模块统计每个字母的出现次数。接着,主函数调用排序模块将统计结果排序。最后,主函数调用文件写入模块将排序后的统计结果写入输出文件。

注意,这只是一种可能的模块划分和调用关系,实际的设计可能会有所不同,取决于具体的需求和实现方式。

【说明】从以上回复,我们知道该项目总共需要4个模块以及一个主函数,还知道每个模块的功能和调用关系。

【提问2】请实现以上4个模块以及主函数。

【回复2】以下是按照你的要求实现的4个模块和主函数的C语言代码:

```c
#include <stdio.h>
#include <ctype.h>
#include <stdlib.h>
// 1.文件读取模块
char* read_file(const char* filename) {
    FILE* file = fopen(filename, "r");
    if (!file) {
        printf("无法打开文件 %s\n", filename);
        exit(1);
    }
    fseek(file, 0, SEEK_END);
    long length = ftell(file);
    fseek(file, 0, SEEK_SET);
```

```c
        char* buffer = (char*)malloc(length + 1);
        if (buffer == NULL) {
            printf("内存分配失败\n");
            exit(1);
        }
        int i = 0;
        int ch;
        while ((ch = fgetc(file)) != EOF) {
            buffer[i++] = ch;
        }
        buffer[i] = '\0';
        fclose(file);
        return buffer;
    }
    // 2.字符统计模块
    void count_chars(const char* text, int* counts) {
        for (int i = 0; text[i]; i++) {
            char c = tolower(text[i]);
            if (isalpha(c)) {
                counts[c - 'a']++;
            }
        }
    }
    // 3.排序模块
    void sort_counts(int* counts, char* letters) {
        for (int i = 0; i < 26; i++) {
            for (int j = i + 1; j < 26; j++) {
                if (counts[i] < counts[j]) {
                    int temp_count = counts[i];
                    counts[i] = counts[j];
                    counts[j] = temp_count;
                    char temp_letter = letters[i];
                    letters[i] = letters[j];
                    letters[j] = temp_letter;
                }
            }
        }
    }
    // 4.文件写入模块
    void write_counts(const char* filename, const int* counts, const char* letters) {
        FILE* file = fopen(filename, "w");
        if (!file) {
            printf("无法打开文件 %s\n", filename);
            exit(1);
        }
        for (int i = 0; i < 26; i++) {
            if (counts[i] > 0) {
                fprintf(file, "%c: %d\n", letters[i], counts[i]);
            }
        }
        fclose(file);
    }
    //主函数
    int main() {
        char* text = read_file("input.txt");
        int counts[26] = {0};
```

```
    char letters[26];
    for (int i = 0; i < 26; i++) {
        letters[i] = 'a' + i;
    }
    count_chars(text, counts);
    sort_counts(counts, letters);
    write_counts("output.txt", counts, letters);
    free(text);
    return 0;
}
```

这个程序首先从名为"input.txt"的文件中读取文本,然后统计每个英文字母的出现次数,接着按照出现次数对字母进行排序,最后将统计结果写入名为"output.txt"的文件中。

【说明】以上使用了一些技巧,包括使用 tolower 函数将字母转换为小写,从而可实现大写与小写字母相同处理等。如果有些地方不太理解,我们也可请求它解释代码,示例如下。

【提问3】请详细解释 read_file 函数,最好能逐行解释每一个语句。

【回复3】当然,我很乐意解释 read_file 函数的每一行代码。

```
char* read_file(const char* filename) {
```

这是函数的定义,函数名为 read_file,接受一个 const char * 类型的参数 filename,返回一个 char * 类型的指针。

```
    FILE* file = fopen(filename, "r");
```

这行代码调用 fopen 函数打开一个文件,文件的路径由参数 filename 指定,打开模式为"r",即只读模式。fopen 函数返回一个 FILE * 类型的指针,这个指针被存储在 file 变量中。

```
    if (!file) {
        printf("无法打开文件 %s\n", filename);
        exit(1);
    }
```

这段代码检查 file 指针是否为 NULL。如果 file 为 NULL,说明文件打开失败,然后打印一条错误消息并退出程序。

```
    fseek(file, 0, SEEK_END);
```

这行代码调用 fseek 函数将文件的位置指示器移动到文件的末尾。fseek 函数的第一个参数是一个 FILE * 类型的指针,第二个参数是偏移量,第三个参数是偏移的起始位置。在这里,偏移量为 0,起始位置为 SEEK_END,表示文件的末尾。

```
    long length = ftell(file);
```

这行代码调用 ftell 函数获取当前文件位置指示器的位置,也就是文件的长度。ftell 函数的参数是一个 FILE * 类型的指针。

```
    fseek(file, 0, SEEK_SET);
```

这行代码再次调用 fseek 函数将文件的位置指示器移动到文件的开始。在这里,偏移量为 0,起始位置为 SEEK_SET,表示文件的开始。

```
char * buffer = (char *)malloc(length +1);
```

这行代码调用 malloc 函数分配一块内存,内存的大小等于文件的长度加 1。malloc 函数返回一个指向分配的内存的指针,这个指针被存储在 buffer 变量中。

```
if (buffer ==NULL) {
    printf("内存分配失败\n");
    exit(1);
}
```

这几行代码检查 buffer 是否为 NULL。如果 buffer 为 NULL,则 malloc 函数未能分配内存,程序将打印错误消息并退出。

```
int i = 0;
int ch;
while ((ch = fgetc(file)) !=EOF) {
    buffer[i++] = ch;
}
```

这几行代码使用 fgetc 函数从文件中读取字符,直到到达文件的末尾(EOF)。每读取一个字符,就将其添加到 buffer 中。

```
buffer[i] = '\0';
```

这行代码在 buffer 的末尾添加一个空字符(\0),以标记字符串的结束。

```
fclose(file);
```

这行代码调用 fclose 函数关闭文件。fclose 函数的参数是一个 FILE * 类型的指针。

```
return buffer;
```

这行代码返回 buffer 指针,buffer 指针指向存储文件内容的内存。

【说明】以上的逐行解释,对于理解代码有很大帮助。其他函数可类似获得解释,这里不再演示。

下面测试。将代码(完整代码见"ch12\letterFreq.cpp")复制到 test1.cpp 中,然后在该文件的同一目录下新建一个 input.txt 文件,并在其中输入一些字符。为方便统计结果,文件内容为"a1BB4eeE5.",如图 12-14 所示。

该文件中只有一行(行尾没有换行符),有 1 个 a、2 个 b、3 个 e 以及一些其他字符。第一个测试先使用简短的测试数据,待测试正确后,再使用长数据进行测试。

按 Ctrl+F5 组合键运行程序,得到了错误提示如下:

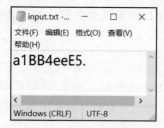

图 12-14 input.txt 文件内容

```
D:\prog\test1\test1.cpp(7,18): error C4996: 'fopen': This function or variable
may be unsafe. Consider using fopen_s instead. To disable deprecation, use _CRT
_SECURE_NO_WARNINGS.
```

可知需要在文件最前面增加一行:

```
#define _CRT_SECURE_NO_WARNINGS
```

再按 Ctrl+F5 组合键运行程序,可以看到屏幕上没有输出任何结果。我们在当前目录下找到 output.txt,打开,文件内容如图 12-15 所示。

以上运行结果与预期一致,可知程序运行正确。

然后可以在 input.txt 中增加更多的内容以及换行,进行更多测试,可以看到测试结果都正确。

图 12-15 输出文件的内容

12.6.2 二进制文件读写:学生成绩系统

问题描述:有一学生成绩系统,保存三项信息:学生姓名、学号、成绩。要求能增加、删除、修改、查询成绩信息。学生成绩保存到文件中,下次再运行程序时,则能获得本次保存的信息。

系统运行界面如图 12-16 所示。

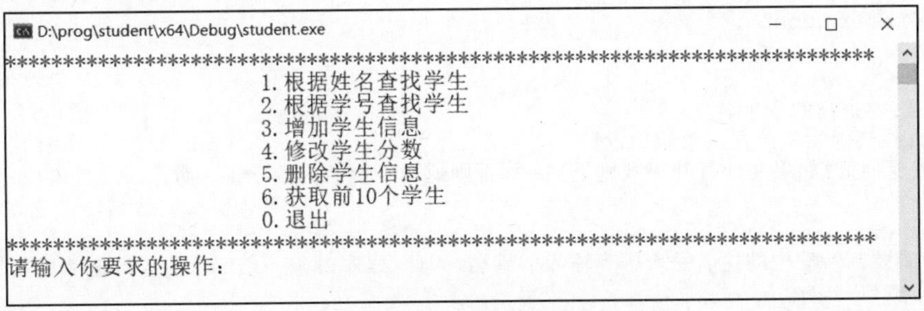

图 12-16 系统运行界面

图 12-17 项目文件

由于二进制文件可以按字节操作,以及能使用 fseek 定位到文件中某一位置进行读写,有些操作比如修改成绩能够使用更简单、更高效的算法,因此本节使用二进制文件存储数据。

项目(代码见 ch12\student)由两个 cpp 文件和一个头文件组成,如图 12-17 所示。

一个文件是 mainProg.cpp,包括 main 函数,另一个是 fileManip.cpp,包括文件操作的各函数。由于两个 cpp 文件都需要学生成绩结构体,因此,将结构体定义在一个头文件 structStudent.h 中。

以下是结构体类型定义:

```
///structStudent.h
struct student
{
  char name[10];
  int num;
```

```c
    int score;
};
```

mainProg.cpp 中的 main 函数主要从键盘输入数据,驱动文件读写,将结果输出到屏幕。

fileManip.cpp 内容如下:

```c
#define FILENAME "studentInfo.dat"
/**
arr:读入的学生放在该数组中返回
maxCount:最多返回 maxCount 个学生
函数返回值:如果文件打开失败则返回-1,否则返回学生人数
**/
int getAllStudents(struct student * arr,int maxCount){
    FILE * fp;
    int count=0;
    if((fp=fopen(FILENAME,"rb"))==NULL) return -1;
    count =fread(arr,sizeof(struct student),maxCount,fp);//最多读 maxCount 条
//记录
    fclose(fp);
    return count;
}
/**
name:要查找的学生名
arr:找到的学生放在该数组中返回
函数返回值:如果文件打开失败则返回-1,否则返回符合条件的学生人数
**/
int searchStudentByName(char * name, struct student * arr)
{//需要判断学生的姓名是否等于输入的姓名,因此,程序一条一条记录读入数据然后判断
    FILE * fp;
    int count=0;
    struct student stu;
    if((fp=fopen(FILENAME,"rb"))==NULL)
        return -1;
    fread(&stu,sizeof(struct student),1,fp);
    while(!feof(fp)){
        if (strcmp(stu.name, name) ==0)//找到一个学生
            arr[count++] =stu;    //将学生放到数组中
        fread(&stu,sizeof(struct student),1,fp);
    }
    fclose(fp);
    return count;
}
/**
num:要查找的学生学号
arr:找到的学生放在该结构体中返回
函数返回值:如果文件打开失败则返回-1,否则返回符合条件的学生人数
**/
int searchStudentByNum(int num, struct student * arr){
    FILE * fp;
    int count=0;
    struct student stu;
    if((fp=fopen(FILENAME,"rb"))==NULL)
        return -1;
    fread(&stu,sizeof(struct student),1,fp);
```

```c
    while(!feof(fp)){
        if (stu.num==num)//找到一个学生
        {
            * arr =stu;      //将学生放到指针所指向的结构体中
            count=1;
            break;    //指定学号的学生只有一个,所以找到即可退出循环
        }
        fread(&stu,sizeof(struct student),1,fp);
    }
    fclose(fp);
    return count;
}
/**
stuAdd:要添加的学生
函数返回值:如果文件打开或创建失败则返回-1,如果该学号的学生已存在返回0,否则返回1
**/
int addStudent(struct student stuAdd){
    FILE * fp;
    struct student stu;
    if((fp=fopen(FILENAME,"rb+"))==NULL)    //使用读写方式打开文件
    {   //文件不存在,则创建文件
        if((fp=fopen(FILENAME,"wb+"))==NULL)
            return -1;    //创建文件失败
    }
    fread(&stu,sizeof(struct student),1,fp);
    while(!feof(fp)){
        if (stu.num==stuAdd.num)//已存在该学号的学生
        {
            fclose(fp);   //注意这里要关闭文件
            return 0;
        }
        fread(&stu,sizeof(struct student),1,fp);
    }
    fwrite(&stuAdd,sizeof(struct student),1,fp);
    fclose(fp);
    return 1;
}
/*
本函数声明时加了static,因此只能在本文件内调用
source:源文件名
dest:目标文件名
函数返回值:复制成功返回1,否则返回-1
*/
static int copyFile(const char * source, const char * dest){
    FILE * fpr, * fpw;
    int count;
    struct student stuList[100];
    if((fpr=fopen(source,"rb"))==NULL)
        return -1;
    if((fpw=fopen(dest,"wb"))==NULL)
        return -1;
    count =fread(stuList,sizeof(struct student),100,fpr);
    while(count >0){
        fwrite(stuList,sizeof(struct student),count,fpw);
        count =fread(stuList,sizeof(struct student),100,fpr);
    }
```

```c
        fclose(fpr);
        fclose(fpw);
        return 1;
}
/**
num:要修改学生的学号
score:成绩的更新值
函数返回值:如果文件打开或创建失败则返回-1,找到该学生返回1,否则返回0
**/
int updateStudent(int num, int score)
{//根据输入的学号,修改学生的成绩。
//在读出文件内容并发现学生的学号等于输入的学号时,则修改学生的成绩,然后直接定位文件
//中的位置,将学生的信息写入文件中
        FILE *fpr;
        struct student stu;
        int updateFlag=0;
        if((fpr=fopen(FILENAME,"rb+"))==NULL)
            return -1;
        fread(&stu,sizeof(struct student),1,fpr);
        while(!feof(fpr)){
            if (stu.num==num)//找到该学生
            {
                stu.score =score;
                updateFlag =1;
                fseek(fpr,  -1*(int)sizeof(struct student), SEEK_CUR);
                                            //在文件中后退一个记录
                //fseek(fpr, ftell(fpr) -sizeof(struct student), SEEK_SET);
                                            //用这个语句也可以
                fwrite(&stu,sizeof(struct student),1,fpr);
                                            //使用新信息覆盖原来的信息
                break;
            }
            fread(&stu,sizeof(struct student),1,fpr);
        }
        fclose(fpr);
        return updateFlag;
}
/**
num:要删除学生的学号
函数返回值:如果文件打开或创建失败则返回-1,如果要删除的学号不存在则返回0,否则返
回1
**/
int deleteStudent(int num){
        FILE *fpr, *fpw;
        int updateFlag=0;
        struct student stu;
        if((fpr=fopen(FILENAME,"rb"))==NULL)
            return -1;
        if((fpw=fopen("temp.dat","wb"))==NULL)    //创建一个临时文件
            return -1;
        fread(&stu,sizeof(struct student),1,fpr);
        while(!feof(fpr)){
            if (stu.num !=num)//不等于num的学生才写入临时文件
                fwrite(&stu,sizeof(struct student),1,fpw);
            else
                updateFlag =1;
```

```
        fread(&stu,sizeof(struct student),1,fpr);
    }
    fclose(fpr);
    fclose(fpw);
    if (updateFlag == 0)
        return 0;
    return copyFile("temp.dat", FILENAME);
}
```

以上代码主要考虑了如何读写文件,对于效率方面考虑极少,可考虑以下改进方案。

- 很多函数中都需要将文件中的记录一条一条读出来,然后进行处理。但是,从文件中读一次数据的操作非常耗时。在文件很大的情况下,为了减少文件的读取次数,可考虑一次从文件中读入多条记录,比如第一次读 100 条记录,然后再逐条记录处理。第二次再读 100 条记录,然后逐条记录处理。
- 有几个函数都需要查找某学号的学生,例如 update 函数。以上的存储方案中,记录的存储无顺序。如果让学生按学号有序存在文件中,则查找某学号的学生时,可使用二分查找,这样查找效率大大提高。

12.7 课堂练习

(1) 12.6.2 节中,copyFile 函数一次从文件中读 100 个结构体,该函数需要知道结构体的定义。请实现一个通用的 copyFile 函数,可复制任意文件(包括文本文件)。

提示:文本文件最终也是以二进制形式存储在磁盘上。

(2) 编程:将自然数 1~10 以及它们的平方根写到名为 myfile.txt 的文本文件中,然后再顺序读出显示在屏幕上。

(3) 读入一个文本文件,统计各英文字母出现的次数,输出出现次数最多的那个(些)字母。说明:英文字母不区分大写和小写,即认为"A"和"a"是同一个字母。

12.8 本章小结

本章学习了文本文件和二进制文件的读写,需要掌握各读写函数的使用。其中稍难理解的概念为各种打开文件的模式的含义以及文件读写位置指针的变化。掌握了这两个知识点,可以轻松地编写文件读写的程序。

第13章 项目开发实践：RSA 解密

13.1 本章目标

本章演示在 Copilot 帮助下的项目设计与实现的过程，学习项目开发。

13.2 C 语言实现

13.2.1 RSA 介绍

RSA 加密算法是一种非对称加密算法，其中使用两个密钥：公钥和私钥。公钥用于加密数据，私钥用于解密数据。

在 RSA 加密算法中，公钥和私钥的生成依赖于两个大素数 p 和 q 的乘积 n。n 在 RSA 算法中起着重要作用。如果攻击者能够通过某种方法有效地将一个大合数 n 分解为其素数因子 p 和 q，则可以计算出欧拉函数 $\phi(n) = (p-1)(q-1)$，进而得到 RSA 的私钥，危及通信的安全性。

13.2.2 项目需求

在 RSA 的加密中，现在您截获到了一个大合数 n，为了破解该加密算法，您需要将其拆分为两个素数 p 和 q，使得 p*q=n。

问题可描述为：有一个合数 n，大小达到十进制的 1000 位。请编程将其拆分为两个素数 p 和 q，使得 p*q=n。

说明：我们只需要实现大数的加减乘除以及素数判断算法，并针对一个较小的合数 n 能拆分出 p 和 q 即可。比如，能将 n=27878399 存储为一个大数，并使用大数运算将其拆分为 5279 和 5281。

13.2.3 功能模块设计

为了能将整个项目开发出来，我们首先需要了解总共包含哪些模块，每个模块包含哪些功能。

我们与 Copilot 交互如下：

【提问】现在需要编写 C 语言程序，完成以下任务：有一个合数 n，大小达到十进制的 1000 位。请编程将其拆分为两个素数 p 和 q，使得 p*q=n。由于这里涉及大数，不能使用 C 语言内置的数据类型进行计算，请首先分析这个程序整体需要划分为几个模块，每个模块完成什么功能，它们之间如何相互调用。

【回复】这个问题是一个大数因数分解问题，涉及大数运算和素数判断，是一个相当复杂的问题。我们可以将这个问题划分为以下几个模块。

（1）大数表示模块：由于 C 语言内置的数据类型无法表示 1000 位的十进制数，我们需要自定义数据类型来表示大数。一种常见的方法是使用数组来表示大数，数组的每一个元素表示大数的一位。

（2）大数运算模块：我们需要实现大数的基本运算，包括加法、减法、乘法、除法和取余。这些运算都需要考虑大数的特性，例如在做加法运算时需要处理进位的问题。

（3）素数判断模块：我们需要一个函数来判断一个大数是否为素数。这可以通过试除法来实现，但是由于我们的数非常大，直接的试除法会非常慢。我们可以使用一些优化的算法，例如 Miller-Rabin 素性测试。

（4）因数分解模块：这是我们的主要任务，我们需要找到一个合数的两个素数因子。这可以通过从 2 开始试除来实现，当我们找到一个因子时，我们可以通过除法得到另一个因子。然后我们需要使用素数判断模块来确认这两个因子是否为素数。

这 4 个模块的相互调用关系如下：因数分解模块会调用大数运算模块和素数判断模块。大数运算模块会被素数判断模块和因数分解模块调用。素数判断模块会调用大数运算模块。

这个问题的难处主要在于大数运算和素数判断，需要有一定的数学基础和编程技巧。在实际编程中，我们还需要考虑到效率问题，尽可能地优化我们的算法。

【说明】按照以上的回复，我们发现，"大数表示模块"其实只是将一个大数用数组来表示，没有其他操作，因此，可以将它和"大数运算模块"合并为"大数模块"。

此外，除以上模块外，还需要一个主程序，能调用这些模块，实现项目的功能。

因此，本项目总共包含 4 个模块，如图 13-1 所示。

图 13-1 系统功能模块设计

13.2.4 功能模块实现

由于功能模块较多，不能通过一次提问，将所有功能模块都实现，下面通过多次提问逐步细化。

【提问 1】请将大数表示模块和大数运算模块合并为一个模块，称为大数模块。并请将其设计为头文件，实现加法、减法、乘法、除法和取余操作。

【回复 1】好的，我们可以创建一个名为 bignum.h 的头文件，其中定义了大数的表示和基本运算。由于 C 语言的限制,我们无法直接在头文件中实现函数,但我们可以在头文件中声明函数,然后在对应的.c 文件中实现这些函数。

以下是 bignum.h 的一个基本结构:

```
#ifndef BIGNUM_H
#define BIGNUM_H
//定义大数的最大长度
#define MAX_SIZE 1000
//定义大数的数据类型
typedef struct {
    int digits[MAX_SIZE]; //数字数组,digits[0]表示最低位
    int size; //大数的实际长度
} BigNum;
//大数加法
BigNum addBigNum(BigNum a, BigNum b);
//大数减法
BigNum subBigNum(BigNum a, BigNum b);
//大数乘法
BigNum mulBigNum(BigNum a, BigNum b);
//大数除法
BigNum divBigNum(BigNum a, BigNum b);
//大数取余
BigNum modBigNum(BigNum a, BigNum b);
#endif // BIGNUM_H
```

然后在 bignum.c 文件中实现这些函数。由于大数运算的实现比较复杂,这里只给出加法的一个简单实现:

```
#include "bignum.h"
BigNum addBigNum(BigNum a, BigNum b) {
    BigNum result;
    int carry = 0;
    int i;
    for (i = 0; i < a.size || i < b.size; i++) {
        int sum = carry;
        if (i < a.size) sum += a.digits[i];
        if (i < b.size) sum += b.digits[i];
        result.digits[i] = sum % 10;
        carry = sum / 10;
    }
    if (carry != 0) {
        result.digits[i++] = carry;
    }
    result.size = i;
    return result;
}
```

这只是一个基本的实现,实际的大数运算可能需要处理更多的边界情况,并且需要优化以提高效率。

【说明】这里只实现了一个函数,下面我们要求它实现所有函数。

【提问 2】请继续完成其他 4 个函数的实现。

【回复 2】以下是 bignum.c 中其他 4 个函数的基本实现:

```c
//大数减法
BigNum subBigNum(BigNum a, BigNum b) {
    BigNum result;
    int borrow = 0;
    int i;
    for (i = 0; i < a.size || i < b.size; i++) {
        int diff = a.digits[i] - borrow;
        if (i < b.size) diff -= b.digits[i];
        if (diff < 0) {
            diff += 10;
            borrow = 1;
        } else {
            borrow = 0;
        }
        result.digits[i] = diff;
    }
    result.size = i;
    return result;
}
//大数乘法
BigNum mulBigNum(BigNum a, BigNum b) {
    BigNum result;
    for (int i = 0; i < a.size; i++) {
        for (int j = 0; j < b.size; j++) {
            result.digits[i + j] += a.digits[i] * b.digits[j];
        }
    }
    for (int i = 0; i < a.size + b.size; i++) {
        if (result.digits[i] >= 10) {
            result.digits[i + 1] += result.digits[i] / 10;
            result.digits[i] %= 10;
        }
    }
    result.size = a.size + b.size;
    if (result.digits[result.size - 1] == 0) result.size--;
    return result;
}
//大数除法
BigNum divBigNum(BigNum a, BigNum b) {
    //这里只实现了最简单的除法,没有处理余数
    BigNum result;
    result.size = a.size - b.size + 1;
    for (int i = result.size - 1; i >= 0; i--) {
        while (cmpBigNum(subBigNum(a, mulBigNum(b, result)), b) >= 0) {
            result.digits[i]++;
            a = subBigNum(a, b);
        }
    }
    return result;
}
//大数取余
BigNum modBigNum(BigNum a, BigNum b) {
    BigNum result = a;
    while (cmpBigNum(result, b) >= 0) {
        result = subBigNum(result, b);
    }
```

```
        return result;
}
```

这些函数的实现都比较基础,没有处理一些边界情况,例如除数为 0 的情况。在实际使用中,你可能需要根据需求来修改和优化这些函数。

【说明】目前已经实现了 BigNum 的头文件以及对应的源文件,我们将这些代码复制,然后在解决方案资源管理器中创建两个文件 bignum.h 和 bignum.cpp。

具体步骤如下。

(1) 创建一个项目 test1,包含一个源文件 test1.cpp。步骤参见第 1 章。

(2) 切换到解决方案资源管理器,在"头文件"右击,然后单击菜单"添加"→"新建项",创建头文件 bignum.h。步骤参见 5.4.2 节。

(3) 在代码编辑窗口中打开 bignum.h,将上述头文件的代码复制进去,然后保存。

(4) 切换到解决方案资源管理器,在"源文件"右击,然后单击菜单"添加"→"新建项",创建源文件 bignum.cpp。

(5) 在代码编辑窗口中打开 bignum.cpp,将上述源文件的代码复制进去,然后保存。

得到的项目文件结构如图 13-2 所示。

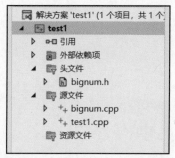

图 13-2 添加大数模块后的项目文件

【提问 3】请完成素数判断模块,同样也设计为头文件。

【回复 3】素数判断模块可以设计为一个头文件,名为 prime.h。在这个头文件中,我们可以定义一个函数 isPrime,用于判断一个大数是否为素数。由于大数的特性,我们需要使用一种特殊的算法来判断素数,例如 Miller-Rabin 素性测试。

以下是 prime.h 的一个基本结构:

```
#ifndef PRIME_H
#define PRIME_H
#include "bignum.h"
//判断大数是否为素数
int isPrime(BigNum n);
#endif // PRIME_H
```

然后在 prime.c 文件中实现这个函数。由于 Miller-Rabin 素性测试的实现比较复杂,这里只给出一个简单的实现:

```
#include "prime.h"
//判断大数是否为素数
int isPrime(BigNum n) {
    //这只是一个简单的实现,实际的素数判断需要使用更复杂的算法
    if (n.size ==1 && n.digits[0] <2)
        return 0; // 0 和 1 不是素数
    for (int i =2; i * i <=n.digits[n.size -1]; i++)
        if (modBigNum(n, intToBigNum(i)).digits[0] ==0)
            return 0; //可以被整除,不是素数
```

```
        return 1; //是素数
    }
```

这只是一个基本的实现,实际的素数判断可能需要处理更多的边界情况,并且需要优化以提高效率。

【说明】查看这个函数,发现它的 for 循环写得有点问题。如果对于这些算法不熟悉,这里看不出错误的话,只能通过测试来发现。因为这个算法比较简单,所以我们比较容易发现这个错误,下面请它纠正。

【提问 4】i * i <= n.digits[n.size-1],只需要判断 i * i 和 n 的最高位相比的大小关系吗?

【回复 4】对不起,这是我的错误。这个判断条件是不正确的。在这里,我们需要判断的是 i * i 是否小于或等于 n,而不是 n 的最高位。由于 n 是一个大数,我们不能直接使用 i * i <= n 这样的判断条件。我们需要将 i * i 转换为大数,然后使用大数的比较函数来进行比较。

以下是修改后的代码:

```
#include "prime.h"
//判断大数是否为素数
int isPrime(BigNum n) {
    //这只是一个简单的实现,实际的素数判断需要使用更复杂的算法
    if (n.size ==1 && n.digits[0] <2) {
        return 0; // 0 和 1 不是素数
    }
    for (int i =2; i * i <=intToBigNum(n.digits[n.size -1]); i++) {
        if (modBigNum(n, intToBigNum(i)).digits[0] ==0) {
            return 0; //可以被整除,不是素数
        }
    }
    return 1; //是素数
}
```

在这里,intToBigNum 是一个将整数转换为大数的函数,我们需要在大数模块中实现它。这个函数的实现可能会比较复杂,因为我们需要处理大数的表示和运算。

这只是一个基本的实现,实际的素数判断可能需要处理更多的边界情况,并且需要优化以提高效率。

【说明】在某些情况下,不能期望通过简单的描述就能让 Copilot 知道如何改正错误,我们需要详细描述错误信息,最好能分析应该怎么改。描述越详细,Copilot 生成的代码越满足要求。

此外,我们还发现,有两个函数尚未定义,因此继续提问如下。

【提问 5】这个比较还是错误的,应该是将 i 转换为大数,使用 mulBigNum 将两个 i 相乘,然后再和 n 比较大小。在此之前,需要在大数模块增加两个函数,一个是将 int 型整数转换为大数,另一个是比较两个大数的大小。

【回复 5】对不起,我犯了一个错误。你是对的。我们需要将 i 转换为大数,然后使用 mulBigNum 函数将两个 i 相乘,然后再和 n 比较大小。同时,我们需要在大数模块中增加两个函数,一个是将 int 型整数转换为大数,另一个是比较两个大数的大小。

以下是在 bignum.h 中增加的两个函数的声明：

```
//将 int 型整数转换为大数
BigNum intToBigNum(int n);
//比较两个大数的大小，如果 a>b 返回 1,如果 a<b 返回-1,如果 a==b 返回 0
int cmpBigNum(BigNum a, BigNum b);
```

以下是在 bignum.c 中增加的两个函数的实现：

```
//将 int 型整数转换为大数
BigNum intToBigNum(int n) {
    BigNum result;
    result.size = 0;
    while (n > 0) {
        result.digits[result.size++] = n % 10;
        n /= 10;
    }
    return result;
}
//比较两个大数的大小
int cmpBigNum(BigNum a, BigNum b) {
    if (a.size != b.size) {
        return a.size > b.size ? 1 : -1;
    }
    for (int i = a.size - 1; i >= 0; i--) {
        if (a.digits[i] != b.digits[i]) {
            return a.digits[i] > b.digits[i] ? 1 : -1;
        }
    }
    return 0;
}
```

然后在 prime.c 中修改 isPrime 函数：

```
int isPrime(BigNum n) {
    //这只是一个简单的实现,实际的素数判断需要使用更复杂的算法
    if (n.size == 1 && n.digits[0] < 2) {
        return 0; // 0 和 1 不是素数
    }
    for (int i = 2; cmpBigNum(mulBigNum(intToBigNum(i), intToBigNum(i)), n) <= 0; i++) {
        if (modBigNum(n, intToBigNum(i)).digits[0] == 0) {
            return 0; //可以被整除,不是素数
        }
    }
    return 1; //是素数
}
```

这只是一个基本的实现,实际的素数判断可能需要处理更多的边界情况,并且需要优化以提高效率。

【说明】我们发现上述判断素数的代码还是有 bug。如果检查不出来,可以通过测试发现。

因为如果仅仅说它有错,它可能难以理解何处有错,下面明确告诉它哪里出错,继续提问如下。

【提问 6】在进行 n 对 i 取余操作时,不应该只判断结果的个位是否为 0,如果取余的

结果等于 10,那么你会认为它被整除了。

【回复 6】你是对的,我犯了一个错误。在判断一个大数是否可以被另一个数整除时,我们应该检查整个大数是否为 0,而不仅仅是检查个位。我们可以在大数模块中添加一个函数,用于检查一个大数是否为 0。

以下是在 bignum.h 中增加的函数声明:

```
//检查大数是否为 0,如果为 0 返回 1,否则返回 0
int isZero(BigNum a);
```

以下是在 bignum.c 中增加的函数实现:

```
//检查大数是否为 0
int isZero(BigNum a) {
    for (int i = 0; i < a.size; i++) {
        if (a.digits[i] != 0) {
            return 0;
        }
    }
    return 1;
}
```

然后在 prime.c 中修改 isPrime 函数:

```
//判断大数是否为素数
int isPrime(BigNum n) {
    //这只是一个简单的实现,实际的素数判断需要使用更复杂的算法
    if (isZero(n) || (n.size == 1 && n.digits[0] == 1)) {
        return 0; // 0 和 1 不是素数
    }
    for (int i = 2; cmpBigNum(mulBigNum(intToBigNum(i), intToBigNum(i)), n) <= 0; i++) {
        if (isZero(modBigNum(n, intToBigNum(i)))) {
            return 0; //可以被整除,不是素数
        }
    }
    return 1; //是素数
}
```

这只是一个基本的实现,实际的素数判断可能需要处理更多的边界情况,并且需要优化以提高效率。

【说明】isPrime 中 for 循环变量 i 还不是大数,我们继续提问。

【提问 7】请将 i 从 int 类型改为大数。

【回复 7】将 i 从 int 类型改为 BigNum 类型后,我们需要使用大数的加法来增加 i 的值,而不是直接使用++操作符。以下是修改后的代码:

```
//判断大数是否为素数
int isPrime(BigNum n) {
    //这只是一个简单的实现,实际的素数判断需要使用更复杂的算法
    if (isZero(n) || (n.size == 1 && n.digits[0] == 1)) {
        return 0; // 0 和 1 不是素数
    }
    for (BigNum i = intToBigNum(2); cmpBigNum(mulBigNum(i, i), n) <= 0; i =
```

```
        addBigNum(i, intToBigNum(1))) {
            if (isZero(modBigNum(n, i))) {
                return 0; //可以被整除,不是素数
            }
        }
    return 1; //是素数
}
```

在这里,addBigNum(i, intToBigNum(1))用于将 i 的值增加 1。注意我们需要将 1 转换为大数,然后使用大数的加法来进行运算。

【说明】现在看起来算法已经符合我们的需要。我们在 bignum.h 和 bignum.cpp 中添加三个函数:

```
BigNum intToBigNum(int n);
int cmpBigNum(BigNum a, BigNum b);
int isZero(BigNum a);
```

然后再在项目中添加两个文件:prime.h,里面有一个函数 isPrime 的声明,以及 prime.cpp,里面包含 isPrime 的函数定义。

下面继续实现其他模块。

【提问 8】请完成因数分解模块,同样也设计为头文件。

【回复 8】因数分解模块可以设计为一个头文件,名为 factorization.h。在这个头文件中,我们可以定义一个函数 factorize,用于将一个大数分解为两个素数的乘积。

以下是 factorization.h 的一个基本结构:

```
#ifndef FACTORIZATION_H
#define FACTORIZATION_H
#include "bignum.h"
#include "prime.h"
//将一个大数分解为两个素数的乘积
void factorize(BigNum n, BigNum* p, BigNum* q);
#endif // FACTORIZATION_H
```

然后在 factorization.c 文件中实现这个函数。以下是一个简单的实现:

```
#include "factorization.h"
//将一个大数分解为两个素数的乘积
void factorize(BigNum n, BigNum* p, BigNum* q) {
    for (int i =2; cmpBigNum(mulBigNum(intToBigNum(i), intToBigNum(i)), n) <=0; i++) {
        if (isZero(modBigNum(n, intToBigNum(i)))) {
            *p =intToBigNum(i);
            *q =divBigNum(n, *p);
            if (isPrime(*p) && isPrime(*q)) {
                return;
            }
        }
    }
    //如果没有找到合适的因数,返回 n 和 1
    *p =n;
    *q =intToBigNum(1);
}
```

这只是一个基本的实现,实际的因数分解可能需要处理更多的边界情况,并且需要优化以提高效率。

【说明】我们同样要求将 i 修改为大数类型。

【提问 9】请将 i 从 int 类型改为大数。

【回复 9】将 i 从 int 类型改为 BigNum 类型后,我们需要使用大数的加法来增加 i 的值,而不是直接使用++操作符。以下是修改后的代码:

```
void factorize(BigNum n, BigNum* p, BigNum* q) {
    for (BigNum i = intToBigNum(2); cmpBigNum(mulBigNum(i, i), n) <= 0; i = addBigNum(i, intToBigNum(1))) {
        if (isZero(modBigNum(n, i))) {
            *p = i;
            *q = divBigNum(n, *p);
            if (isPrime(*p) && isPrime(*q))
                return;
        }
    }
    //如果没有找到合适的因数,返回 n 和 1
    *p = n;
    *q = intToBigNum(1);
}
```

在这里,addBigNum(i,intToBigNum(1))用于将 i 的值增加 1。注意我们需要将 1 转换为大数,然后使用大数的加法来进行运算。

【说明】我们在项目中添加两个文件:factorization.h,里面有一个函数 factorize 的声明,以及 factorization.cpp,里面包含 factorize 的函数定义。下面继续实现其他模块。

【提问 10】请设计 main 函数,调用因数分解模块,实现功能:输入 n,将 n 分解为两个素数,输出结果。

【回复 10】以下是一个简单的 main 函数,它从标准输入读取一个大数,然后使用 factorize 函数将这个大数分解为两个素数,最后将结果输出到标准输出。

```
#include <stdio.h>
#include "bignum.h"
#include "prime.h"
#include "factorization.h"
int main() {
    char str[MAX_SIZE +1];
    BigNum n, p, q;
    //从标准输入读取一个大数
    printf("请输入一个大数:");
    scanf("%s", str);
    n = strToBigNum(str);
    //将大数分解为两个素数
    factorize(n, &p, &q);
    //将结果输出到标准输出
    printf("大数可以分解为以下两个素数的乘积:\n");
    printBigNum(p);
    printf("\n");
    printBigNum(q);
    printf("\n");
```

```
        return 0;
    }
```

在这里,strToBigNum 是一个将字符串转换为大数的函数,printBigNum 是一个将大数输出到标准输出的函数,我们需要在大数模块中实现这两个函数。

这只是一个基本的实现,实际的程序可能需要处理更多的边界情况,并且需要优化以提高效率。

【说明】我们将以上代码复制到 test1.cpp 中。此外,以上回复提到了需要在大数模块增加两个函数,下面继续提问。

【提问 11】请实现 strToBigNum 和 printBigNum 函数。

【回复 11】以下是在 bignum.h 中增加的两个函数的声明:

```
//将字符串转换为大数
BigNum strToBigNum(const char * str);
//将大数输出到标准输出
void printBigNum(BigNum a);
```

以下是在 bignum.c 中增加的两个函数的实现:

```
#include <string.h>
//将字符串转换为大数
BigNum strToBigNum(const char * str) {
    BigNum result;
    result.size = strlen(str);
    for (int i = 0; i < result.size; i++)
        result.digits[i] = str[result.size - i - 1] - '0';
    return result;
}
//将大数输出到标准输出
void printBigNum(BigNum a) {
    for (int i = a.size - 1; i >= 0; i--) {
        printf("%d", a.digits[i]);
    }
}
```

在 strToBigNum 函数中,我们首先获取字符串的长度,然后将字符串的每一个字符转换为数字,并存储在大数的数字数组中。注意我们需要将字符串反转,因为大数的数字数组中,低位在前,高位在后。

在 printBigNum 函数中,我们从高位到低位打印大数的每一位。

【说明】我们将以上代码复制到 bignum 模块中。由于 printBigNum 函数中使用了 printf,因此,还需要在 bignum.cpp 的前面增加一行:

```
#include <stdio.h>
```

至此,整个项目的代码实现完毕。

13.2.5 运行程序

按 Ctrl+F5 组合键运行程序,提示一个错误:scanf 不安全,因此,在 test1.cpp 的最前面增加一行代码:

```
#define _CRT_SECURE_NO_WARNINGS
```

然后再按 Ctrl+F5 组合键运行程序，在控制台输入 15，程序死循环，一直无输出结果。由此可知，程序有 bug。

如此大程序不适合直接调试，通常做法为：首先对每个模块单独测试（称为单元测试），然后再进行整体测试。因为 bignum 模块会被别的模块调用，因此从 bignum 模块开始进行测试。

13.2.6 bignum 大数模块测试

1. 测试 intToBigNum 和 printBigNum

之所以将两个模块一起测试，是因为测试 bignum 模块时，需要输出其值才能知道结果是否正确。而测试 printBigNum 必须先有 bignum。

我们可以使用以下 main 函数进行测试：

```
int main()
{
    int num;
    BigNum bn;
    scanf("%d", &num);
    bn = intToBigNum(num);
    printBigNum(bn);
    return 0;
}
```

由于我们的大数只能存储非负数，所以我们测试如表 13-1 所示的数据。

表 13-1　测试 intToBigNum 和 printBigNum 的测试用例设计

序号	测试目的	输入数据	期望结果	实际结果	结论
1	测试 0	输入 0	输出 0	无输出	失败
2	测试一位数	输入 1	输出 1	输出 1	成功
3	测试两位数	输入 10	输出 10	输出 10	成功
4	测试三位数	输入 123	输出 123	输出 123	成功
5	测试多位数	输入 123456789	输出 123456789	输出 123456789	成功

从测试结果来看，输入 0 时程序有 bug，需要修改。

我们先尝试用 Copilot 修改。在代码编辑窗口选择 intToBigNum 函数的所有代码，然后在聊天窗口输入"/fix"（这个指令可以替换成使用自然语言描述）。回复如下。

【回复】您选择的代码段看起来没有明显的错误，但是它没有处理负数和零的情况。如果输入是负数或零，这个函数将不会按预期工作。让我们修复这个问题。

以下是修复后的代码：

```
BigNum intToBigNum(int n) {
    BigNum result;
```

```
    result.size = 0;
    if (n == 0) {
        result.digits[result.size++] = 0;
    } else {
        while (n > 0) {
            result.digits[result.size++] = n % 10;
            n /= 10;
        }
    }
    return result;
}
```

在这个修复中,我添加了一个检查来处理 n 为 0 的情况。如果 n 为 0,我们将直接将 0 添加到结果的 digits 数组中,并将 size 设为 1。对于负数,由于我们的 BigNum 结构体可能无法处理负数,所以这个函数可能需要在调用时确保输入是非负的。

按照以上方法修复,然后再进行表 13-1 的测试,全部通过。

2. 测试 strToBigNum

我们使用以下 main 函数进行测试:

```
int main()
{
    char num[20];
    BigNum bn;
    scanf("%s", num);
    bn = strToBigNum(num);
    printBigNum(bn);
    return 0;
}
```

由于我们的大数只能存储非负数,所以我们测试如表 13-2 所示的数据。

表 13-2 测试 strToBigNum 的测试用例设计

序号	测试目的	输入数据	期望结果	实际结果	结论
1	测试 0	输入 0	输出 0	输出 0	成功
2	测试一位数	输入 1	输出 1	输出 1	成功
3	测试两位数	输入 10	输出 10	输出 10	成功
4	测试三位数	输入 123	输出 123	输出 123	成功
5	测试多位数	输入 12345678901234567	输出 12345678901234567	输出 12345678901234567	成功

从测试结果看,全部成功。

3. 测试 isZero

我们使用以下 main 函数进行测试:

```
int main()
{
```

```
    char num[20];
    BigNum bn;
    scanf("%s", num);
    bn = strToBigNum(num);
    printf("%d",isZero(bn));
    return 0;
}
```

我们进行如表 13-3 所示的测试。

表 13-3　测试 isZero 的测试用例设计

序号	测试目的	输入数据	期望结果	实际结果	结论
1	测试 0	输入 0	输出 1	输出 1	成功
2	测试非 0 的一位数	输入 1	输出 0	输出 0	成功
3	测试尾数为 0	输入 10	输出 0	输出 0	成功
4	测试包含 0	输入 103	输出 0	输出 0	成功
5	测试前导 0	输入 001	输出 0	输出 0	成功

从测试结果看，全部成功。

4. 测试比较 cmpBigNum

我们使用以下 main 函数进行测试：

```
int main()
{
    char num1[20],num2[20];
    BigNum bn;
    scanf("%s%s", num1, num2);
    printf("%d",cmpBigNum(strToBigNum(num1), strToBigNum(num2)));
    return 0;
}
```

我们进行如表 13-4 所示的测试。

表 13-4　测试比较 cmpBigNum 的测试用例设计

序号	测试目的	输入数据	期望结果	实际结果	结论
1	测试一位数小于	输入 0 和 1	输出 −1	输出 −1	成功
2	测试一位数大于	输入 1 和 0	输出 1	输出 1	成功
3	测试一位数等于	输入 8 和 8	输出 0	输出 0	成功
4	测试位数不同	输入 103 和 99	输出 1	输出 1	成功
5	测试位数不同	输入 99 和 1111	输出 −1	输出 −1	成功

从测试结果看，全部成功。

5. 测试加法 addBigNum

我们使用以下 main 函数进行测试:

```c
int main()
{
    char num1[20],num2[20];
    BigNum bn;
    scanf("%s%s", num1, num2);
    bn =addBigNum(strToBigNum(num1), strToBigNum(num2));
    printBigNum(bn);
    return 0;
}
```

我们进行如表 13-5 所示的测试。

表 13-5 测试加法 addBigNum 的测试用例设计

序号	测试目的	输入数据	期望结果	实际结果	结论
1	测试 0 相加	输入 0 和 0	输出 0	输出 0	成功
2	测试一位数加一位数,无进位	输入 0 和 8	输出 8	输出 8	成功
3	测试一位数加一位数,有进位	输入 8 和 2	输出 10	输出 10	成功
4	测试多位数相加,无进位	输入 103 和 66	输出 169	输出 169	成功
5	测试多位数相加,所有位都进位	输入 999999999999 和 1	输出 1000000000000	输出 1000000000000	成功

从测试结果看,全部成功。

6. 测试减法 subBigNum

我们使用以下 main 函数进行测试:

```c
int main()
{
    char num1[20],num2[20];
    BigNum bn;
    scanf("%s%s", num1, num2);
    bn =subBigNum(strToBigNum(num1), strToBigNum(num2));
    printBigNum(bn);
    return 0;
}
```

由于只能保存非负数,因此我们做减法时,得到的结果也是非负数,我们进行如表 13-6 所示的测试。

表 13-6 测试减法 subBigNum 的测试用例设计

序号	测试目的	输入数据	期望结果	实际结果	结论
1	测试 0 相减	输入 0 和 0	输出 0	输出 0	成功
2	测试一位数减一位数,无借位	输入 8 和 6	输出 2	输出 2	成功

续表

序号	测试目的	输入数据	期望结果	实际结果	结论
3	测试两位数减一位数,无借位	输入 18 和 2	输出 16	输出 16	成功
4	测试两位数减一位数,有借位	输入 13 和 9	输出 4	输出 04	失败
5	测试多位数减多位数,变成一位	输入 1000000000000 和 999999999999	输出 1	输出 0000000000001	失败

以上测试用例中,用例 4 和用例 5,在输出结果中多了前导 0,虽然这个前导 0 看起来不影响结果,但是和别的算法结合起来,就会发生错误。比如,在比较大小的函数中,算法为:

```
int cmpBigNum(BigNum a, BigNum b) {
    if (a.size != b.size)
        return a.size > b.size ? 1 : -1;
    …
}
```

这个地方先判断 a 和 b 的位数,认为位数多的就大一些,如果一个大数有前导 0,会导致这个比较发生错误。所以,如果我们在这里允许前导 0 存在,那么,在测试 cmpBigNum 的时候,就要用包含前导 0 的数据进行测试,这样就能发现那个函数需要修改。

而我们认为大数不包含前导 0,那么,用例 4 和用例 5 的输出不正确,因此需要修改程序。

我们向 Copilot 请求修复。首先在代码编辑窗口,选择 subBigNum 的全部代码,然后开始如下提问。

【提问】在 a 减 b 时,由于借位,导致高位留下了 0,请将高位的前导 0 删除。

【回复】您可以在 subBigNum 函数的末尾添加一段代码来删除结果中的前导 0。这段代码将从结果的最高位开始,检查每一位是否为 0,如果是,则将结果的大小减一。这将继续进行,直到遇到一个非零位或者结果的大小变为 0。

以下是修改后的 subBigNum 函数:

```
BigNum subBigNum(BigNum a, BigNum b) {
    BigNum result;
    int borrow = 0;
    int i;
    for (i = 0; i < a.size || i < b.size; i++) {
        int diff = a.digits[i] - borrow;
        if (i < b.size) diff -= b.digits[i];
        if (diff < 0) {
            diff += 10;
            borrow = 1;
        }
        else
            borrow = 0;
        result.digits[i] = diff;
    }
```

```
//删除前导0
while (i >1 && result.digits[i -1] ==0) {
    i--;
}
result.size =i;
return result;
}
```

这段代码将确保结果中不会有前导0。

【说明】以上代码中加阴影的三行是新增加的代码。修改后,再对表13-6全部测试一遍,得到表13-7所示的结果。

表13-7 测试用例设计

序号	测试目的	输入数据	期望结果	实际结果	结论
1	测试0相减	输入0和0	输出0	输出0	成功
2	测试一位数加一位数,无借位	输入8和6	输出2	输出2	成功
3	测试两位数减一位数,无借位	输入18和2	输出16	输出16	成功
4	测试两位数减一位数,有借位	输入13和9	输出4	输出4	成功
5	测试多位数减多位数,变成一位	输入1000000000000和999999999999	输出1	输出1	成功

现在的结果全部正确。

注意,修改代码后,一定要全部测试一遍,而不是只测试原来失败的用例。

7. 测试乘法 mulBigNum

我们使用以下 main 函数进行测试:

```
int main(){
    char num1[20],num2[20];
    BigNum bn;
    scanf("%s%s", num1, num2);
    bn =mulBigNum(strToBigNum(num1), strToBigNum(num2));
    printBigNum(bn);
    return 0;
}
```

我们进行如表13-8所示的测试,测试全部失败。

表13-8 测试乘法 mulBigNum 的测试用例设计

序号	测试目的	输入数据	期望结果	实际结果	结论
1	测试0相乘	输入0和0	输出0	输出 −858993460 −858993460	失败
2	测试一位数乘一位数,得到一位数	输入3和2	输出6	输出 −858993460 −858993454	失败
3	测试一位数乘一位数,得到两位数	输入8和7	输出56	输出 −858993460 −858993404	失败

续表

序号	测试目的	输入数据	期望结果	实际结果	结论
4	测试三位数乘三位数，中间无进位	输入 111 和 111	输出 12321	输出很长的数据	失败
5	测试多位数乘多位数，中间有进位	输入 9999 和 9999	输出 99980001	输出很长的数据	失败

我们向 Copilot 请求修复。首先在代码编辑窗口，选择 mulBigNum 的全部代码，然后进行提问。

【提问】/fix

【回复】在 mulBigNum 函数中，result 对象的 digits 数组并没有被初始化。在 C++ 中，局部变量和数组不会自动初始化，它们的初始值是未定义的。因此，当您尝试访问 result.digits[i] 时，您可能会访问到未初始化的内存，这可能导致未定义的行为。

为了解决这个问题，您需要在使用 result.digits 数组之前对其进行初始化。您可以在创建 result 对象后立即使用 memset 函数将 digits 数组的所有元素设置为 0。

以下是修改后的 mulBigNum 函数：

```
BigNum mulBigNum(BigNum a, BigNum b) {
    BigNum result;
    memset(result.digits, 0, sizeof(result.digits));   // 初始化 digits 数组
    for (int i = 0; i < a.size; i++) {
        for (int j = 0; j < b.size; j++) {
            result.digits[i + j] += a.digits[i] * b.digits[j];
        }
    }
    for (int i = 0; i < a.size + b.size; i++) {
        if (result.digits[i] >= 10) {
            result.digits[i + 1] += result.digits[i] / 10;
            result.digits[i] %= 10;
        }
    }
    result.size = a.size + b.size;
    while (result.size > 1 && result.digits[result.size - 1] == 0) result.size--;
    return result;
}
```

这段代码将确保 result.digits 数组在使用之前已经被初始化，从而避免了使用未初始化的内存的问题。

【说明】以上代码的阴影部分的两行是修改的代码，用 memset 进行了初始化，此外，还修改了一个 bug，也就是如果结果为 0，不会将 digits 数组所有的 0 都删除，使得 result.size 为 0。

我们再次进行如表 13-9 所示的测试。

表 13-9 再次测试乘法 numBigNum 的测试用例设计

序号	测试目的	输入数据	期望结果	实际结果	结论
1	测试 0 相乘	输入 0 和 0	输出 0	输出 0	成功

续表

序号	测试目的	输入数据	期望结果	实际结果	结论
2	测试一位数乘一位数,得到一位数	输入 3 和 2	输出 6	输出 6	成功
3	测试一位数乘一位数,得到两位数	输入 8 和 7	输出 56	输出 56	成功
4	测试三位数乘三位数,中间无进位	输入 111 和 111	输出 12321	输出 12321	成功
5	测试多位数乘多位数,中间有进位	输入 9999 和 9999	输出 99980001	输出 99980001	成功

8. 测试除法 divBigNum

我们使用以下 main 函数进行测试:

```
int main(){
    char num1[20],num2[20];
    BigNum bn;
    scanf("%s%s", num1, num2);
    bn =divBigNum(strToBigNum(num1), strToBigNum(num2));
    printBigNum(bn);
    return 0;
}
```

我们进行如表 13-10 所示的测试,测试全部失败。

表 13-10 测试除法 divBigNum 的测试用例设计

序号	测试目的	输入数据	期望结果	实际结果	结论
1	测试 0 为被除数	输入 0 和 2	输出 0	死循环	失败
2	测试一位数除一位数	输入 6 和 2	输出 3	死循环	失败
3	测试两位数除一位数,得到一位数	输入 18 和 3	输出 6	死循环	失败
4	测试两位数除一位数,得到两位数	输入 56 和 2	输出 28	死循环	失败
5	测试多位数除多位数	输入 99980001 和 9999	输出 9999	死循环	失败
6	测试有余数的情况	输入 185 和 3	输出 61	死循环	失败

我们向 Copilot 请求修复。首先在代码编辑窗口,选择 divBigNum 的全部代码,然后进行提问。

【提问】/fix

【回复】在 divBigNum 函数中,result 对象的 digits 数组并没有被初始化。在 C++ 中,局部变量和数组不会自动初始化,它们的初始值是未定义的。因此,当您尝试访问 result.digits[i] 时,您可能会访问到未初始化的内存,这可能导致未定义的行为。

为了解决这个问题,您需要在使用 result.digits 数组之前对其进行初始化。您可以在创建 result 对象后立即使用 memset 函数将 digits 数组的所有元素设置为 0。

第 章 项目开发实践：RSA 解密

另外，result.size 的初始值可能过大，导致结果中有前导 0。我们需要在函数结束前删除这些前导 0。

以下是修改后的 divBigNum 函数：

```
BigNum divBigNum(BigNum a, BigNum b) {
    //这里只实现了最简单的除法,没有处理余数
    BigNum result;
    memset(result.digits, 0, sizeof(result.digits)); // 初始化 digits 数组
    result.size = a.size - b.size + 1;
    for (int i = result.size - 1; i >= 0; i--) :
        while (cmpBigNum(subBigNum(a, mulBigNum(b, result)), b) >= 0) {
            result.digits[i]++;
            a = subBigNum(a, b);
        }
    while (result.size > 1 && result.digits[result.size - 1] == 0) result.size--;
    return result;
}
```

这段代码将确保 result.digits 数组在使用之前已经被初始化，从而避免了使用未初始化的内存的问题。同时，它也会删除结果中的前导 0。

【说明】以上代码的阴影部分两行是修改的代码，用 memset 进行了初始化。

我们再次进行如表 13-11 所示的测试，还是只有一个用例成功。

表 13-11 再次测试除法 divBigNum 的测试用例设计

序号	测试目的	输入数据	期望结果	实际结果	结论
1	测试 0 为被除数	输入 0 和 2	输出 0	输出 0	成功
2	测试一位数除一位数	输入 6 和 2	输出 3	输出 4	失败
3	测试两位数除一位数,得到一位数	输入 18 和 3	输出 6	死循环	失败
4	测试两位数除一位数,得到两位数	输入 56 和 2	输出 28	死循环	失败
5	测试多位数除多位数	输入 99980001 和 9999	输出 9999	输出 1000000000	失败
6	测试有余数的情况	输入 185 和 3	输出 61	死循环	失败

由于使用 Copilot 不能修复代码，我们必须自己理解算法逻辑，再进行修复。为此，我们请求 Copilot 解释算法。仍然保持在代码编辑窗口，选择 divBigNum 的全部代码，然后提问。

【提问】/explain

【回复】这段代码是一个实现大数除法的函数。大数是指超过了基本数据类型（如 int、long 等）能够表示的范围的数。在这个函数中，我们使用了类似于小学时我们学习的长除法的方法来实现大数的除法。

函数的主要步骤如下。

（1）初始化结果 BigNum 对象 result，并将其所有位（digits 数组）设置为 0。

（2）设置 result 的大小（size）为被除数 a 的大小减去除数 b 的大小加 1。这是因为在大数除法中，结果的位数最多可能是被除数的位数减去除数的位数加 1。

(3) 从最高位开始，对于 result 的每一位，执行以下操作：当 a 减去 b 乘以当前的 result 的结果大于或等于 b 时，增加当前位的值，并从 a 中减去 b。这个过程类似于我们在做长除法时，从被除数中减去除数乘以当前商的过程。

(4) 在所有位都处理完之后，删除 result 的前导 0。

这个函数只实现了最基本的除法，没有处理余数。如果需要余数，可以在函数返回结果后，再调用一次 subBigNum(a, mulBigNum(b, result))，将 a 减去 b 乘以商的结果，得到的就是余数。

【说明】根据解释，理解算法逻辑，发现了问题，因此继续提问。

【提问】代码中，subBigNum(a, mulBigNum(b, result))，如果 a 比 mulBigNum(b, result) 的结果小，结果是负数，会发生错误，请修改此错误。

【回复】您的观察是正确的。在当前的 divBigNum 函数中，如果 a 小于 mulBigNum(b, result) 的结果，subBigNum(a, mulBigNum(b, result)) 将返回一个负数，这可能会导致错误。

为了解决这个问题，我们可以在调用 subBigNum(a, mulBigNum(b, result)) 之前，先检查 a 是否大于或等于 mulBigNum(b, result)。如果不是，我们就可以跳出循环，因为这意味着我们不能再从 a 中减去 b 乘以 result 了。

以下是修改后的 divBigNum 函数：

```
BigNum divBigNum(BigNum a, BigNum b) {
    //这里只实现了最简单的除法，没有处理余数
    BigNum result;
    memset(result.digits, 0, sizeof(result.digits));   //初始化 digits 数组
    result.size = a.size - b.size + 1;
    for (int i = result.size - 1; i >= 0; i--) {
        BigNum temp = mulBigNum(b, result);
        while (cmpBigNum(a, temp) >= 0) {
            result.digits[i]++;
            a = subBigNum(a, temp);
            temp = mulBigNum(b, result);
        }
    }
    //删除前导 0
    while (result.size > 1 && result.digits[result.size - 1] == 0) result.size--;
    return result;
}
```

这段代码将确保我们不会尝试从一个较小的数中减去一个较大的数，从而避免了返回负数的问题。

【说明】这样修改，并没有解决错误。下面准备调试，为此，我们请求更进一步的解释。

【提问】请详细解释长除法的逻辑，怎么样一位一位尝试去除，最后得到除法的结果。

【回复】长除法是我们在小学时学习的一种除法算法，它的基本思想是从被除数的最高位开始，一位一位地进行除法运算。

在这个 divBigNum 函数中，我们使用了类似的方法来实现大数的除法。以下是详细的步骤。

第13章 项目开发实践：RSA 解密

（1）初始化结果 BigNum 对象 result，并将其所有位（digits 数组）设置为 0。

（2）设置 result 的大小（size）为被除数 a 的大小减去除数 b 的大小加 1。这是因为在大数除法中，结果的位数最多可能是被除数的位数减去除数的位数加 1。

（3）从最高位开始，对于 result 的每一位，执行以下操作：

① 创建一个临时的 BigNum 对象 temp，并将其设置为 b 乘以当前的 result。这个 temp 就是我们试图从 a 中减去的数。

② 当 a 大于或等于 temp 时，增加当前位的值，并从 a 中减去 temp。这个过程类似于我们在做长除法时，从被除数中减去除数乘以当前商的过程。

③ 更新 temp 为 b 乘以新的 result，以便在下一次循环中使用。

（4）在所有位都处理完之后，删除 result 的前导 0。

这个过程就像我们在做长除法时一样，从最高位开始，一位一位地试图从被除数中减去除数乘以当前的商，直到不能再减为止。最后得到的 result 就是除法的结果。

理解了算法逻辑后，再通过调试程序的方法（这里调试程序的过程不演示，请读者自己尝试调试），找到代码中的错误，并修改：

（1）删除代码 a = subBigNum(a, temp);也就是，在循环中不要改变 a 的值。

（2）在 while (cmpBigNum(a, temp) >= 0)的条件为 false 时，也就是尝试将 a 除以 result，发现 result 太大，不能去除，此时，需要将 result 的值恢复到上一次循环中的值，也就是需要加语句：result.digits[i]--;

最后得到以下代码：

```
BigNum divBigNum(BigNum a, BigNum b) {
    BigNum result;
    memset(result.digits, 0, sizeof(result.digits));    //初始化 digits 数组
    result.size = a.size - b.size + 1;
    for (int i = result.size - 1; i >= 0; i--) {
        BigNum temp = mulBigNum(b, result);
        while (cmpBigNum(a, temp) >= 0) {
            result.digits[i]++;
            temp = mulBigNum(b, result);
        }
        result.digits[i]--;
    }
    //删除前导 0
    while (result.size > 1 && result.digits[result.size - 1] == 0) result.size--;
    return result;
}
```

然后再次进行如表 13-12 所示的测试，全部成功。

表 13-12 又一次测试除法 divBigNum 的测试用例设计

序号	测试目的	输入数据	期望结果	实际结果	结论
1	测试 0 为被除数	输入 0 和 2	输出 0	输出 0	成功
2	测试一位数除一位数	输入 6 和 2	输出 3	输出 3	成功
3	测试两位数除一位数，得到一位数	输入 18 和 3	输出 6	输出 6	成功

续表

序号	测试目的	输入数据	期望结果	实际结果	结论
4	测试两位数除一位数,得到两位数	输入 56 和 2	输出 28	输出 28	成功
5	测试多位数除多位数	输入 99980001 和 9999	输出 9999	输出 9999	成功
6	测试有余数的情况	输入 185 和 3	输出 61	输出 61	成功

9. 测试取余 modBigNum

由于当前的 modBigNum 函数通过不断从 a 中减去 b 的方法计算余数,当 a 远大于 b 时运行非常慢,所以在测试前先优化代码。先在代码编辑窗口选择 modBigNum 函数的全部代码,然后进行提问。

【提问】请调用 divBigNum,以求得余数,这样可以加快速度。

【回复】您的建议是正确的。在当前的 modBigNum 函数中,我们通过不断地从 a 中减去 b 来计算余数,这在 a 远大于 b 的情况下可能会非常慢。相反,我们可以使用 divBigNum 函数来更快地计算余数。

以下是修改后的 modBigNum 函数:

```
BigNum modBigNum(BigNum a, BigNum b) {
    BigNum quotient = divBigNum(a, b);
    BigNum product = mulBigNum(b, quotient);
    BigNum remainder = subBigNum(a, product);
    return remainder;
}
```

在这个函数中,我们首先计算出 a 除以 b 的商,然后计算出 b 乘以商的结果,最后将 a 减去这个结果,得到的就是余数。这个方法的速度通常会比原来的方法快,特别是在 a 远大于 b 的情况下。

【说明】这个算法符合我们的要求,下面进行如表 13-13 所示的测试,全部成功。

表 13-13 测试取余 modBigNum 的测试用例设计

序号	测试目的	输入数据	期望结果	实际结果	结论
1	测试 0 为被除数	输入 0 和 2	输出 0	输出 0	成功
2	测试一位数除一位数,余数为 0	输入 6 和 2	输出 0	输出 0	成功
3	测试一位数除一位数,余数为一	输入 8 和 7	输出 1	输出 1	成功
4	测试两位数除两位数,余数为 0	输入 56 和 28	输出 0	输出 0	成功
5	测试两位数除两位数,余数最大	输入 53 和 27	输出 26	输出 26	成功
6	测试多位数除多位数,余数为 0	输入 12321 和 111	输出 0	输出 0	成功
7	测试多位数除多位数,余数最大	输入 12431 和 111	输出 110	输出 110	成功
8	测试多位数除多位数,被除数比除数小 1	输入 12431 和 12432	输出 12431	输出 12431	成功

13.2.7 素数和因数分解模块测试

1. 素数模块

我们使用以下 main 函数进行测试：

```
int main()
{
    char num1[20];
    BigNum bn;
    scanf("%s", num1);
    bn=strToBigNum(num1);
    printf("%d",isPrime(bn));return 0;
}
```

参照循环章节的素数测试，设计如表 13-14 所示的测试用例进行测试，全部成功。

表 13-14 素数判断测试用例设计

序号	测试目的	输入数据	期望结果	实际结果	结论
1	循环 0 遍	输入 3	输出 1	输出 1	成功
2	程序循环 1 遍，由于余数为 0 退出循环	输入 4	输出 0	输出 0	成功
3	程序循环 3 遍，由于 i*i>n 退出循环	输入 17	输出 1	输出 1	成功
4	由于余数为 0 退出循环，此时 i*i<n	输入 16	输出 0	输出 0	成功

2. 因数分解模块

下面对因数分解模块进行测试，使用 13.2.4 节的回复 10 的 main 函数进行测试，设计如表 13-15 所示的测试用例，全部成功。

表 13-15 因数分解测试用例设计

序号	测试目的	输入数据	期望结果	实际结果	结论
1	测试两位数的 n	输入 15	输出 3 和 5	输出 3 和 5	成功
2	测试六位数的 n	输入 216221	输出 463 和 467	输出 463 和 467	成功
3	测试更大的 n	输入 27878399	输出 5279 和 5281	输出 5279 和 5281	成功
4	测试不能分解的数	输入 56	输出 56 和 1	输出 56 和 1	成功
5	测试本身是素数	输入 17	输出 17 和 1	输出 17 和 1	成功

至此，程序经过测试，功能正常，开发完成。完整源代码见"ch13\RSA-C"文件夹。

13.3 改写为 C++

13.3.1 需求描述

以上代码实现中，大数模块声明了一个结构体类型，并且定义了很多运算，如果将这个部分实现为 C++ 的大数类型,并将其中的函数分别实现为构造函数、+ - * / % 以及输入输出运算符,则素数模块和因数分解模块的代码会显得简洁易读。下面进行改写。

13.3.2 大数类

我们开始提问,以下的提问中使用#引用 bignum 的头文件和源文件。

【提问 1】请将 bignum 模块 #bignum.h #bignum.cpp 改成类的方式实现,并将其中的加减乘除和取余等所有操作进行运算符重载。此外,intToBigNum 和 strToBigNum 实现为构造函数,cmpBigNum 改为比较运算符,包括>,>=,<,<=,==,!=。最后,重载输入输出运算符。

【回复 1】以下是将 bignum 模块改为类的方式实现,并进行运算符重载的代码:
bignum.h:

```cpp
#ifndef BIGNUM_H
#define BIGNUM_H
#include <iostream>
//定义大数的最大长度
#define MAX_SIZE 1000
//定义大数的数据类型
class BigNum {
public:
    BigNum(int n = 0);
    BigNum(const char* str);
    friend std::ostream& operator<<(std::ostream& out, const BigNum& a);
    friend std::istream& operator>>(std::istream& in, BigNum& a);
    BigNum operator+(const BigNum& b) const;
    BigNum operator-(const BigNum& b) const;
    BigNum operator*(const BigNum& b) const;
    BigNum operator/(const BigNum& b) const;
    BigNum operator%(const BigNum& b) const;
    bool operator>(const BigNum& b) const;
    bool operator>=(const BigNum& b) const;
    bool operator<(const BigNum& b) const;
    bool operator<=(const BigNum& b) const;
    bool operator==(const BigNum& b) const;
    bool operator!=(const BigNum& b) const;
private:
    int digits[MAX_SIZE]; //数字数组,digits[0]表示最低位
    int size; //大数的实际长度
};
#endif // BIGNUM_H
```

bignum.cpp:

```cpp
#include "bignum.h"
#include <string.h>
#include <stdio.h>
//构造函数
BigNum::BigNum(int n) {
    size = 0;
    if (n == 0) {
```

```
            digits[size++] = 0;
        }
        else {
            while (n > 0) {
                digits[size++] = n % 10;
                n /= 10;
            }
        }
}
BigNum::BigNum(const char * str) {
    size = strlen(str);
    for (int i = 0; i < size; i++) {
        digits[i] = str[size - i - 1] - '0';
    }
}
//运算符重载
// ...
//输入输出运算符重载
std::ostream& operator<<(std::ostream& out, const BigNum& a) {
    for (int i = a.size - 1; i >= 0; i--) {
        out << a.digits[i];
    }
    return out;
}
std::istream& operator>>(std::istream& in, BigNum& a) {
    std::string str;
    in >> str;
    a = BigNum(str.c_str());
    return in;
}
```

请注意，这里只实现了部分代码，你需要自己完成运算符重载的部分。

【提问2】请继续实现其余的运算符。

【回复2】当然，以下是剩余运算符的实现：

在 bignum.cpp 中添加以下代码：

```
//加法运算符重载
BigNum BigNum::operator+(const BigNum& b) const {
    BigNum result;
    int carry = 0;
    int i;
    for (i = 0; i < size || i < b.size; i++) {
        int sum = carry;
        if (i < size) sum += digits[i];
        if (i < b.size) sum += b.digits[i];
        result.digits[i] = sum % 10;
        carry = sum / 10;
    }
    if (carry != 0) {
        result.digits[i++] = carry;
    }
    result.size = i;
    return result;
}
```

```cpp
//减法运算符重载
BigNum BigNum::operator-(const BigNum& b) const {
    BigNum result;
    int borrow = 0;
    int i;
    for (i = 0; i < size || i < b.size; i++) {
        int diff = digits[i] - borrow;
        if (i < b.size) diff -= b.digits[i];
        if (diff < 0) {
            diff += 10;
            borrow = 1;
        }
        else {
            borrow = 0;
        }
        result.digits[i] = diff;
    }
    while (i > 1 && result.digits[i - 1] == 0) {
        i--;
    }
    result.size = i;
    return result;
}
//乘法运算符重载
BigNum BigNum::operator*(const BigNum& b) const {
    BigNum result;
    memset(result.digits, 0, sizeof(result.digits));
    for (int i = 0; i < size; i++) {
        for (int j = 0; j < b.size; j++) {
            result.digits[i + j] += digits[i] * b.digits[j];
        }
    }
    for (int i = 0; i < size + b.size; i++) {
        if (result.digits[i] >= 10) {
            result.digits[i + 1] += result.digits[i] / 10;
            result.digits[i] %= 10;
        }
    }
    result.size = size + b.size;
    while (result.size > 1 && result.digits[result.size - 1] == 0) result.size--;
    return result;
}
//除法运算符重载
BigNum BigNum::operator/(const BigNum& b) const {
    BigNum result;
    memset(result.digits, 0, sizeof(result.digits));
    result.size = size - b.size + 1;
    for (int i = result.size - 1; i >= 0; i--) {
        BigNum temp = b * result;
        while ((*this) >= temp) {
            result.digits[i]++;
            temp = b * result;
        }
        result.digits[i]--;
```

```
        while (result.size >1 && result.digits[result.size -1] ==0) result.size--;
        return result;
    }
    //取余运算符重载
    BigNum BigNum::operator%(const BigNum& b) const {
        BigNum quotient = (*this) / b;
        BigNum product =b * quotient;
        BigNum remainder = (*this) -product;
        return remainder;
    }
    //比较运算符重载
    bool BigNum::operator>(const BigNum& b) const {
        if (size !=b.size) {
            return size >b.size;
        }
        for (int i =size -1; i >=0; i--) {
            if (digits[i] !=b.digits[i]) {
                return digits[i] >b.digits[i];
            }
        }
        return false;
    }
    bool BigNum::operator>=(const BigNum& b) const {
        return !((*this) <b);
    }
    bool BigNum::operator<(const BigNum& b) const {
        return !((*this) >=b);
    }
    bool BigNum::operator<=(const BigNum& b) const {
        return !((*this) >b);
    }
    bool BigNum::operator==(const BigNum& b) const {
        return size ==b.size && memcmp(digits, b.digits, size * sizeof(int)) ==0;
    }
    bool BigNum::operator!=(const BigNum& b) const {
        return !((*this) ==b);
    }
```

这样就完成了所有的运算符重载。

【说明】以上的代码，有一个 bug，如果在检查代码时看不出来，则需要通过测试发现。我们发现了这个 bug，直接通过提问进行修改。

【提问 3】以上的＞＝和＜运算符，互相调用，形成了递归，需要修改。

【回复 3】对不起，我犯了一个错误。以下是正确的比较运算符的实现：

```
    //比较运算符重载
    bool BigNum::operator>(const BigNum& b) const {
        if (size !=b.size) {
            return size >b.size;
        }
        for (int i =size -1; i >=0; i--) {
            if (digits[i] !=b.digits[i]) {
                return digits[i] >b.digits[i];
            }
        }
```

```cpp
        return false;
}
bool BigNum::operator>=(const BigNum& b) const {
    return (*this) >b || (*this) ==b;
}
bool BigNum::operator<(const BigNum& b) const {
    return !((*this) >=b);
}
bool BigNum::operator<=(const BigNum& b) const {
    return (*this) <b || (*this) ==b;
}
bool BigNum::operator==(const BigNum& b) const {
    return size ==b.size && memcmp(digits, b.digits, size * sizeof(int)) ==0;
}
bool BigNum::operator!=(const BigNum& b) const {
    return !((*this) ==b);
}
```

在这个修正后的版本中,>= 和 <= 运算符是通过 >、< 和 == 运算符来实现的,这样就避免了无限递归的问题。

【说明】到这里,bignum 的类已经实现完毕,下面我们修改其他两个模块,然后再一起测试。

13.3.3 素数判断函数

【提问】请将 #prime.cpp 中的 isPrime 函数修改为调用 BigNum 类及其方法来实现。

【回复】以下是修改后的 isPrime 函数,使用 BigNum 类及其方法来实现:

```cpp
#include "prime.h"
//判断大数是否为素数
bool isPrime(const BigNum& n) {
    //这只是一个简单的实现,实际的素数判断需要使用更复杂的算法
    if (n ==BigNum(0) || n ==BigNum(1)) {
        return false; // 0 和 1 不是素数
    }
    for (BigNum i =BigNum(2); i * i <=n; i =i +BigNum(1)) {
        if (n %i ==BigNum(0)) {
            return false; //可以被整除,不是素数
        }
    }
    return true; //是素数
}
```

在这个版本中,我们使用了 BigNum 类的构造函数、比较运算符、加法运算符、乘法运算符和取余运算符来实现 isPrime 函数。

【说明】因为这里修改了函数的声明,所以需要相应修改 prime.h 中的函数声明。我们这里没要求它帮忙修改,需要自己修改成如下:

```cpp
#ifndef PRIME_H
#define PRIME_H
#include "bignum.h"
//判断大数是否为素数
```

```
bool isPrime(const BigNum& n);
#endif // PRIME_H
```

13.3.4 因数分解函数

【提问】请将#factorization.cpp 中的 factorize 函数修改为调用 BigNum 类及其方法来实现，并将指针修改为引用。

【回复】以下是修改后的 factorize 函数，使用 BigNum 类及其方法来实现，并将指针修改为引用：

```
#include "factorization.h"
#include "prime.h"
//将一个大数分解为两个素数的乘积
void factorize(const BigNum& n, BigNum& p, BigNum& q) {
    for (BigNum i = BigNum(2); i * i <= n; i = i + BigNum(1)) {
        if (n % i == BigNum(0)) {
            p = i;
            q = n / p;
            if (isPrime(p) && isPrime(q)) {
                return;
            }
        }
    }
    //如果没有找到合适的因数，返回 n 和 1
    p = n;
    q = BigNum(1);
}
```

在这个版本中，我们使用了 BigNum 类的构造函数、比较运算符、加法运算符、乘法运算符和取余运算符来实现 factorize 函数。同时，我们也使用了 isPrime 函数来判断一个大数是否为素数。

【说明】因为这里修改了函数的形参，所以需要相应修改 factorization.h 中的函数声明。我们这里没要求它帮忙修改，可以自己修改成如下：

```
#ifndef FACTORIZATION_H
#define FACTORIZATION_H
#include "bignum.h"
#include "prime.h"
//将一个大数分解为两个素数的乘积
void factorize(const BigNum& n, BigNum& p, BigNum& q);
#endif // FACTORIZATION_H
```

13.3.5 主函数

【提问】请将#test.cpp 修改为 C++ 实现，并调用修改后的 bignum、factorize 函数，要求调用 bignum 的输入输出运算符。

【回复】以下是修改后的 test1.cpp 文件。我已经将其修改为使用 C++ 的方式，并调用了修改后的 bignum 和 factorize 函数。此外，我还使用了 bignum 的输入输出运算符。

```cpp
#include <iostream>
#include "bignum.h"
#include "prime.h"
#include "factorization.h"
int main() {
    BigNum n, p, q;
    //从标准输入读取一个大数
    std::cout << "请输入一个大数:";
    std::cin >> n;
    //将大数分解为两个素数
    factorize(n, p, q);
    //将结果输出到标准输出
    std::cout << "大数可以分解为以下两个素数的乘积:\n";
    std::cout << p << "\n" << q << "\n";
    return 0;
}
```

请注意，这个修改假设 BigNum 类已经重载了输入输出运算符，factorize 函数已经被适当地修改为接收和返回 C++ 类型。

13.3.6 测试

由于从 C 语言改成 C++，很多地方做了大修改，特别是大小比较的运算符，改动比较大，还抛弃了 BigNum 的 IsZero 函数的定义，所以，我们需要按照 13.2 节中的测试用例重新测试一遍。

这里我们不再重复列举测试用例，请读者自行测试。完整代码见 "ch13\RSA-CPP"。

程序的运行结果如图 13-3 所示。

图 13-3 运行结果

13.4 本章小结

本章演示了如何通过 Copilot Chat 进行模块设计，以及将各个模块分别实现，最后组装成完整的程序。

为了保证程序正确，我们必须对各个函数进行分别测试，遇到错误时，可首先尝试使用 Copilot 进行修复，在个别情况下，需要我们参与调试，此时，可以使用 "/explain" 指令获取代码的解释，在理解了代码之后，再进行调试。

从本项目的实现过程可以发现，虽然借助 Copilot 的帮助可以简化项目开发，测试和调试仍然非常重要，只有掌握了测试和调试能力，才能编写出正确的程序。

在测试时，我们可以针对某个函数使用 Copilot Chat 的 "/tests" 指令，让它帮助设计测试用例，这些测试用例不够完善，但是可供参考。

附录 A

Visual Studio 的安装

C/C++ 的开发工具很多，本书使用的 IDE 为微软 Visual Studio（简称 VS），版本可以选择当前最新的社区版本。VS 是很多编程开发人员常用的工具，可以编写包括 C/C++ 在内的众多语言代码。

A.1 下载社区版

在浏览器中打开网址：visualstudio.microsoft.com/zh-hans/downloads，显示如图 A-1 所示的界面。

图 A-1　Visual Studio 下载页面

最左边是社区版，任何个人开发人员都能使用社区版创建自己的免费或付费应用。作为初学者，使用社区版已足够，不需要购买专业版或企业版。

单击"免费下载"按钮，将下载一个大小为 3MB 多的 VisualStudioSetup.exe，双击该文件即可开始安装。

A.2 安　　装

开始安装后,根据需要单击"确定"按钮,然后将转到图 A-2 所示的界面。

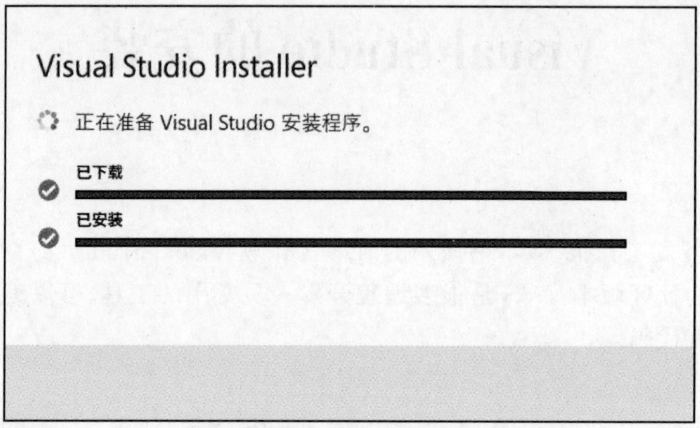

图 A-2　准备安装

之后自动进入图 A-3,需要选择工作负荷。

由于我们只用 Visual Studio 开发 C/C++ 语言的程序,因此只勾选"使用 C++ 的桌面开发"。如果读者考虑到将来需要使用其他语言开发,可以勾选上其他的工作负荷,将多占用一些磁盘空间。

图 A-3　选择 C++ 工作负载

选择好工作负荷后,单击图 A-3 界面右下角的"安装"按钮,即可开始安装,如图 A-4 所示。将边下载边安装,因此需要保持计算机联网。

附录A　Visual Studio 的安装　337

图 A-4　正在安装

安装完成后,将可看到图 A-5 所示的界面,单击"启动"按钮,将自动转到图 A-6 所示的登录界面。

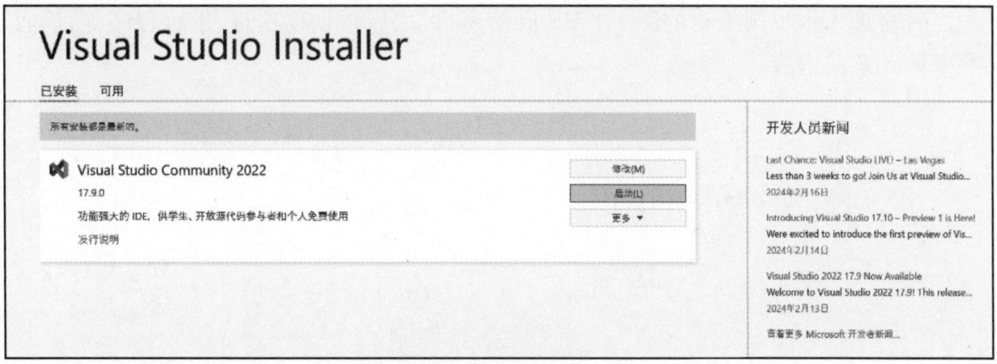

图 A-5　安装完成

在图 A-6 中,单击"暂时跳过此项",进入图 A-7。

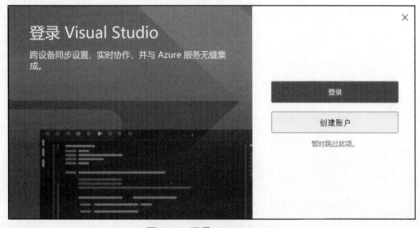

图 A-6　登录 Visual Studio

图 A-7 中(部分计算机安装时可能不出现本界面),在"开发设置"中选择"Visual

C++",将来开发时一些选项会默认选择 C++。然后单击"启动 Visual Studio"按钮。

图 A-7　个性化设置

之后会进入本书第 1 章的图 1-1 VS 启动窗口,之后再创建项目、运行程序等,读者可以参考第 1 章的内容。

附录 B

Copilot 的安装与使用

本附录内容开始之前,我们需先了解:①在 Visual Studio 中使用 GitHub Copilot,必须安装 Visual Studio 2022 17.8 或更高版本。②GitHub Copilot 当前不适用于 Visual Studio for Mac。

B.1 Copilot 介绍

Copilot 代码智能助手由 OpenAI 和 GitHub 合作开发,能够根据输入的自然语言描述,生成与描述相符合的代码。Copilot 的功能和相关技术可以分为以下几方面。

1. 自动代码生成

GitHub Copilot 可以根据开发者已经编写的代码,通过理解和学习上下文,自动生成代码。从而帮助开发者更快地完成编码任务,提高开发效率。

2. 代码补全

除生成代码外,Copilot 还具有代码补全的功能。当用户正在编写代码时,Copilot 会根据用户已输入的代码片段,推荐可能的代码补全选项。这些选项基于已有的代码库和用户的输入历史,可以帮助用户快速完成代码的编写。

3. 错误修正

Copilot 能够解析代码并理解上下文,自动检测代码中的错误和警告,并提供相应的解决方案。这有助于开发者及时发现并修复问题,提高代码质量。

4. 代码优化

Copilot 可以分析代码,提供优化建议,帮助开发者更高效地开发出高质量的代码。

5. 自然语言交互

开发者可以使用自然语言描述他们想要实现的功能,Copilot 会尝试理解这些描述并提供相应的代码建议。

6. 多语言支持

GitHub Copilot 支持多种编程语言，包括但不限于 C++、Python、JavaScript、TypeScript、Ruby 和 Go，使得它能够服务于不同语言的开发者。

7. 集成开发环境（IDE）支持

GitHub Copilot 可以集成到流行的 IDE 和代码编辑器中，如 Visual Studio，使得开发者能够在熟悉的开发环境中无缝使用 Copilot 的功能。

8. 技术基础

Copilot 的核心技术基础是机器学习和自然语言处理。Copilot 使用了 OpenAI 的 GPT 模型和 GitHub 的代码库，通过大规模的无监督学习来学习自然语言和代码的相关性，以生成高质量的代码。

同时，我们也需要了解，GitHub Copilot 的训练集可能包含不安全的编码模式、错误或对过时 API 或习语的引用。当 GitHub Copilot 根据这些训练数据生成建议时，这些建议也可能包含不良模式。开发人员自己有责任确保代码的安全性和质量。

B.2 GitHub 的注册及试用

B.2.1 注册

在浏览器中打开 github.com，界面如图 B-1 所示。

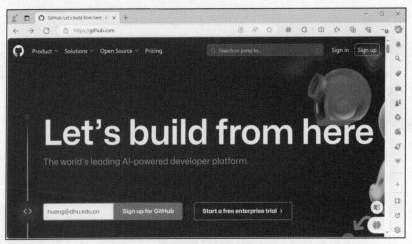

图 B-1　github.com

由于界面是英文，如果遇到看不懂的地方，可以使用翻译软件进行翻译。有些浏览器，例如 Edge、Google Chrome 等，在网页上右击，弹出的快捷菜单中也有"翻译成中文"之类的功能。

在图 B-1 中输入自己的邮箱（建议使用学校邮箱注册，否则在申请学生认证时，还需要在设置中添加学校的邮箱），单击 Sign up for GitHub 按钮，然后按照步骤完成注册。

注册过程中，遇到图 B-2 所示的界面时，选择 Just me 和 Student 单选按钮，单击 Continue 按钮。

遇到图 B-3 所示的界面时，选择第一个 Collaborative coding 复选框即可。

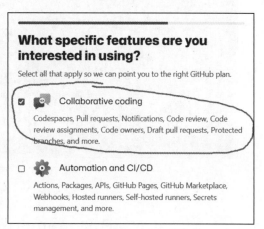

图 B-2　选择 student 身份　　　　　　图 B-3　使用 GitHub 的用途

注册成功后，将进入 GitHub 的个人主页。

B.2.2　申请试用

学生认证通过后才可免费使用 Copilot，在此之前，可以申请试用（本步骤可以跳过，直接进行教师/学生认证，待认证通过后再使用 Copilot，需要一周左右的等待时间），或者参照附录 C，使用 CodeGeeX 作为替代。

进入 github.com/features/copilot（图 B-4）申请试用。单击图中 Get started with Copilot

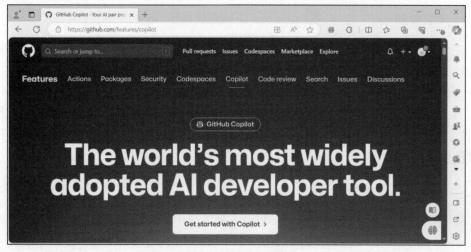

图 B-4　Copilot 网页

按钮。接着划到最下面,单击 start a free trial(图 B-5)。这之后的步骤需要输入自己的个人信息,包括银行卡号,试用期间不扣费。试用期满前可以取消订阅,否则将从银行卡扣费。

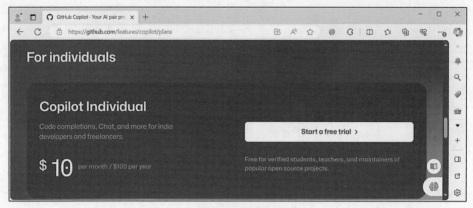

图 B-5 申请试用

B.3 GitHub 学生认证

建议在申请好 GitHub 账号后过几天再进行学生认证,不然有可能会由于"The GitHub account you are using was recently created. Please wait a few days then try again."(意思是账号最近才被创建,请过几天再尝试)原因被拒绝。

如果学生认证不成功,不能免费使用 Copilot,也可以参照附录 C,使用 CodeGeeX 作为替代。

B.3.1 前期准备

1. 学校邮箱

先申请好学校的邮箱,如果使用其他邮箱,在认证的第一步将强制要求添加学校邮箱才可继续。

如果账号使用学校以外的邮箱注册,则在申请好邮箱后,进入 GitHub 主页,登录后单击右上角的头像图标(图 B-6 箭头所指),在弹出菜单中单击 settings,打开新的界面后,在左侧菜单中单击 emails,在 Add email address 框中添加自己的学校邮箱,然后打开自己的邮箱验证即可。

2. 开通 2FA 双重身份验证

打开 GitHub 主页,单击右上角的头像,打开菜单 Settings→Password and authentication→Two-factor authentication→Enable two-factor authentication,将会出现图 B-7 所示的界面。

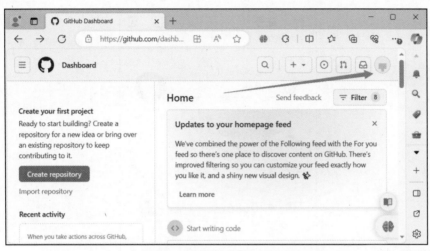

图 B-6　GitHub 主页头像位置

（注意：如果在计算机上进行 2FA 双重身份验证，建议在此之前在手机上登录 GitHub。否则在计算机上 2FA 认证后再到手机登录拍照上传资料，手机的登录可能会遇到困难！）

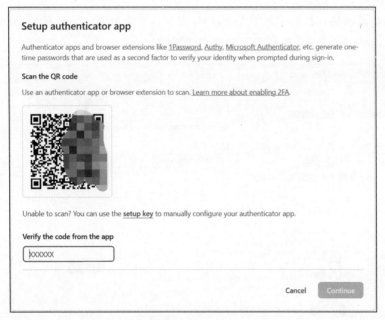

图 B-7　2FA 认证

下面介绍使用手机 App 和浏览器插件进行认证的两种方式。

（1）使用手机 App。

可搜索支持 2FA 的 App，例如"神锁离线版"，下载后，用 App 扫描图 B-7 中的二维码，将得到图 B-8 所示的密码，请及时将密码输入图 B-7 的验证码框中（密码有效期只有 30 秒），单击 Continue 按钮，即可开通 2FA。

图 B-8　手机 App 认证

之后请保存好 recovery codes，便可完成绑定。

（2）使用浏览器插件。

打开浏览器的插件扩展。以 Edge 为例，在工具栏中单击"扩展"图标，然后在菜单中单击"打开 Microsoft Edge 加载项"，如图 B-9 所示。

图 B-9　Edge 浏览器的扩展项

在搜索框中输入"2FA"搜索插件，在搜索结果中选择"Authenticator：2FA Client"，单击"获取"按钮。

加载好插件之后，在有二维码的页面打开插件，框选二维码，获取密码，如图 B-10 所示。

将密码输入图 B-7 的验证码框中，单击 Continue 按钮，即可开通 2FA。

图 B-10　浏览器获取密码

3. 学生证或者学信网学籍在线报告

（1）学生证。

准备好自己的学生证，要求有以下信息：姓名、证件号、学校名称、入学日期、毕业日期等。

将学生证拍下来后，用翻译软件转成英文形式，如图 B-11 所示。

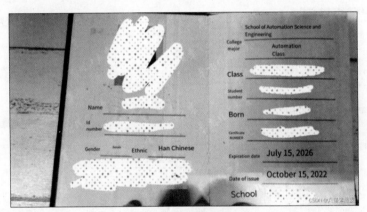

图 B-11　翻译证件

（2）学籍在线报告。

学信网报告可以替代学生证作为证明材料。学信网下载的中文报告也需要使用软件翻译为英文。

学信网官网网址为：www.chsi.com.cn。有学信网账号则直接登录，否则单击注册按钮按照提示进行注册（图 B-12），注册学信网账号需要真实有效的手机号以及本人身份证号。

图 B-12　学信网首页

登录学信网后的界面如图 B-13 所示，单击图中左侧"在线验证报告"。

进入图 B-14，单击"查看"按钮。

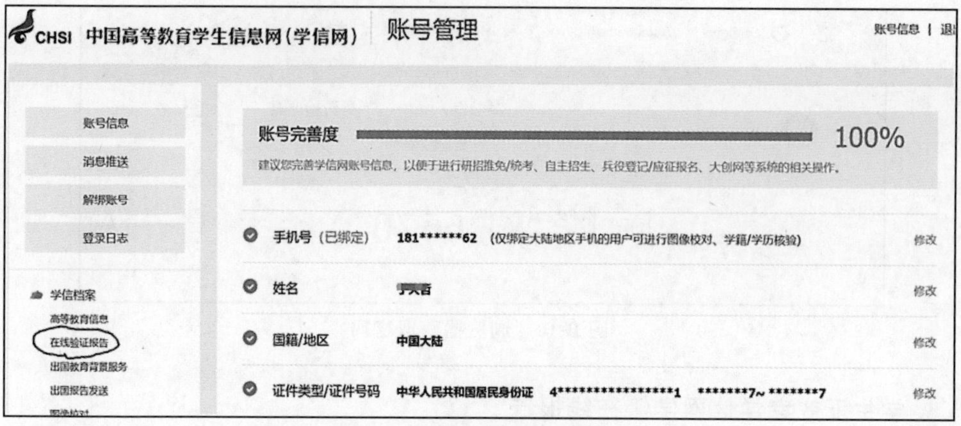

图 B-13 学信网登录后的界面

图 B-14 学信网在线验证报告界面

进入图 B-15，可获取教育部学籍在线验证报告。

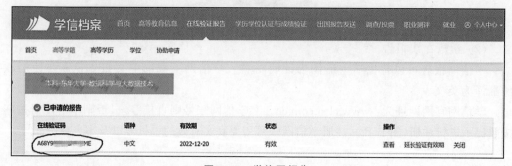

图 B-15 学信网报告

4. GitHub 个人信息

打开 GitHub 主页，单击右上角头像，单击菜单 Settings→Public profile，完善个人信息，建议修改如下。

```
Name:改成实名,例如 Zhang San
Bio:I am Zhang San, a student in xxx university. I want to study in Github and
try to make some contributions to the community.
Company:xxx University
Location:xxx University
```

此外,单击菜单 Settings→Billing and plans→Payment information,找到 Billing information,单击 Edit 按钮,输入姓名和地址信息。注意,这里的姓名必须和上传证件上的姓名一致。

B.3.2 申请学生认证

教师和学生认证的操作步骤类似,此处以学生认证为例进行讲解。

考虑到后面要拍照上传,建议使用手机进行操作,如果计算机的摄像头足够清晰,也可以使用计算机。

注意千万不要使用 VPN 上网,因为网页需要定位上网地址,建议使用校园网。否则可能因为以下原因被拒绝:You appear not to be near any campus location for the school you have selected,意思是您不在您选择的学校附近。如果是远程教育的学生,需要在后面提供的证明材料中证实是远程教育类型。

申请认证请打开 education.github.com,按要求登录自己的 GitHub 账号,界面如图 B-16 所示。然后单击 Student 菜单中的 Student Developer Pack。

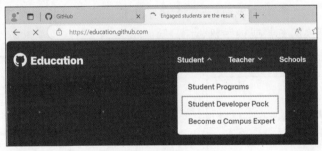

图 B-16 学生认证菜单

跳转到图 B-17 页面,单击其中的"Yes,I'm a student"按钮,转到图 B-18。

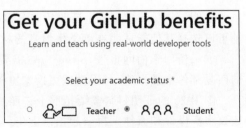

图 B-17 确认是学生   图 B-18 选择学生身份

在图 B-18 中,选择 Student。

图 B-18 中,往下划,按图 B-19 填写。如果注册账号不是学校邮箱,可以单击"Add an email address"按钮添加学校邮箱。学校名称可以输入中文,然后在弹出的下拉框中选择学校。填好后单击 Continue 按钮。

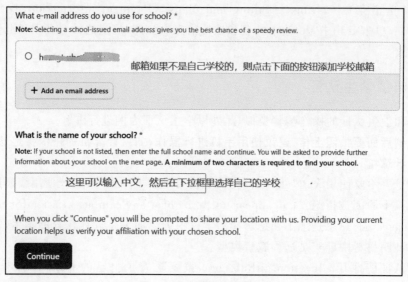

图 B-19　选择学校邮箱和学校

之后转到图 B-20 所示的界面,要求上传学生证或者其他证明材料。如果看不到该界面,可以尝试更换浏览器或换手机、计算机。

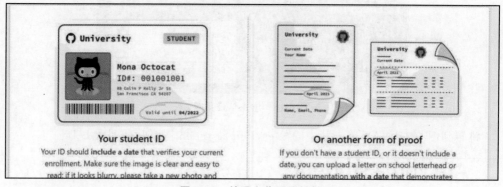

图 B-20　拍照上传证明材料

证明材料的要求:学生证照片需要有明确的日期表明您是在读学生。如果没有学生证可以选择其他能证明在读学生信息的材料(如学信网的学籍在线报告)。

如果使用学信网报告,proof type 需要选 Other。如果该选项未显示,可能会在收到的回复邮件中被拒绝,可以尝试更换浏览器或换手机、计算机再次提交申请。

图 B-20 的证明材料需要拍照上传照片,不能从计算机或手机上选择文件上传照片。建议将翻译件和原件同框一起拍照上传。

如果一切顺利,将看到图 B-21 所示的提示,之后等待邮件即可。

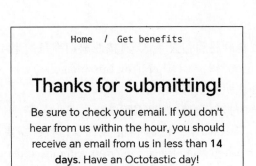

图 B-21　申请完成

收到邮件之后,打开 GitHub 首页,单击右上角的头像,在弹出的菜单中单击 Your Copilot,可以看到"You have an active Copilot subscription",提示我们有一个激活的 Copilot 订阅,如图 B-22 所示。至此,Copilot 已可在 VS 中使用。

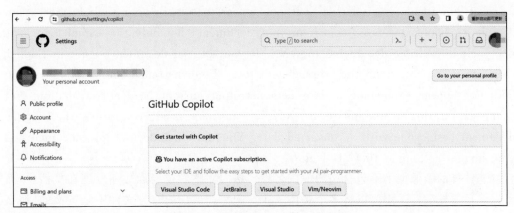

图 B-22　查看 GitHub Copilot 信息

B.3.3　错误解决

提交材料的时候或者回复的邮件中可能会提示错误,以下提供一些参考建议。

(1) You must secure your GitHub account by enabling 2FA and complete your billing information./Please secure your GitHub account with two-factor authentication. You may need to log out and log back in to GitHub before re-applying.

您必须通过启用 2FA 来保护您的 GitHub 账户并填写您的账单信息。在重新申请之前,您可能需要注销并重新登录 GitHub。

请使用双因素身份验证保护您的 GitHub 账户。

(2) You are unlikely to be verified until you have completed your GitHub billing information with your full name exactly as it appears in your academic affiliation document. You do not have to add a payment method. You may need to log out and log back in to GitHub before re-applying.

在填写 GitHub 账单信息之前,您的全名与学术隶属关系文档中显示的必须完全一致,否则您不太可能得到验证。您不必添加付款方式。在重新申请之前,您可能需要注销并重新登录 GitHub。

这个问题是因为资料和材料信息不匹配,按照前期准备的第 4 点修改即可。

(3) Please select proof type 'Other' for this image.

请为这张图片选择证明类型"其他"。

原因为选错了上传的材料类型,如果页面有 proof type 选项的话选 Other 即可。该选项默认为 Student ID Card 即学生证,而学信网的学籍报告需要选择 Other 选项。

(4) Please consider using your device camera to submit academic affiliation documents. Uploaded images are more easily manipulated and are therefore less trustworthy.

请考虑使用您的设备相机提交学术隶属关系文件。上传的图像更容易被篡改,因此不太可信。

这个问题是因为提交材料的方式选择了上传图片而不是拍照,系统认为其不可信,选择拍照即可,注意照片需要足够清晰。

(5) The image you selected does not appear to contain your school name. Your complete school name must appear in your document, not only the school logo. You may include multiple documents together. If your official document is not in English then you may photograph the original next to an English translation./Your document does not appear to include a date demonstrating current academic affiliation. For countries utilizing non-standard calendars, you may need to capture the original document beside one with a converted date. You may include multiple documents in your image, so long as they are legible.

您选择的图像似乎不包含您的学校名称。您的完整学校名称必须出现在文档中,而不仅仅是学校徽标。您可以将多个文档放在一起。如果您的官方文件不是英文的,那么您可以在英文翻译旁边拍摄原件。

您的文件似乎没有包含证明当前学术隶属关系的日期。对于使用非标准日历的国家/地区,您可能需要在日期转换后的原始文档旁边拍摄原始文档。您可以在图像中包含多个文档,只要它们清晰可辨即可。

提示内容已经足够清楚,材料应该包含学校信息以及入学时间和毕业时间,非英文材料要翻译。

B.4 为 VS 安装 GitHub Copilot 扩展

B.4.1 安装

如果安装 Visual Studio 最新版本,默认已经包含了 GitHub Copilot 扩展。可在 VS 界面右上角(图 B-23 箭头所指部位)找到 GitHub Copilot。

如果尚未安装,安装步骤如下。

(1) 在 Visual Studio 菜单栏中,单击菜单"扩展"→"管理扩展",进入如图 B-24 所示的界面。单击"联机",在搜索框中输入"copilot",找到 GitHub Copilot Completions(插

图 B-23　默认安装 GitHub Copilot 扩展

件的老版本名称叫 GitHub Copilot，如果看到该名称，请选择它），单击"下载"按钮。

图 B-24　下载 Copilot

说明：以上界面为老版本 VS 界面，新版本界面如图 B-25 所示。由于已经安装了 Copilot 扩展，在图中搜索结果中已经看不到该扩展。注意，图中 GitHub Copilot Chat 扩展不是本节所述的扩展，而是附录 B.6 中将要安装的扩展。

图 B-25　VS 的扩展管理器

（2）下载完成后，关闭"管理扩展"窗口，然后退出 VS，此时将开始安装扩展，安装过程中需要单击一次 modify。个别计算机还将出现一个窗口，提示需要结束任务，单击 End Tasks 按钮即可。安装完成后，重新启动 VS。

B.4.2 添加 GitHub 账户到 VS

单击菜单"文件"→"账户设置"打开对话框,或者单击图 B-23 箭头所指的 GitHub Copilot 按钮,如果未登录过任何账号,进入后的界面如图 B-26 所示。

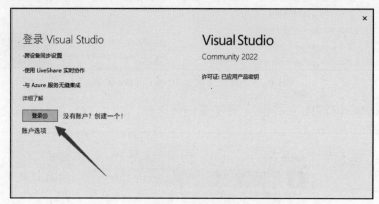

图 B-26 登录账号

单击图中的"登录"按钮,将打开浏览器,如图 B-27 所示。

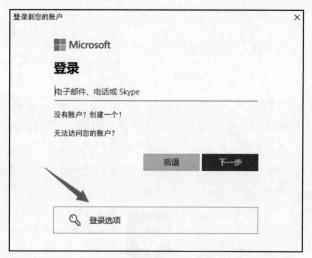

图 B-27 单击"登录选项"按钮,使用 GitHub 账号

跳转到图 B-28 所示的界面,单击"使用 GitHub 登录"按钮,在弹出的界面中输入 GitHub 账户及密码登录 GitHub 账号。个别计算机在登录 GitHub 时会连续出现很多报错框,全都单击"是"按钮即可,一直到不出现报错为止。

如果已经登录过别的账号,需要添加 GitHub 账号至"所有账户"功能区中,选择"＋添加"以添加一个账户,然后选择 GitHub,如图 B-29 所示。

在图 B-30 所示的界面中单击"使用浏览器登录",将被重定向到浏览器,在那里使用 GitHub 账号登录。如果出现很多报错框,全都单击"是"按钮即可,一直到不出现报错为止。登录后,将在浏览器中看到登录成功窗口,然后返回到 Visual Studio。

图 B-28　单击"使用 GitHub 登录"

图 B-29　添加账户

图 B-30　使用浏览器登录

再单击菜单"文件"→"账户设置"打开对话框,可看到 GitHub 账户已在"所有账户"中。此时在 VS 中进行开发即可使用 Copilot。

如果进入 VS 后,出现图 B-31 所示的一条黄色提示消息,要求 Add GitHub Account(如箭头所指),表示 GitHub 账号未成功登录,很可能是由于 GitHub 账号认证还未通过,或者由于网络问题还未登录到服务器上。

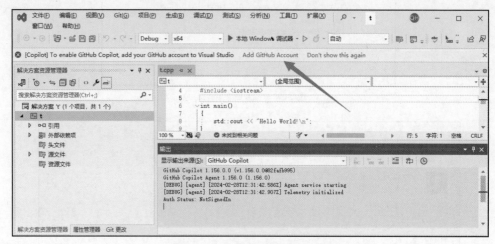

图 B-31 GitHub 账号登录不成功

B.5 使用 GitHub Copilot

B.5.1 输入注释生成建议

注意:如果为 GitHub Copilot 启用了重复检测,则使用提供的代码示例时,可能会收到有限的建议或没有建议。作为替代方法,您可以首先键入自己的代码,以查看来自 GitHub Copilot 的建议。

GitHub Copilot 为多种语言和各种框架提供建议,但尤其适用于 Python、JavaScript、TypeScript、Ruby、Go、C♯ 和 C/C++。GitHub Copilot 还可以帮助生成数据库的查询。

以下示例使用 C 语言编程,演示 Copilot 的使用方法。

(1) 在 Visual Studio 中,创建新的 C 文件,扩展名为 cpp。

(2) 在 C 文件中,键入注释"使用循环的方式计算 n 的阶乘",GitHub Copilot 将自动以灰色文本建议代码,如图 B-32 左侧第 3 行所示。读者在实践过程中,得到的建议可与此处不同。

对于建议代码,可以有多个选择,可进行以下操作:

- 按 Tab 键接受建议,此时灰色代码将变亮。
- 按 Esc 键拒绝建议,此时建议代码将消失。
- 按 Alt+.组合键显示下一个建议。
- 按 Alt+,组合键显示上一个建议。

- 不理会建议代码,自己继续输入代码,Copilot 将根据最新的输入,再生成新的建议。
- 按 Ctrl+Alt+Enter 组合键显示最多 10 个建议,如图 B-32 右侧窗口所示。可单击其中的 Accept Solution 按钮接受相应的建议。
- 如果由于网络等原因暂未生成建议,可按 Ctrl+Alt+\ 组合键请求建议。

图 B-32　对于 Copilot 建议的操作

也可如图 B-33 所示,输入部分代码,再输入注释,获得建议:

首先输入第 1、3、4 行代码(第 2 行为后续步骤所添加,见图 B-33 中的第③步操作),然后在第 5 行输入注释,则建议了第 6~8 行代码。在第 9 行输入注释,则建议了第 10~18 行代码。

由于第 7 行代码的 rand 缺少头文件,可以看到其下有红色波浪线。此时我们将光标移到第 1 行的结尾,按回车键,则将在第 2 行建议需要 include <stdlib.h> 头文件。

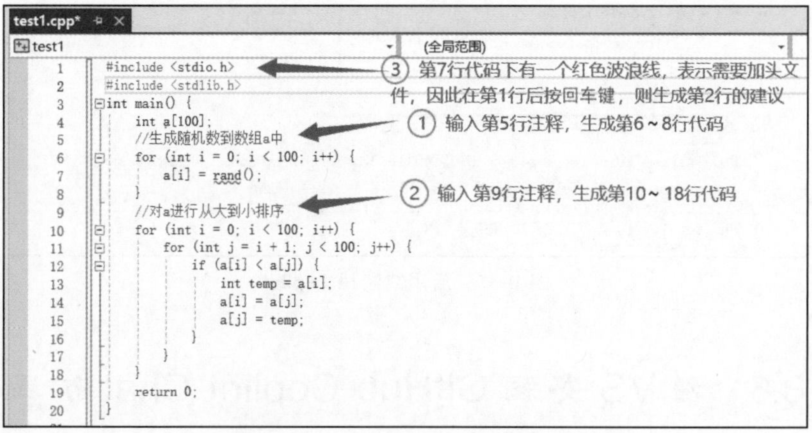

图 B-33　输入注释、生成代码建议

B.5.2 启用或禁用 GitHub Copilot

Visual Studio 窗口底部面板中的 GitHub Copilot 状态图标指示 GitHub Copilot 为启用还是禁用状态。启用后，图标的背景色将与状态栏颜色相匹配。禁用后，将有一条对角线穿过它。

（1）若要启用或禁用 GitHub Copilot，单击 Visual Studio 窗口底部面板中的 GitHub Copilot 图标，见图 B-34 箭头所指图标。

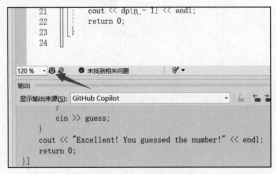

图 B-34 Copilot 状态图标

（2）如果要禁用 GitHub Copilot，系统会询问是全局禁用建议，还是要禁用当前正在编辑的文件的语言。

- 若要全局禁用 GitHub Copilot 的建议，请单击 Enable Globally 菜单，见图 B-35。
- 若要禁用指定语言的 GitHub Copilot 的建议，请单击 Enable For C/C++ 菜单。

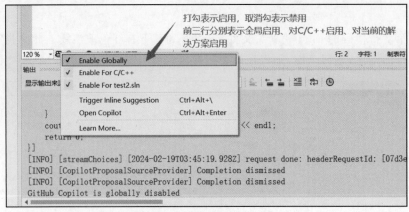

图 B-35 启用或禁用 Copilot

B.6 为 VS 安装 GitHub Copilot Chat 扩展

GitHub Copilot Chat 旨在以自然语言专门回答您询问的编码相关问题。例如，可以要求 GitHub Copilot Chat 来帮助您编写返回两个数字之和的函数。

如果安装了 Visual Studio 最新版本，默认已经包含了 GitHub Copilot Chat 扩展。可至菜单"视图"查看是否存在"GitHub Copilot 聊天"子菜单，如果不存在，安装步骤如下。

（1）单击菜单"扩展"→"管理扩展"。

（2）在"管理扩展"窗口中，单击"联机"，输入"copilot"搜索，选中 GitHub Copilot Chat，单击"下载"按钮。注意，安装本扩展之前，需要先安装附录 B.4.1 中的 GitHub Copilot 扩展。

（3）关闭"管理扩展"窗口，然后退出 VS，此时将开始安装扩展，中间需要单击一次 modify。个别计算机还将出现一个窗口，提示需要结束任务，单击 End Tasks 按钮即可。

（4）如果还没有将 GitHub 账户添加到 VS，请参照附录 B.4.2 进行操作。

B.7 使用 GitHub Copilot Chat

B.7.1 两种交互方式

与 Copilot chat 的交互有以下两种方式。

（1）通过菜单打开常驻对话框。

在 Visual Studio 菜单栏中，单击"视图"→"GitHub Copilot 聊天"，将在原来的解决方案资源管理器位置弹出一个对话框（图 B-36），单击相应的选项卡，也可以切换显示解决方案资源管理器。

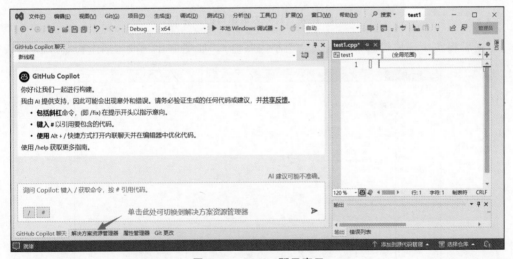

图 B-36　Copilot 聊天窗口

聊天消息可以使用自然语言，也可以使用斜杠命令和♯。我们输入"/help"查看更多指南，其中提示了几个有用的指令如图 B-37 所示（可以代替输入大量的自然语言文本）：

我们主要使用的指令有"/explain"解释代码、"/fix"修复代码 bug、"/optimize"优化代码。随后将详细说明如何使用这些指令。

（2）在代码编辑窗口通过右键菜单打开内联聊天（也可使用快捷键 Alt+/）。

如图 B-38 所示，在编辑窗口右击，在弹出的菜单中单击"询问 Copilot"。

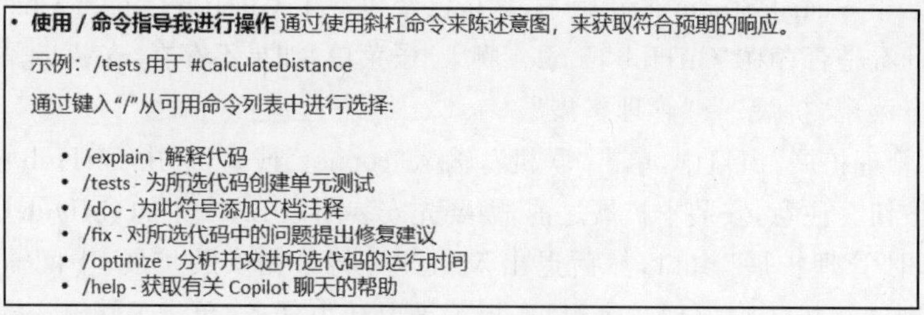
• 使用 / 命令指导我进行操作 通过使用斜杠命令来陈述意图，来获取符合预期的响应。
示例：/tests 用于 #CalculateDistance
通过键入"/"从可用命令列表中进行选择：
• /explain - 解释代码
• /tests - 为所选代码创建单元测试
• /doc - 为此符号添加文档注释
• /fix - 对所选代码中的问题提出修复建议
• /optimize - 分析并改进所选代码的运行时间
• /help - 获取有关 Copilot 聊天的帮助

图 B-37　help 消息

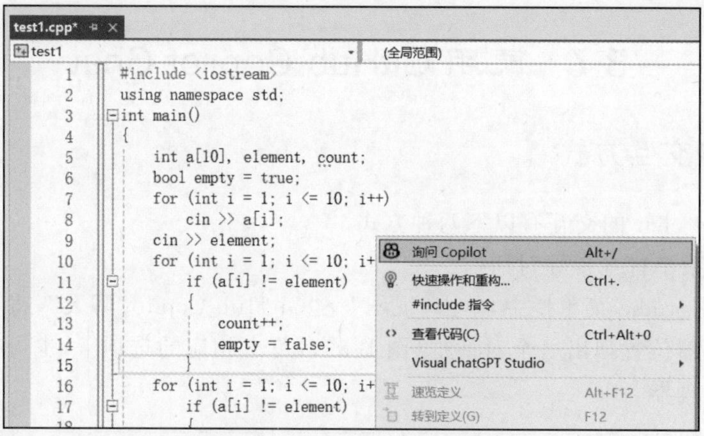
test1.cpp*
test1
(全局范围)
询问 Copilot　Alt+/
快速操作和重构...　Ctrl+.
#include 指令
查看代码(C)　Ctrl+Alt+0
Visual chatGPT Studio
速览定义　Alt+F12
转到定义(G)　F12

图 B-38　打开内联窗口的菜单

之后将在代码编辑窗口中插入一个小内联窗口，如图 B-39 所示，用于和 Copilot 聊天

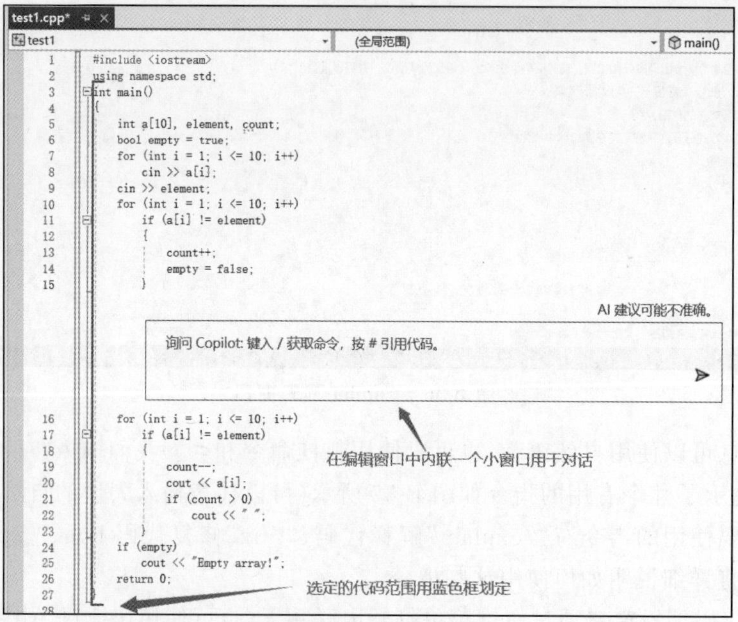
test1.cpp*
test1
(全局范围)
main()
AI 建议可能不准确。
询问 Copilot: 键入 / 获取命令，按 # 引用代码。
在编辑窗口中内联一个小窗口用于对话
选定的代码范围用蓝色框划定

图 B-39　内联窗口

交互。编辑窗口左侧有一个蓝色的框,标记默认的代码范围,也可选择另外的代码。按 Esc 键可退出聊天窗口。

以上两种交互方式功能相近,读者可依照个人习惯选择。随后的示例都使用第(1)种方式,读者也可以使用第(2)种方式。

B.7.2 向 Copilot 提问

我们可以使用自然语言向 Copilot 询问编程相关的问题。比如,有一道编程题,我们可以将题目描述复制到聊天窗口中,Copilot 将告诉我们如何编程。

以下我们将针对 OJ 系统的一道题向 Copilot 提问,为了更清晰,我们在最前面增加一个要求"用 C 语言编程",提问如下:"用 C 语言编程:从键盘输入一个摄氏温度,要求转换成华氏温度输出。摄氏温度转换为华氏温度的公式为(其中 c 表示摄氏温度,f 表示华氏温度):f=(9/5)*c+32。要求计算结果四舍五入小数点后两位。为实现四舍五入小数点后一位,可使用如下算法:首先将该数乘以 10,然后加 0.5,取整数部分,再除以 10。"

然后 Copilot 给出了 C 语言的程序代码。如图 B-40 所示。

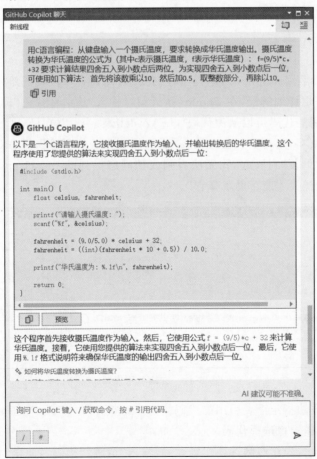

图 B-40 提问及回复

图中回复的代码为：

```c
#include <stdio.h>
int main() {
    float celsius, fahrenheit;
    printf("请输入摄氏温度：");
    scanf("%f", &celsius);
    fahrenheit =(9.0/5.0) * celsius +32;
    fahrenheit =((int)(fahrenheit * 10 +0.5)) / 10.0;
    printf("华氏温度为：%.1f\n", fahrenheit);
    return 0;
}
```

它还给出了解释："这个程序首先接收摄氏温度作为输入。然后，它使用公式 f =(9/5) * c + 32 来计算华氏温度。接着，它使用您提供的算法来实现四舍五入小数点后一位。最后，它使用 %.1f 格式说明符来确保华氏温度的输出四舍五入小数点后一位。"

从以上程序可以看出，代码的质量比较高，但是也没有完全正确。我的要求是"计算结果四舍五入小数点后两位"，然后教它该如何进行四舍五入小数点后一位的操作，但是它理解为将结果四舍五入小数点后一位。因此，在获取到生成的代码后，还需要测试、调试，才能保证代码完全正确。

B.7.3 引用代码并解释代码（/explain）

可以用自然语言和 Copilot 对话提出任何要求，比如有一段代码难以理解其逻辑，可以要求 Copilot 提供详细解释，在 Copilot 聊天窗口输入"请解释代码"即可获得回复。

以下示例使用的代码可以从源代码"ch-A2\delElem.txt"中复制到 test1.cpp 中。

图 B-41 中，在 Copilot 聊天窗口输入"请解释 test1.cpp"代码，但是 Copilot 无法定位到 test1.cpp，所以回复"对不起，我无法看到或访问您提到的 "test1.cpp" 代码。请在对话中提供代码，这样我才能帮助解释它"。

图 B-41 尝试引用代码

我们有两种方法指定需要引用的代码。

(1) 在代码编辑窗口选择代码。

如图 B-42 所示，先在右侧选择代码，然后输入"请解释代码"，能得到想要的回复。

(2) 使用 # 引用代码。

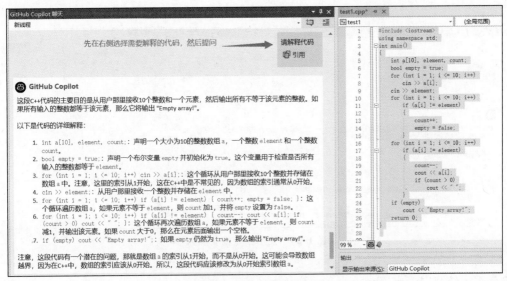

图 B-42　选择代码作为引用

我们按照以下方式输入提问：首先输入"请解释代码 #"，此时将弹出小窗口让我们选择文件（我们选择 test1.cpp）；然后继续输入"16:23"意思是从第 16 行到第 23 行，也可以不输入行号范围，则范围为整个文件，结果如图 B-43 所示。

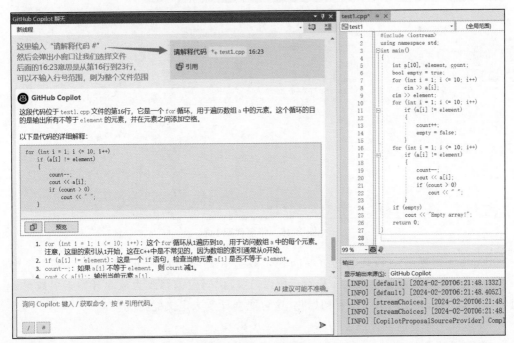

图 B-43　使用 # 引用文件

对于几种常见的指令，我们也可以直接输入指令（输入"/help"即可查阅所有指令），比如，要获得代码解释，可以输入"/explain"，也可得到和上面同样的结果。图 B-44 为输入"/explain #"然后选择了 test1.cpp 文件的结果。

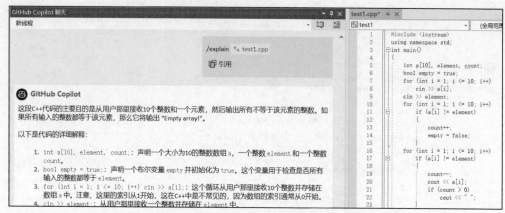

图 B-44 使用指令简化输入

B.7.4 修改 bug(/fix)

同理,我们可以使用自然语言提问,也可直接使用指令"/fix"修改代码中的 bug。
图 B-45 为输入"/fix #"然后选择 test1.cpp 文件的结果。

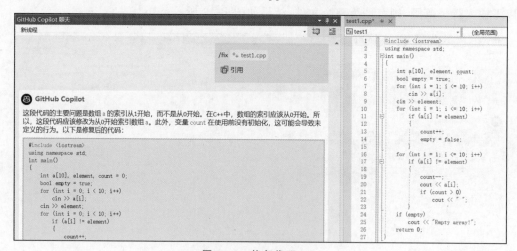

图 B-45 修复代码 bug

Copilot 回复:"这段代码的主要问题是数组 a 的索引从 1 开始,而不是从 0 开始。在 C++ 中,数组的索引应该从 0 开始。所以,这段代码应该修改为从 0 开始索引数组 a。此外,变量 count 在使用前没有初始化,这可能会导致未定义的行为。"

并建议了修复后的代码。

在聊天消息的窗口中,代码的后面,有两个按钮,分别表示"复制"和"预览",如图 B-46 所示。单击"预览"按钮,将在右侧弹出两个并排窗口,左侧的一个显示原代码,右侧的一个显示建议的修改代码,其中阴影部分显示的为左右两边不相同的代码。

并排窗口下方是一个 Copilot 内联窗口,有"接受"和"取消"两个按钮,单击"接受"按钮,即可将原代码按照建议修改。单击"取消"按钮则不接受修改。

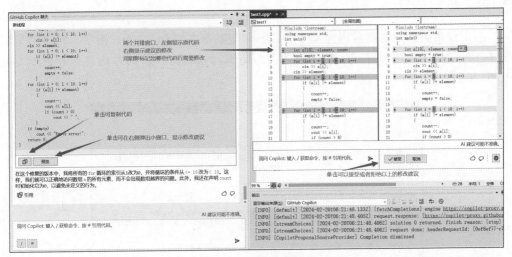

图 B-46 预览修复建议

B.7.5 优化代码(/optimize)

同理,可以使用自然语言提问,也可直接使用指令"/optimize"进行代码优化。

图 B-47 为输入"/optimize #"然后选择 test1.cpp 文件的对话结果。注意,我们是先按照前面的建议修复了 bug,然后再进行优化。如果不修复 bug 直接优化,则将告诉我们如何修改 bug。

Copilot 回复建议我们可以将代码优化,减少遍历数组的次数。

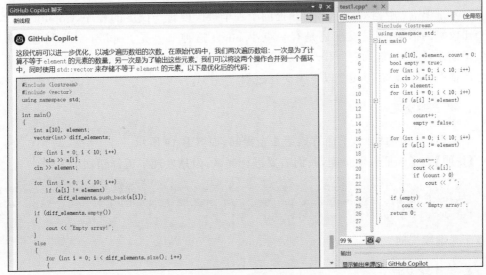

图 B-47 优化代码

B.7.6 其他功能

与编程相关的问题都可以向 Copilot 提问，包括添加文档（"/doc"指令）、编写测试用例（"/tests"指令），还可以问一些理论方面的知识，例如选择题，回答内容不逊色于专业教师，如图 B-48 所示。

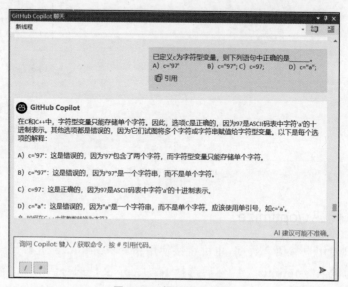

图 B-48　提问理论知识

B.7.7　多轮交互调优回复

在附录 B.7.2 中，我们向 Copilot 提问了一个摄氏度转华氏度的程序，Copilot 给出了一个比较好的回复，但是发现还是有一点小 bug。这种 bug 是 Copilot 对于问题的理解发生了偏差，所以不能通过"/fix"指令进行修正，只能通过继续提问的方式，让它意识到自己的错误，从而修正 bug。以下为交互过程：

1. 第 2 轮交互

继续 B.7.2 节的提问，下面开始第 2 个提问，如图 B-49 所示。

【说明】为了保证程序正确，我们需要进行测试，但是发现了编译错误：

```
'scanf': This function or variable may be unsafe. Consider using scanf_s instead. To disable deprecation, use _CRT_SECURE_NO_WARNINGS. See online help for details.
```

于是继续提问。

2. 第 3 轮交互

第 3 个提问如图 B-50 所示。

附录 B　Copilot 的安装与使用

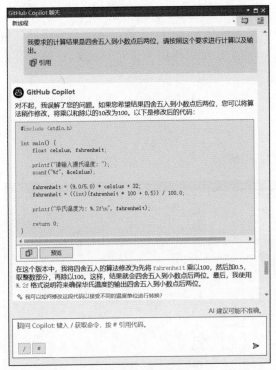

图 B-49　第 2 轮交互

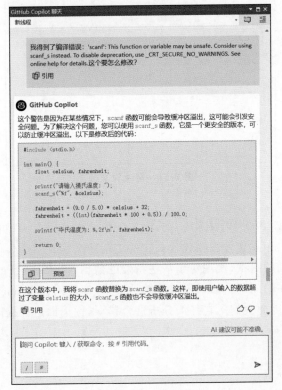

图 B-50　第 3 轮交互

Copilot 回复：

这个警告是因为在某些情况下，scanf 函数可能会导致缓冲区溢出，这可能会引发安全问题。为了解决这个问题，您可以使用 scanf_s 函数，它是一个更安全的版本，可以防止缓冲区溢出。

【说明】由于将 scanf 修改成 scanf_s 的方式难以接受，下面继续提问。

3. 第 4 轮交互

第 4 次提问如图 B-51 所示。

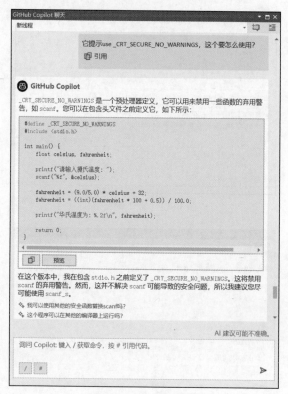

图 B-51　第 4 轮交互

Copilot 的回复为：

_CRT_SECURE_NO_WARNINGS 是一个预处理器定义，它可以用来禁用一些函数的弃用警告，如 scanf。您可以在包含头文件之前定义它。

【说明】经过仔细的测试，发现对于某些特殊的数据，仍然存在 bug。我们通过继续提问教它理解其中存在的问题。如果仅仅笼统地说"程序代码存在 bug，请改正"，它可能难以理解我们的意思，因此我们向它仔细分析这个错误，像下面这样提问。

4. 第 5 轮交互

第 5 次提问内容为：

这个结果还是有一点小问题，比如 fahrenheit 等于 2.445，但由于存储误差，fahrenheit 在内存中是 2.444999999，则四舍五入后将得到 2.44。请修正这个误差引起的错误。

回复如图 B-52 所示。

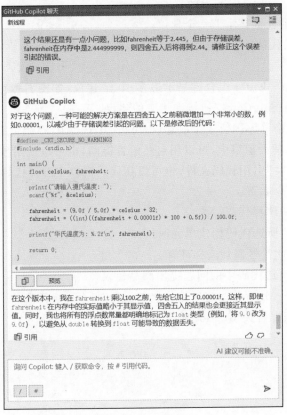

图 B-52　第 5 轮交互

【说明】以上代码经过测试运行正确。从以上示例可知，要想得到一个高质量的代码，仍然需要读者掌握比较扎实的理论基础，才可能问出高质量的问题，最后得到高质量的代码。

其中，测试非常重要。对于复杂的代码，不一定能快速地通过阅读代码发现其中的 bug，只有通过测试才能发现其中存在的错误。

如果通过提问不能改正程序，可能我们只有通过"/explain"指令请求 Copilot 解释代码，在理解程序逻辑后，再通过调试，最后改正 bug。

综上所述，虽然有 AI 编程助手可以生成代码，测试和调试仍然是必备技能，只有这样，才能编写出高质量的代码。

B.8　小　　结

（1）在代码编辑窗口写注释请求 Copilot 生成代码时，写完注释按回车键，VS 将以灰色文字显示建议的代码，此时，可进行以下操作。

- 按 Tab 键接受建议，此时灰色代码将变亮。
- 按 Esc 键拒绝建议，此时建议代码将消失。
- 按 Alt+．组合键显示下一个建议。
- 按 Alt+，组合键显示上一个建议。
- 不理会建议代码，自己继续输入代码，Copilot 将根据最新的输入，再生成新的建议。
- 按 Ctrl+Alt+Enter 组合键显示最多 10 个建议，如图右侧窗口所示。可单击其中的 Accept Solution 按钮接受相应的建议。
- 如果由于网络等原因暂未生成建议，可按 Ctrl+Alt+\组合键请求建议。

(2) 在 Copilot 聊天窗口中，可以用自然语言提问，也可以使用预先定义的指令。
(3) 可以使用"#"引用代码文件，也可以在代码窗口中选择代码以引用。
(4) 一些"/"指令如下：

- /explain——解释代码。
- /tests——为所选代码创建单元测试。
- /doc——为此符号添加文档注释。
- /fix——对所选代码中的问题提出修复建议。
- /optimize——分析并改进所选代码的运行时间。
- /help——获取有关 Copilot 聊天的帮助。

附录 C
Copilot 的国产替代：CodeGeeX

C.1 CodeGeeX 介绍

CodeGeeX 是由清华大学知识工程实验室研发的一款基于大模型的智能编程助手，具有强大的代码生成与补全、自动添加注释、代码翻译以及智能问答等功能。它支持 Python、Java、C++、JavaScript、Go 等多种主流编程语言，并且可以在不同编程语言间进行自动翻译转换，翻译结果正确率高。

CodeGeeX 是一个具有 130 亿参数的多编程语言代码生成预训练模型，采用华为 MindSpore 框架实现，在鹏城实验室的"鹏城云脑 II"中的 192 个节点（共 1536 个国产昇腾 910 AI 处理器）上训练，使用 20 多种语言的语料库进行预训练。

CodeGeeX 和 Copilot 一样，同样具有自动代码生成、代码补全、错误修正、代码优化、自然语言交互、多语言支持、集成开发环境支持等功能。

总体上，CodeGeeX 是一款功能全面且高效的智能编程工具，能显著提高编程效率和代码质量。

C.2 CodeGeeX 插件的安装

若需在 Visual Studio 中使用 CodeGeeX，必须安装相应扩展。

（1）在 Visual Studio 菜单栏中，单击"扩展"→"管理扩展"菜单。

（2）在"管理扩展"窗口中，单击 Visual Studio Marketplace，搜索"CodeGeeX"，选中该扩展，单击"下载"按钮。

（3）关闭"管理扩展"窗口，然后退出 VS，此时将开始安装扩展，中间需要单击一次 modify。个别计算机还将出现一个窗口，提示要结束任务，需要单击 End Tasks 按钮。

安装完成后，再次启动 Visual Studio，可以在"扩展"菜单看到 CodeGeeX 子菜单，如图 C-1 所示。

此时提示需要登录，单击菜单"扩展"→CodeGeeX→"登录"，将跳转到浏览器的登录界面，选择一种方式登录后即可使用。图 C-1 中，可看到一条黄色的提示信息"请登录您的账号"，后面有一个"登录"按钮，也可单击该按钮登录。

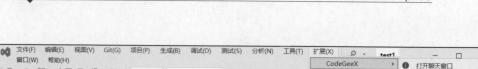

图 C-1　CodeGeeX 菜单

CodeGeeX 使用了我们熟悉的登录方式，包括微信登录等，并且免费，所以登录过程比 Copilot 简单很多。

C.3　CodeGeeX 设置

在图 C-1 的界面中，单击菜单"扩展"→CodeGeeX→"打开聊天窗口"，将在 VS 中出现一个侧边栏，如图 C-2 所示。

图 C-2　CodeGeeX 侧边栏

图 C-2 中，我们单击侧边栏右下角的 LITE，然后选择 CodeGeeXPro，从而使得 CodeGeeX 生成的回答更准确，但是速度也会稍微慢一点。

为了在代码生成与补全时也使用 Pro 模型，我们在侧边栏的右上角单击省略号按钮，选择"设置"菜单（图 C-3），在弹出的"选项"界面中（图 C-4），为补全模型选项选择 CodeGeeXPro。此外，我们还设置了补全模式选项为 block，以及候选数量为 x3，这样使用起来更方便，同样，速度也会慢一点。

图 C-3　设置 CodeGeeX

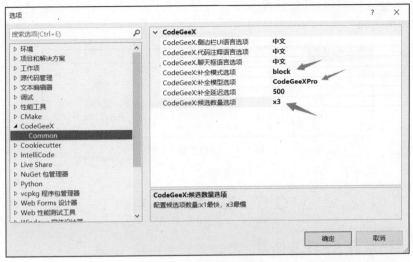

图 C-4　设置补全模型

C.4　代码生成与智能补全

C.4.1　单行代码生成与补全

生成单行代码,是在代码生成与补全的场景中最直接高效的体现方式。

当打开一个代码文件后,开始编码。在编码过程中稍微等待一下,即可看到 CodeGeeX 根据上下文代码的内容,推理出接下来可能的代码输入。如图 C-5 所示,输入 scanf 后,则生成了"("后的代码(以灰色显示):

如果认为推理出的代码内容合适,使用快捷键 Tab 采纳生成的代码,被采纳的代码即会高亮显示并留存在光标后;如果认为内容不合适,按 Esc 键可以取消推荐的内容,继续手动编码。

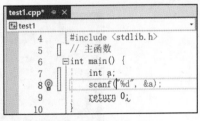

图 C-5　补全代码

C.4.2　多行代码生成

多行代码生成与单行的使用方式一致。在符合多条推荐的条件下(如 for 循环、if 判断等),模型会优先计算一次多行推荐的逻辑。如果逻辑完整,则会展示出多行推荐的结果,否则还是按照单行推荐的逻辑来展示。

C.4.3　注释生成代码

根据注释生成代码是针对一段自然语言的注释内容,生成相关的代码片段。适用于需求能够简单使用一句话描述清楚,或常见的算法片段、函数段、方法段的生成。如图 C-6 所示，输入注释后，以灰色提示了 3 行建议代码，可按 Tab 键采纳建议，或按 Esc 键取消推荐的内容。

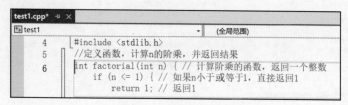

图 C-6 注释生成代码

C.5 智能问答

C.5.1 代码解释、注释及修复

代码解释主要用于给定一段代码，通过大模型对于代码的理解，输出人类容易理解的解释。能够帮助开发者快速理解已有的代码。

在代码编辑框中选中需要解释的代码，此时代码也会在侧边栏 AskCodeGeeX 的对话框中出现，在输入框中用自然语言交互的方式，即可获得代码的解释。

也可以在对话框中直接粘贴需要解释的代码，同样用自然语言交互的方式，获得代码解释。

对于 4 个常用的操作，我们也可在对话框中输入"/"，即可弹出菜单，然后可从菜单中选择一个操作，如图 C-7 所示。

图 C-7 使用命令/

选择"/explain"，即可得到对代码的解释。以及使用指令"/comment"生成注释以及"/fixbug"修复 bug。

C.5.2 问答交互

可以在对话框中输入一个问题进行提问，获得 CodeGeeX 的回答。例如，在代码编辑窗口中选择一段代码，然后在对话框中输入指令：请优化以上代码。

得到的回复如图 C-8 所示。

也可以提出一个问题描述，请 CodeGeeX 帮助编写代码，例如输入指令：请使用 C 语

附录 Copilot 的国产替代：CodeGeeX

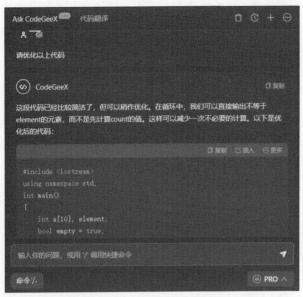

图 C-8 使用指令优化代码

言编程，输入年和月，输出该月的天数。

得到的回复如图 C-9 所示。

图 C-9 根据问题描述生成完整程序

此外，还可以使用 CodeGeeX 生成测试用例、翻译代码、重构代码等，这些都可以通过自然语言指令发布请求从而获得答案。

C.6 小　　结

CodeGeeX 和 Copilot 一样，可以进行代码补全、生成代码、修复 bug 等，使用它也一样可以提高编程的效率和质量。

附录 D

实践平台：OJ 系统

D.1 OJ 系统介绍

D.1.1 OJ 系统简介

OJ 系统是 Online Judge 系统的简称，是一种在线的判题系统，用于自动评测用户提交的源代码的正确性。OJ 系统能够编译并执行代码，使用预设的数据对这些程序进行测试，通过比较用户程序的输出数据和标准输出样例的差别，或者检验用户程序的输出数据是否满足一定的逻辑条件，来判断程序的正确性。

OJ 系统广泛应用于世界各地高校学生程序设计的训练、各种程序设计竞赛以及数据结构和算法的学习及作业的自动提交判断中。使用 OJ 系统可以方便地进行程序的自动评测和排名，提高学生的编程能力和算法设计能力。

OJ 系统具有以下功能。

- **自动编译与评测**：OJ 系统能够自动编译用户提交的源代码，并立即进行评测。
- **输入输出管理**：每个题目都有预设的输入数据和标准输出数据。当用户的程序被评测时，OJ 系统会为程序提供这些输入数据，并收集程序的输出，之后与标准输出进行比较。
- **错误诊断**：如果用户的程序存在错误，例如编译错误、运行时错误或输出错误，OJ 系统会给出相应的错误信息，帮助用户快速定位问题。
- **排名与统计**：OJ 系统会有一个排行榜，根据用户的得分进行排名。这可以激发学生的竞争意识，提高学习积极性。

D.1.2 教材配套 OJ 系统

读者可按照以下方式使用配套的 OJ 系统进行在线练习。

(1) 注册：首先，读者需要在 OJ 系统上注册一个账号，然后使用账号登录系统。请打开以下网址：www.52ac.tech。单击"注册"按钮，在注册界面，输入并选择学校，输入自己的学号以及姓名，其他信息根据自己实际情况填写。建议账号只包括英文和数字，最后的"问题"和"答案"用于忘记密码时重置密码，请认真填写。

以上网址为学生界面，教师注册请发送邮件到网站首页底部的邮箱联系管理员。登录后可以创建班级，分班进行管理，也可创建自己的考试和练习，更适合自己的班级。

（2）**登录**：注册之后，再打开以上网址，即可输入自己的账号和密码登录进入系统。

（3）**加入班级**。有以下几种方式加入班级。

① 任课教师使用本系统，可以由教师在后台创建班级，并导入学生，学生即加入了班级，登录之后即可看到练习题或考试题。注意，这种方式中，学生注册时的学校和学号一定要填写正确，否则学生登录后看不到题目。

② 任课教师使用本系统，教师在后台创建班级后，可公布邀请码，学生输入邀请码加入班级。如果第①种方式中，学生登录后看不到题目，可以按照本方式加入班级。

③ 读者是个人学习，没有任课教师创建的班级，可输入邀请码"52ACTECH"加入作者的班级进行练习。

（4）**参加考试或练习**：单击"考试"菜单，即可看到自己班级的考试或练习列表。如果看不到，请联系相应教师，或者按照网站首页底部的邮箱地址发送邮件咨询。

如果对于 OJ 系统的使用有疑问，可以参考网站的帮助文档。

下面主要针对 OJ 系统中的输入输出做简单的讲解。

D.2　OJ 中的输入输出规定

问题描述：输入两个实数 a 和 b，计算 a∗b 的值，并输出。

输入说明：输入两个实数，以空格分隔。

输出说明：输出一个实数，保留 4 位小数。

代码如下：

```c
int main(){
    double a, b, c;
    scanf("%lf %lf", &a, &b);
    c = a * b;
    printf("%.4f\n", c);
    return 0;
}
```

运行结果为：

```
1000.1
1000.2
1000300.0200
```

以上代码需要注意以下几方面。

- main 函数需要写成 int main()，不能是 void main()。
- main 函数的最后一个语句，需要写 return 0。不能遗漏这个语句，也不能 return 除 0 外的其他值。
- 要严格按照题目的要求进行输出，不能画蛇添足。以上题目要求输出"一个实数"，就不能输出多余的信息。比如按照如下代码输出：

```c
int main(){
    double a, b, c;
```

```
    printf("please input a and b:");   //这个语句的输出在题目要求之外
    scanf("%lf %lf", &a, &b);
    c = a * b;
    printf("the result is:");           //这个语句的输出在题目要求之外
    printf("%.4f\n", c);                //题目要求的输出只是这个信息
    return 0;
}
```

以上代码多了两个输出,将导致运行结果为"WA"(即 Wrong Answer)。在 OJ 中,多输出一个字符,即使多输出一个空格,都将导致评测结果不正确。

- 输出结果后,题目未规定最后是否需要换行,此时输出换行或不输出换行都可以,也即以下两种输出方式都正确:

```
printf("%.4f\n", c);      //有换行
printf("%.4f", c);        //没换行
```

但一定要注意,以上所述换行符为输出内容的最后有或无换行均可,如果是在输出的前面或中间多了一个换行,则将导致结果不对。

比如输出:

```
printf("\n %.4f ", c);    //前面有换行
```

这样将被判错,这种错误是多了空白字符,错误类型是"PE"(即 Presentation Error)。

- 使用浮点数时,推荐使用 double 类型,请勿使用 float 类型。以上程序中,将 double 改成 float,即将 double a,b,c;改成:

```
float a,b,c;
scanf("%f %f", &a, &b);
```

则运行结果为:

```
1000.1
1000.2
1000300.0000
```

我们为 a 输入 1000.1,为 b 输入 1000.2,可以看到,输出结果 c 的小数点后第二位的 2 不见了。错误原因为 float 的精度不够。

- 浮点数输出的格式,在 OJ 的题目中都会有明确的规定,需要严格按照规定的格式输出。

D.3 OJ 中多组数据的输入输出

在 OJ 系统中,我们会遇到各种输入输出的需求,包括输入多组数据,并输出多组结果。下面以几种典型需求为例,介绍这些编程方法。

D.3.1 输入

1. 输入若干组整数数据

问题描述：程序需要从标准输入设备中读入多组测试数据。每组输入数据只有一个整数，程序输出该整数的平方。

分析：

（1）题目要求读入多组数据，但没有说明什么时候输入结束，对于键盘输入，将在按 Ctrl+Z 组合键或 Ctrl+D 组合键后再按回车键时结束输入。

（2）题目要求：对于每组输入数据（整数），程序输出它的平方。我们的处理方式为：读入一个整数，即输出它的平方。**不需要先将所有输入全部读入后，再一起输出。**

C 和 C++ 代码示例如下。

① 以下输入使用 scanf 语句，判断 scanf 的返回值是否大于 0，大于 0 则继续循环。

```c
int main(){
    int a;
    while (scanf("%d", &a) >0) { //循环一直到按 Ctrl+Z 组合键或 Ctrl+D 组合键结束
        printf("%d\n", a * a);
    }
    return 0;
}
```

运行结果如图 D-1 所示。

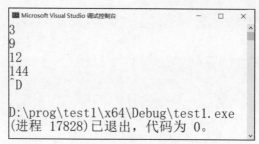

图 D-1　程序运行结果

说明：scanf 函数的返回值是成功读取的项数。例如，如果您调用 scanf("％d"，&a) 并输入一个整数，那么 scanf 将返回 1，因为它成功地读取了一个项。如果您输入的不是一个整数，那么 scanf 将返回 0，因为它没有成功地读取任何项。

当 scanf 遇到文件结束符(EOF)时，它将返回 EOF 或者 0。在 C 语言中，EOF 是一个预定义的常量，通常被定义为 −1。文件结束符是一个特殊的字符，表示输入已经结束。

我们可以通过按 Ctrl+Z 或者 Ctrl+D 组合键（不同的系统使用不同的组合键）然后按回车键发送文件结束符。

因此，while (scanf("％d"，&a)>0) 这个循环将一直持续，直到 scanf 遇到文件结束符并返回 EOF 或 0。

注意：一般教程中的循环输入多组数据的语句都是：

```
while (scanf("%d", &a) !=EOF)
```

但是由于 VS 中，在遇到按 Ctrl+D 组合键时，scanf 函数返回 0，而不是 -1，因此，我们使用的语句是：

```
while (scanf("%d", &a)>0)
```

② 以下输入使用 cin 语句，可直接将输入语句作为 while 循环的条件，如下：

```
int main(){
    int a;
    while(cin>>a) {//循环一直到输入 Ctrl+Z 或 Ctrl+D 结束
        cout<<a*a<<endl;
    }
    return 0;
}
```

程序运行结果和前面的图一样。

说明：在 C++ 中，cin >> a 是一个输入操作，它试图从标准输入（通常是键盘）读取一个整数并将其存储在变量 a 中。该操作的返回值为 cin 对象本身，cin 对象有一个特性，可以在条件语句中被当作布尔值使用，它的真假取决于最后一次输入操作是否成功。如果最后一次输入操作成功，那么 cin 对象为真；如果最后一次输入操作失败，那么 cin 对象为假。

输入操作可能会因为各种原因失败，例如输入的数据不能被转换为期望的类型，或者已经到达了文件的结束。可以通过按 Ctrl+Z 或者 Ctrl+D 组合键然后按回车键来发送文件结束符。

因此，while (cin >> a) 循环将一直持续，直到 cin >> a 操作失败。当按 Ctrl+Z 或 Ctrl+D 组合键时，cin >> a 操作将会因为到达文件结束而失败，将使得 cin 对象变为假，从而退出循环。

特别注意：

(1) 在输入结束后，一定要按 Ctrl+Z 或者 Ctrl+D 组合键加回车键结束程序，不要直接单击运行结果界面右上角的叉关闭程序。因为有些程序不能在遇到 Ctrl+Z 或者 Ctrl+D 组合键后结束运行，也就是出了错误，而如果直接单击叉关闭，我们将看不到这些错误，从而导致自己认为程序已经正确，但是提交到 OJ 系统则报错。

(2) 我们输入一组数据后即进行处理，然后输出，再输入下一组，再处理、输出。运行结果中，**输入和输出将交错在一起**。再次说明不需要将全部输入先保存起来，然后一起处理再输出。

2. 输入若干组字符串

问题描述：程序需要从标准输入设备中读入多组测试数据。每组输入数据为一行字符，程序输出该行字符的长度。

代码示例如下。

(1) C 语言：使用 fgets 函数

```
int main(){
    char str[100];
    while (fgets(str,100,stdin)) {
        printf("%s", str);
    }
    return 0;
}
```

运行结果如图 D-2 所示。

图 D-2　运行结果

说明：fgets 函数用于从指定的输入流中读取一行数据。它接收三个参数：一个字符数组，一个整数和一个文件指针。在以上示例中，fgets 从标准输入（stdin）读取最多 99 个字符（第二个参数为 100，但是需要留一个位置给字符串的结束符\0）并将它们存储在 str 数组中。

fgets 函数的返回值是一个指向字符串的指针。如果读取成功，将返回 str 的地址。如果读取失败或者遇到文件结束（EOF），将返回 NULL。您可以通过按 Ctrl+Z 组合键然后按回车键来发送文件结束符。

因此，while (fgets(str,100,stdin)) 循环将一直持续，直到 fgets 遇到文件结束符并返回 NULL。

（2）C++：使用 getline 函数。注意：非 cin.getline() 函数

```
#include<iostream>
#include<string>
using namespace std;
int main(){
    string str;
    while(getline(cin,str)) {//循环一直到输入 Ctrl+Z 组合键结束
        cout<<str<<endl;
    }
    return 0;
}
```

说明：

（1）使用 string 类需要包含 string 头文件。

（2）getline 函数在 C++ 中用于从输入流中读取一行数据。它接收两个参数：一个输入流和一个字符串。在这个例子中，getline 从标准输入（cin）读取一行数据并将其存储在 str 字符串中。

getline 函数的返回值是它的第一个参数，也就是输入流，可以在条件语句中被当作布尔值使用。如果输入流还可以继续读取数据，那么它为真；如果输入流已经到达文件

结束（EOF）或者发生了输入错误，那么它为假。可以通过按 Ctrl＋Z 组合键然后按回车键发送文件结束符。

因此，while (getline(cin, str)) 循环将一直持续，直到 getline 遇到文件结束符。

3. 先输入组数 n，再输入 n 组数据

问题描述：程序需要从标准输入设备中读入多组测试数据。第一行为整数 n，表示测试数据的行数，以下 n 行，每行一个英文字母，程序输出该字母的 ASCII 码。

C 和 C++ 代码示例如下：

(1) 使用 scanf 语句：

```
int main(){
    char ch;
    int n, i;
    scanf("%d", &n);
    for (i =0; i <n; i++)
    {//注意在%c前面有一个空格,这是为了跳过输入n后留下的换行符
        scanf(" %c", &ch);
        printf("%d\n", ch);
    }
    return 0;
}
```

(2) 使用 cin 语句：

```
int main(){
    char ch;
    int n;
    cin>>n;
    for(int i=0; i<n; i++){
        cin>>ch;
        cout<<(int)ch<<endl;
    }
    return 0;
}
```

4. 重复直到结束：每组先输入行数 n，再输入 n 行数据

例如：程序需要从标准输入设备中读入多组测试数据。每组输入数据由多行组成。每组数据的第一行为整数 n，表示测试数据的行数，以下 n 行，每行一个英文字母，程序输出该字母的 ASCII 码。

代码示例如下：

(1) 使用 scanf 语句：

```
int main(){
    char ch;
    int n, i;
    while (scanf("%d", &n) >0){
        for (i =0; i <n; i++){
            scanf(" %c", &ch); //注意在%c前面有一个空格
```

```
        printf("%d\n", ch);
    }
}
return 0;
}
```

(2) 使用 cin 语句：

```
int main(){
    char ch;
    int n;
    while(cin>>n)
        for(int i=0; i<n; i++){
            cin>>ch;
            cout<<(int)ch<<endl;
        }
    return 0;
}
```

5. 输入多组数字，每组以特定数字结束

问题描述：程序要求从标准输入设备中读入多组测试数据。每组测试数据包含若干整数，当输入 −1 时表示输入结束。针对每组测试数据，请输出这些整数的和。

C 和 C++ 代码示例如下：

(1) 使用 scanf 语句：

```
int main(){
    int data, sum=0;
    while (scanf("%d", &data) >0){
        if (data ==-1){ //一组输入完毕
            printf("%d\n", sum);
            sum=0;
        }
        else
            sum+=data;
    }
    return 0;
}
```

(2) 使用 cin 语句：

```
int main(){
    int data,sum=0;
    while(cin>>data){
        if (data ==-1){ //一组输入完毕
            cout<<sum<<endl;
            sum=0;
        }
        else
            sum+=data;
    }
    return 0;
}
```

6. 输入多组字符串，每组以特定字符结束

问题描述：程序要求从标准输入设备中读入测试数据。标准输入设备中有多组测试数据，每组可能包括多行，每行包括一个字符串，如果字符串中有'!'表示该组测试数据的结束，即'!'后面的字符应该忽略，无须处理。每行的长度不超过 30 个字符。请输出每组测试数据的长度。

比如输入：

```
12
Abc!de
345hij!he
```

则第一个字符串包含两行的数据，内容为"12Abc"，长度为 5，第二个字符串内容为"345hij"，长度为 6。

C 语言代码如下：

```c
#include <stdio.h>
#include <string.h>
int main(){
    char str[1000] = "", strTemp[1000];
    while (fgets(strTemp, sizeof(strTemp), stdin)){
        strTemp[strcspn(strTemp, "\n")] = 0;     //删除末尾的换行符
        strcat(str, strTemp);                     //将新读进来的字符串拼到前一个字符串后面
        int i;
        for (i = 0; i < strlen(str); i++)
            if (str[i] == '!')                    //检查字符串中是否存在'!'
                break;
        if (str[i] == '!'){                       //如果存在'!'
            str[i] = '\0';                        //从'!'开始删除，一直删到字符串末尾
            printf("%d\n", strlen(str));
            str[0] = '\0';                        //str 字符串清空，准备拼接下一个字符串
        }
    }
    return 0;
}
```

C++ 版本提供两个实现方案，读者可根据自己在解题时遇到的实际问题选择。

方案一代码示例如下：

```cpp
#include<iostream>
#include<string>
#include<algorithm>
using namespace std;
int main(){
    string str;
    while(getline(cin, str,'!')){
        str.erase(remove(str.begin(), str.end(), '\n'), str.end());
        cout<<str.length()<<endl;
        cin.ignore(30,'\n');
    }
    return 0;
}
```

说明：

（1）语句 getline(cin, str,'!')会读取输入，直到遇到'!'才得到（从函数返回）一个字符串。

（2）语句 str.erase(remove(str.begin(), str.end(), '\n'), str.end());中的 remove 函数从字符串中删除所有的'\n'字符，但是该函数不能改变 str 字符串的长度，因此再调用 erase 将 str 尾部的垃圾数据真正从字符串中删除。

（3）remove 函数需要包含头文件 algorithm。

（4）由于输入字符串中'!'后面可能还有字符，因此，调用 cin.ignore(30,'\n')忽略该行后面的字符，最多忽略 30 个，一直忽略到行尾。

方案二代码示例如下：

```
#include<iostream>
#include<string>
using namespace std;
int main(){
    string str,strTemp;
    str="";
    while(getline(cin, strTemp)){
        str+=strTemp;                      //将新读进来的字符串拼到前一个字符串后面
        string::iterator it;
        for(it=str.begin(); it!=str.end(); it++)
            if (*it=='!')                  //检查字符串中是否存在'!'
                break;
        if(it!=str.end()){                 //如果存在'!'
            str.erase(it, str.end());      //从'!'开始删除，一直删到字符串末尾
            cout<<str.length()<<endl;
            str="";                        //str 字符串清空，准备拼接下一个字符串
        }
    }
    return 0;
}
```

D.3.2 输出

输出的情况比输入简单一些，下面说明几种典型情况。

1. 输出若干数字，以空格分隔

问题描述：将数组中的内容输出，两个数字之间以一个空格分隔。

C 和 C++ 代码示例如下：

（1）使用 printf 语句：

```
int main(){
    int data[] ={ 1,2,3,20,32 }, n =5;
    for (int i =0; i <n; i++){
        if (i >0)   printf(" ");
        printf("%d", data[i]);
    }
    printf("\n");
```

```
        return 0;
}
```

(2) 使用 cout 语句：

```
int main(){
    int data[]={1,2,3,20,32},n=5;
    for(int i=0; i<n; i++){
        if(i>0)   cout<<" ";
        cout<<data[i];
    }
    cout<<endl;
    return 0;
}
```

说明：对于这种以空格分隔的输出，思路为：先输出第一个数据，从第二个数据开始，在每个数据之前先输出一个空格。

2. 输出若干组，每两组之间以空行分隔

问题描述：输入若干组整数，每组包含两个整数。对于每组输入，计算两个整数的和，并输出一个表达式，每两组输出之间以一个空行分隔。比如：

输入：

```
2 3
58 62
```

输出：

```
2+3=5
(空行)
58+62=120
```

C 和 C++ 代码示例如下：

(1) 使用 printf 语句：

```
int main(){
    int a, b;
    int i =0;
    while (scanf("%d %d", &a, &b) >0){
        if (i >0)   printf("\n");
        printf("%d+%d=%d\n", a, b, a +b);
        i++;
    }
    printf("\n");
    return 0;
}
```

(2) 使用 cout 语句：

```
int main(){
    int a,b;
    int i=0;
    while(cin>>a>>b){
        if(i>0)   cout<<"\n";
```

```
            cout<<a<<"+"<<b<<"="<<a+b<<endl;
            i++;
        }
        cout<<endl;
        return 0;
    }
```

程序运行结果如图 D-3 所示。

图 D-3 中,可以看到在输入第二组数据"58 62"后才输出一个空行,这不影响 OJ 系统中的评测。因为在 OJ 中运行的时候,输入与输出相互分离,如图 D-4 所示,图下部的左侧为输入,右侧为输出。因此,这个空行是跟在第一组的输出之后,读者不要受到输入的影响,而认为这种方式不符合要求。

图 D-3 程序运行结果　　　　图 D-4 OJ 系统测试结果

参 考 文 献

［1］ Myers G J. The Art of Software Testing[M]. Third Edition. Hoboken：Wiley，2011.
［2］ 翁惠玉，俞勇. C++程序设计思想与方法（慕课版）[M]. 4版. 北京：人民邮电出版社，2022.
［3］ 微软公司. 在 Visual Studio 使用 AI[EB/OL]. https://learn.microsoft.com/zh-cn /visualstudio/ide/?view=vs-2022.
［4］ 李宁. AIGC 自动化编程：基于 ChatGPT 和 GitHub Copilot[M]. 北京：人民邮电出版社，2023.
［5］ 北京智谱华章科技有限公司. 使用手册[EB/OL]. https://codegeex.cn/zh-CN.
［6］ 王小云. 公钥密码学的数学基础[M]. 2版. 北京：科学出版社，2022.

图书资源支持

感谢您一直以来对清华版图书的支持和爱护。为了配合本书的使用,本书提供配套的资源,有需求的读者请扫描下方的"书圈"微信公众号二维码,在图书专区下载,也可以拨打电话或发送电子邮件咨询。

如果您在使用本书的过程中遇到了什么问题,或者有相关图书出版计划,也请您发邮件告诉我们,以便我们更好地为您服务。

我们的联系方式:

清华大学出版社计算机与信息分社网站:https://www.shuimushuhui.com/

地　　址:北京市海淀区双清路学研大厦 A 座 714

邮　　编:100084

电　　话:010-83470236　010-83470237

客服邮箱:2301891038@qq.com

QQ:2301891038(请写明您的单位和姓名)

资源下载: 关注公众号"书圈"下载配套资源。

资源下载、样书申请

书圈

图书案例

清华计算机学堂

观看课程直播